基于社交媒体的
学术信息交流研究

程妮 著

中国社会科学出版社

图书在版编目（CIP）数据

基于社交媒体的学术信息交流研究／程妮著 . ―北京：中国社会科学出版社，2023.6

ISBN 978 – 7 – 5227 – 2108 – 8

Ⅰ.①基… Ⅱ.①程… Ⅲ.①传播媒介—应用—学术—信息交流—研究 Ⅳ.①G321.5

中国国家版本馆 CIP 数据核字（2023）第 112735 号

出 版 人	赵剑英
责任编辑	田　文
责任校对	张爱华
责任印制	王　超

出　　版	中国社会科学出版社
社　　址	北京鼓楼西大街甲 158 号
邮　　编	100720
网　　址	http://www.csspw.cn
发 行 部	010 – 84083685
门 市 部	010 – 84029450
经　　销	新华书店及其他书店
印　　刷	北京君升印刷有限公司
装　　订	廊坊市广阳区广增装订厂
版　　次	2023 年 6 月第 1 版
印　　次	2023 年 6 月第 1 次印刷
开　　本	710×1000　1/16
印　　张	15.75
插　　页	2
字　　数	247 千字
定　　价	86.00 元

凡购买中国社会科学出版社图书，如有质量问题请与本社营销中心联系调换

电话：010 – 84083683

版权所有　侵权必究

序　言

　　移动互联网技术正在改变传统的学术交流模式。特别是随着Web 2.0的蓬勃发展，社交媒体成为一种新的学术信息交流阵地。

　　社交媒体的开放性、交互性使得学术信息交流活动不再拘泥于传统出版模式，而是演化出双向互动的即时学术信息交流活动。百度百科、新浪微博、科学网博客、小木虫、知乎等多种社交媒体平台百花齐放，除了有关社会生活、新闻资讯、休闲娱乐等内容外，吸引了众多学者的目光。他们纷纷投身于社交媒体，并将其运用于学术信息交流活动。与此同时，社交媒体也吸引了普通民众或跨领域研究人员的注意。

　　通过社交媒体上丰富多彩的表现形式和交互方式，学者之间可以相互关注、点赞、发布、评论、分享相关研究成果或构想。在社交媒体这种开放空间中，学者们的学术信息交流活动可以被民众"围观"甚至参与，在某种程度上可以视作科学家对普通民众的科普活动以及跨学科信息交流活动。

　　探索基于社交媒体的学术信息交流机理是时代的课题。程妮博士的新作《基于社交媒体的学术信息交流研究》，正是作者基于社交媒体与学术信息交流融合背景，展开相关研究的成果。也是当前国内关于基于社交媒体的学术信息交流研究较为系统的一部优秀著作。我以为该书具有以下特点：

　　第一，研究起点高。该书作者曾主持国家社会科学基金项目"基于社交媒体的学术信息交流模型及实证研究"（15CTQ024）、教育部人文社科研究青年项目"基于专利引文的农业知识转移——从基础研究到专利发明"（10YJC870002）、中央高校基本科研业务费专项资金资助项目"网络环境下的科学交流研究"（2662015QC049）；参加了国家社会科学基金项目"面向群体智慧涌现的在线研讨信息组织研究"（17BTQ064）、国家社会科学基金项目"基于信任的网络社区口碑信息传播模式及其演化研究"（12CTQ044）、国家自然科学基金项目"基于作者学术关系的知识交流模式与规律研究"（70973093）、国家自然科学基金项目"网上学术信息的分布与变化规律研究及其应用"（70673071）等多项国家科学基金项目的研究工作。一些研究成果先后发表在国内外知名学术期刊上。这些成果为本书的写作奠定了良好的基础。

第二，理论联系实际。过去几百年里，以纸质为主导的学术信息交流系统为科学的进步作出了卓越贡献。而移动互联网技术拓展了学术信息交流的空间，以丰富的形式和跨时空渠道为学术信息交流提供了可能性。显然，以往的信息交流理论难以有效指导当前实践了。本书紧密结合国内典型社交媒体实际，从学术信息交流的要素和过程出发，探索不同类型社交媒体上的学术信息交流机理。运用网络信息计量学方法技术，深度挖掘社交媒体上的学术信息交流过程，从而构建理论模型，有针对性地提出促进学术信息交流的策略建议。

第三，内容充实且有一定深度。本书梳理了经典的学术信息交流理论和模型，并深入探讨基于社交媒体的学术信息交流机理，在此基础上构建理论模型，对国内典型社交媒体上的学术信息交流活动展开信息计量研究，进而针对学术信息交流意向展开调查，最后从学术评价机制、营造良好的外部环境、实施方案的设想等方面提出了促进学术信息交流活动的策略建议。

本书尝试用一个理论框架将社交媒体与学术信息交流有机地联系起来，并将信息计量学理论方法与学术信息交流研究紧密融合起来。把链接分析法、引文分析法应用于快速变化且数量巨大的社交媒体信息资源的挖掘与分析，是信息计量学的新应用。

全国科学计量学与信息计量学专业委员会主任
武汉大学二级教授、珞珈杰出学者、博士生导师
杭州电子科技大学资深教授、博士生导师
中国科教评价研究院（杭电）院长
数据科学与信息计量研究院院长
浙江高等教育研究院院长
高教强省发展战略与评价研究中心（浙江智库）主任
《评价与管理》、*Data Science and Informetrics* 主编

邱均平

2021 年 4 月 26 日于杭州

前　　言

　　随着 Web 2.0 时代的到来，社交媒体影响着人们的信息交流方式，人们更加注重分享和交互并参与到社交媒体内容制造过程中。在学术领域中，传统的信息交流活动往往依托于纸质文献展开。社交媒体的迅速发展为学术信息交流活动带来了双向的交互性的网络渠道。社交媒体是否会影响学术信息交流活动？社交媒体上的学术信息活动有何特点或规律？这些都是值得深思的问题。

　　本书将围绕中国典型社交媒体上的学术信息交流活动，从以下几个方面展开研究：

　　（1）探讨社交媒体在学术信息交流过程中的影响，通过对百度百科、新浪微博、科学网博客、知乎、小木虫、经管之家等社交媒体的海量数据挖掘与实证研究，定量地勾勒出我国利用社交媒体开展学术信息交流的大趋势。

　　（2）研究在社交媒体深入融合到现实社会的大浪潮中，我国如何利用社交媒体进一步促进学术信息交流、促进知识传播与创新等基础理论问题，构建基于社交媒体的学术信息交流模型。

　　（3）提出并论证基于社交媒体的学术信息交流模型，并形成促进通过社交媒体而开展学术信息交流活动的相关建议。

　　本书的创新点包括以下几个方面：

　　（1）结合信息计量与信息交流理论，对基于社交媒体的学术信息交流的机理、影响因素等尽量求得与之相对应的理论基础作支撑，如心理学、社会学理论等。

　　（2）选取国内知名的社交媒体展开实证分析，研究学术信息交流意向和绩效的相关影响因素。在对基于社交媒体的学术信息交流模型及理论假设进行验证的基础上，有针对性地提出运用社交媒体促进学术信息交流策略。

（3）采用实证分析法、统计分析法、内容分析法等科学研究方法，对基于社交媒体的学术信息交流模型的合理性及相关理论假设进行验证，将链接分析法、引文分析法应用于快速变化且数量巨大的社交媒体信息资源的挖掘与分析，是信息计量学的新应用。

本书适合图书情报文献学、知识管理学等专业的本科生、研究生以及相关感兴趣的研究者阅读、使用。

本书中所涉及的相关社交媒体上的博文、帖子、词条、问题的回答等信息内容均通过公开的平台进行浏览采集，且这些信息内容的知识产权均属于其知识产权所有者。本书仅仅引用并分析其信息内容及其内容建设者的信息交流活动，尝试探索社交媒体上的信息交流规律。

第八章　总结与展望 (207)

第一节　研究结论 (207)
一　信息交流者的参与程度呈现不均衡现象 (208)
二　基于社交媒体的学术信息交流呈现出流行性趋势 (208)
三　信息交流内容的丰富性与相对聚集性并存 (209)

第二节　研究展望 (210)
一　研究的不足 (210)
二　未来努力方向 (211)

参考文献 (213)

附录　基于社交媒体的学术知识信息发布和利用调查问卷 (231)

后　记 (239)

一　Web 2.0与学术信息交流 ………………………………… (36)
　　二　社交媒体与学术信息交流 ………………………………… (37)

第三章　基于社交媒体的学术信息交流机理研究 ……………… (44)
第一节　基于社交媒体的学术信息交流的界定 ………………… (44)
第二节　基于社交媒体的学术信息交流要素 …………………… (46)
　　一　基于社交媒体的学术信息交流主体 …………………… (46)
　　二　基于社交媒体的学术信息交流客体 …………………… (46)
　　三　基于社交媒体的学术信息交流媒介 …………………… (47)
第三节　基于社交媒体的学术信息交流过程 …………………… (52)
　　一　Wiki类社交媒体上的学术信息交流 ………………… (53)
　　二　网络论坛与问答社区类 ………………………………… (54)
　　三　博客与微博类 …………………………………………… (57)

第四章　基于社交媒体的学术信息交流模型构建 ………………… (59)
第一节　基于社交媒体的学术信息交流模型 …………………… (59)
　　一　模型的理论基础 ………………………………………… (59)
　　二　模型构建 ………………………………………………… (64)
第二节　基于社交媒体的学术信息交流模型的相关假设 ……… (72)
　　一　态度对意向的影响 ……………………………………… (72)
　　二　感知规范对意向的影响 ………………………………… (73)
　　三　个人动力对意向的影响 ………………………………… (75)
第三节　研究模型及假设汇总 …………………………………… (76)

第五章　基于社交媒体的学术信息交流的实证
　　　　——国内典型社交媒体上学术信息交流的信息
　　　　　　计量研究 ……………………………………………… (78)
第一节　百度百科 ………………………………………………… (79)
　　一　基于词条引证的信息交流 ……………………………… (83)
　　二　基于词条标签的信息交流 ……………………………… (84)
　　三　基于专家合作的信息交流 ……………………………… (87)
　　四　词条内容建设者（网友）的信息交流 ………………… (89)

目　　录

第一章　引言 …………………………………………………………（1）
　第一节　选题背景与研究意义 …………………………………（1）
　　一　选题背景 ………………………………………………（1）
　　二　选题意义 ………………………………………………（3）
　第二节　国内外研究现状 ………………………………………（4）
　　一　国内学者针对学术信息交流与社交媒体的研究 ……（5）
　　二　国外学者对社交媒体在学术领域的应用研究 ………（6）
　第三节　研究目标、思路与研究方法 …………………………（7）
　　一　研究目标 ………………………………………………（7）
　　二　研究思路 ………………………………………………（7）
　　三　研究方法 ………………………………………………（9）

第二章　信息交流基础理论 ………………………………………（11）
　第一节　信息交流 ………………………………………………（11）
　　一　信息交流概念 …………………………………………（11）
　　二　信息交流模型与模式 …………………………………（12）
　　三　不同领域的信息交流研究 ……………………………（21）
　第二节　学术信息交流 …………………………………………（22）
　　一　学术信息交流的界定 …………………………………（22）
　　二　学术信息交流的变化 …………………………………（23）
　　三　学术信息交流模型 ……………………………………（25）
　　四　学术信息交流的其他方面研究 ………………………（35）
　第三节　Web 2.0、社交媒体与学术信息交流 ………………（36）

二 选题意义

学术信息是在科学研究活动中产生和利用的反映自然与社会现象本质或规律的信息,是科学研究的重要特征(黄传慧,2010)。学术信息反映了科学研究的成果、表征科学研究进展,为后续研究奠定坚实基础,也是科学研究绩效评价的重要依据之一。学术信息交流是科学知识交流的桥梁[①],是一切科学创造的信息源泉。当今的学术信息交流活动不仅仅依托于传统的纸质文献,而且在社交媒体上也很活跃。因此,对基于社交媒体的学术信息交流展开研究具有十分重要的意义。

(一)理论意义

对社交媒体上的学术信息交流活动展开研究,有助于丰富学术信息交流相关理论。关于社交媒体对学术信息交流的影响研究,由于国内外学者的文化背景和研究目的的差异,得出了很多不同的结论,缺乏一个理论框架将社交媒体与学术信息交流有机地联系起来。本书拟选取百度百科、小木虫、新浪微博、知乎、经管之家、科学网博客等国内社交媒体的典型代表,对其学术信息交流活动数据进行挖掘分析,避免国内外学者仅仅采取调查问卷和访谈获取数据的片面性和主观性,有利于全面系统地掌握我国学术信息交流概况,并检验理论假设,修正完善模型,构建基于社交媒体的学术信息交流理论框架,揭示社交媒体影响学术信息交流的内在机制。

通过选取国内多个社交媒体平台上学术信息交流数据的采集和挖掘,利用网络信息计量学、问卷调查法等多种方法开展实证分析,研究学术信息交流意向,在对基于社交媒体的学术信息交流理论假设进行验证的基础上修正基于社交媒体的学术信息交流模型,一方面,丰富了信息交流理论,突破了传统的定性研究方法的局限性,结合定量研究的角度重新审视信息交流的参与者和信息交流内容;另一方面,扩展了信息计量学的应用范围,将传统的文献计量分析方法拓展到虚拟空间上动态变化的社交媒体数据分析,这是对信息计量学的新应用的有益尝试。

---

① 胡德华、韩欢:《学术交流模型研究》,《图书情报工作》2010年第54卷第2期。

(二) 现实意义

通过对社交媒体上的学术信息交流活动进行深入研究，掌握其内在规律或机制，学术信息交流时对社交媒体的使用偏好，为促进利用社交媒体展开学术交流活动提供可行的建议，同时对用于学术交流的社交媒体开发与革新提供参考性意见。

第二节 国内外研究现状

传统信息交流的研究已经取得了丰硕的成果，如：申农（C. E. Shannon）的通讯模式、拉斯韦尔（H. D. Lasswell）的5W模式、布雷多克（Braddock）的7W模式、施拉姆（W. Schramm）的互动模式、卢因（K. Lewin）的守门人模式、沃拉（Voar）模型、马莱兹克（Maletzke）模式等。从20世纪60年代开始，人们对学术信息交流越来越关注，相关研究成果日益丰硕。比较有代表性的有A. N. 米哈依诺夫的科学交流理论和模型、基于印刷出版物的科学信息交流体系模型（Garvey-Griffith模型）、兰卡斯特（F. W. Lancaster）的"情报传递循环圈"模型、阿拉莫斯库（A. Avramescu）的非正式情报交流热传导模式、萨拉塞维克（T. Saracevic）的社会传播理论、哥夫曼（W. Goffman）的非正式情报交流传染病模式、维克利（B. C. Vickery）的情报传递模式等。

互联网发展起来后，学术信息交流有了新的发展。Kling和McKim (2000)、Zhang Yin (2001) 认为网络对学术交流产生巨大影响；Kling (2003) 基于网络上的学术专业交流论坛，提出了社会技术相互作用模式。方卿（2001）认为网络环境下科学信息交流载体整合研究的重点应该放在兼容模式的构建上，并提出了科研成果的发布模式、科学信息的传递模式和利用模式。另外，还兴起了"开放存取运动"（the Open Access Movement），开放存取实践的发展为科学交流领域的研究提出了很多新问题，例如全球统一的技术标准、资源的统一定位、知识产权保护、长期存取保证、科学评价等。

移动互联网络技术飞速发展，社交媒体（social media）成为学术信息交流的新载体。社交媒体，也称为社会化媒体、社会性媒体，指允许人们撰写、分享、评价、讨论、相互沟通的空间和平台。Kaplan和Haenlein (2010) 将其分为六种类型：协同项目（如Wikipedia）、博客与微博（如

第一章

引　言

第一节　选题背景与研究意义

一　选题背景

人类在漫长的历史长河中，不断创造、丰富和发展了各种文明。文明是人类不断进步和发展的产物。从茹毛饮血到田园农耕，从产业时代到信息社会，历尽沧桑，波澜壮阔。信息交流活动不仅是人类文明发展史中的重要组成部分，也是维持和发展人类文明的重要活动。同时，人类文明的进步推动了信息交流活动的演变，两者相互依存、相互促进。

韦尔伯·施拉姆（Wilbur Schramm）曾指出："信息交流如同血液流经人的心血管系统一样流经社会系统。"① 从原始社会中的肢体语言、口头语言到结绳记事、契刻记事，再到文字的产生；从甲骨文到印刷术的产生；从印刷型文献到电报、电话，再到互联网，从传统媒体（广播、电视、报纸）到多媒体、数字信息交流的兴起，人类信息交流的变革反映了社会文明的变迁。信息交流活动在人类社会发展中占有不可替代的地位。

方卿（2002）指出，以纸质载体为主流的信息载体系统比较稳定，而且对近代和现代科学信息交流影响深远。通信技术的进步、Internet 的产生让我们昂首步入信息时代，信息量激增、信息需求强烈、信息流动速度加快，等等。张帆（2017）认为，网络载体的存储形式多样化、资源数字化、利用方便、内容丰富、容量巨大，更重要的是为信息交流活动注入新的活力：信息交流范围扩大，突破时空限制；信息用户既是信息的使

---

① ［美］韦尔伯·施拉姆：《传播学概论》，新华出版社 1984 年版，第 11 页。

用者又是提供者，用户之间可以进行信息交流；信息交流活动中多个用户可以同时访问和利用。

随着科技出版社奥莱理媒体公司（O'Reilly Media Inc）首席执行官提姆·奥莱理（Tim O'Reilly）公开提出对"Web 2.0"概念的看法①，网络信息交流的交互性、用户对信息内容的贡献、网络媒体的社交属性、丰富的用户体验、群体智慧等引发了人们的关注。众多类型的社交媒体（social media）产品如雨后春笋般出现，例如维基百科（Wikipedia）、博客（blogging）、微博（microblog）等。这些产品无疑为信息交流提供了新的思路。"社交媒体融合了 Web 2.0 和移动互联时代信息传播的最新理念，使用户可以在网上获得更多传播、分享、交流的自由。"② Kantar Media CIC 发布的《2018 年中国社会化媒体生态概览白皮书》，指出用户通过社交媒体平台频繁地交换各自的体验或其他信息，并且用户从内容生产者获得更加个性化的信息以进行更好的决策。③

在学术领域，传统的信息交流活动往往通过纸质文献来进行，如图书、期刊论文等。随着社交媒体的蓬勃发展，社交媒体为促进学者之间交互和学术群体间信息扩散提供了网络渠道。传统媒体往往是单向地从某一个点向预定接收者进行信息传播，而社交媒体的交互性使得双向信息交流并广泛传播。Collins 等（2016）通过滚雪球抽样（Snowball sampling）调查了 587 位生命科学领域的科学家，发现 Twitter、Facebook、LinkedIn、博客等是目前科学家常用的社交媒体，而且他们热衷于使用这些社交媒体与同行专家进行交流并将学术信息传播给普通大众。根据 2020 年 4 月中国互联网络信息中心（CNNIC, China Internet Network Information Center）发布的《第 45 次中国互联网络发展状况统计报告》，截至 2020 年 3 月统计的数据显示，社交媒体传播影响力稳步提升。在社会信息化、Web 2.0 广泛应用的今天，社交媒体是否会影响学术信息交流活动？社交媒体上的学术信息活动有何特点或规律？这些问题都值得深思。

---

① Tim O'Reilly：《What Is Web 2.0》（https：//www.oreilly.com/pub/a/web2/archive/what-is-web-20.html? page=1），2005 年 9 月 30 日。
② 王若璇：《基于社交媒体的学术信息交流模式探究》，《丝绸之路》2017 年第 12 期。
③ Kantar Media CIC：《2018 年中国社会化媒体生态概览白皮书》（https：//cn.kantar.com/媒体动态/社交/2018/2018 年中国社会化媒体生态概览白皮书/），2018 年 8 月 14 日。

Twitter)、内容社区（如 YouTube）、社交网站（如 Facebook）、虚拟游戏世界（如 World of Warcraft）和虚拟社会（如 Second Life）。这些媒体颠覆了以往的单向交流模式，转向了交互式的交流模式。

随着网络硬件、软件的发展和移动互联网应用的普及，社交媒体的发展日益复杂化，虚拟社会与现实社会的交集也越来越大。社交媒体日渐渗透到我们生活、工作、学习和娱乐的方方面面。国内外学者开始研究以社交媒体为基础的学术信息交流活动。

一 国内学者针对学术信息交流与社交媒体的研究

（一）社交媒体影响下学术信息交流的变化

张晓林（2000）探讨了虚拟数字化信息服务体系。孔忠勇等（2009）介绍了基于实体的在线学术交流的特征。赵玉冬（2010）介绍了基于网络学术论坛的学术信息交流的内容和特征。但这些研究往往是理论探讨，缺乏实证研究，并且没有明确地提出基于社交媒体的学术信息交流模型。王永生和李欣荣（2015）、张立伟（2019）分析了社交媒体环境下学术信息交流的影响因素。

（二）对社交媒体在学术交流中的作用的初步探讨

金洁琴（2005）、刘国亮等（2009）、任红娟等（2010）、胡媛和秦怡然（2019）分别提出了学术交流模式，并提到了社交媒体的作用。李春秋（2012）认为博文含有传统学术资源中不可获取的帮助理解和吸收学术成果的相关信息。樊振宇等（2016）分析了农业信息服务中的社交网络交流模式。姜小函（2019）对学术虚拟社区用户的知识交流活动进行了分析。

（三）针对特定的社交媒体展开了实证分析

邱均平和熊尊妍（2008）分析了北大中文论坛的核心发帖群体和核心主题。李晓静（2011）研究"微内容"对图书情报界学术信息交流的影响分析。盛宇（2012）提出了基于微博的学术交流过程模型。曹瑞琴等（2018）分析了 MOOC 背景下的信息交流模式。王曰芬等（2017）分析了微信上进行学术信息共享的影响因素。

综上所述，国内外学者均意识到了社交媒体在学术交流中的应用，主要是采取访谈和问卷的方式展开研究，但对于社交媒体的影响结论存在差异。他们虽然都对具体的社交媒体展开了实证研究，但国外学者研究的

Facebook、Twitter 等社交媒体在我国应用不多,其研究结论未必适用于我国的学术交流,国内学者的研究非常稀少。总的来说,国内外研究比较零散,尚未形成系统,对于社交媒体影响学术信息交流活动的机理研究还有待进一步深入。

本书拟选取我国典型的社交媒体为切入点,对学术信息交流的海量数据展开挖掘,同时有针对性地展开问卷调查,从而探索基于社交媒体的学术信息交流机理、构建模型并形成中国文化背景下基于社交媒体的学术信息交流的理论框架。

二 国外学者对社交媒体在学术领域的应用研究

(一) 关于社交媒体在学术交流方面的可行性

Koh 等(2007)和 Wagner(2014)均指出社交媒体主要用于获取知识和共享知识。Eijkman(2010)认为维基百科(Wikipedia)有可能为学术交流服务。Park(2009)、Liu(2011)、Dantonio 等(2012)肯定了社交媒体在学习、研究和协作方面的作用。

(二) 学术界对社交媒体的利用

Letierce 等(2010)、Collins 和 Hide(2010)、Kirkup(2010)、Al-Aufi(2014)从实证的角度考察了非正式学术交流对社交网络工具的利用。Ebner(2010)、Lester(2010)、Liu(2010)、Roblyer(2010)、Howard(2012)研究了针对教学、师生沟通活动的社交网络工具使用情况。Procter 等(2010)、Chen 和 Bryer(2012)、Maron 和 Smith(2008)研究了不同学科对社交网络工具的学术使用水平的差异。Rowlands 等(2011)研究发现,科技领域的学者比人文社会科学领域的学者更倾向于使用社交媒体。Rauniar 等(2014)对以 Facebook 为代表的社交媒体的使用情况展开了实证分析。Burkhardt(2010)、Xie 和 Stevenson(2014)等学者提出在图书馆应用社交媒体。

(三) 社交媒体对学术信息交流产生的影响

Letierce 等(2010)和 Gruzd 等(2012)都认为学者将社交媒体用于学术交流受益匪浅。Collins(2010)和 Kirkup(2010)认为利用社交媒体建立联系可以激发新的研究思路。Gu 和 Widén-Wulff(2011)通过调查发现:社交媒体在学术交流中的作用日益重要。Lim 等(2014)发现情报学专业本科生使用社交媒体进行学术交流后的表现更优异。这些学者都肯定了社交媒体对学术信息交流的正面影响作用，但也有学者持不同观点，例如，Alyoubi 等（2012）认为使用 Twitter 进行学术交流收效甚微。

第三节 研究目标、思路与研究方法

一 研究目标

第一，探讨社交媒体在学术信息交流过程中的影响，通过对百度百科、新浪微博、科学网博客、小木虫、知乎、科学网博客等社交媒体的海量数据挖掘与实证研究，定量地勾勒出我国利用社交媒体开展学术信息交流的大趋势。

第二，研究在社交媒体深入融合到现实社会的大浪潮中，我国如何利用社交媒体进一步促进学术信息交流、促进知识传播与创新等基础理论问题，构建基于社交媒体的学术信息交流模型。

第三，提出并论证基于社交媒体的学术信息交流模型，明确相关影响因素及其影响力，并形成促进通过社交媒体而开展学术信息交流活动的相关建议。

二 研究思路

本书拟按照"理论分析—机理研究—模型构建—实证研究—综合策略"的研究思路，深入探讨基于社交媒体的学术信息交流机理及促进策略。

首先，通过文献调研，了解社交媒体发展进程、学术信息交流基础理论，探讨社交媒体在学术信息交流中的作用、机理和影响因素，进而构建基于社交媒体的学术信息交流模型，提出相关理论假设，通过对当前我国典型社交媒体上的海量数据进行动态跟踪、采集和挖掘，对其涉及的主体、内容、路径等展开分析，从而掌握我国当前社交媒体用于学术信息交流的概况，确定问卷调查的对象，并有针对性地展开问卷调查。将社交媒体上动态数据挖掘与相关学者主观意见结合起来，验证相关理论假设，修正并完善模型。在此基础上，提出基于社交媒体的学术信息交流的促进策略建议。研究路线如图 1-1 所示。

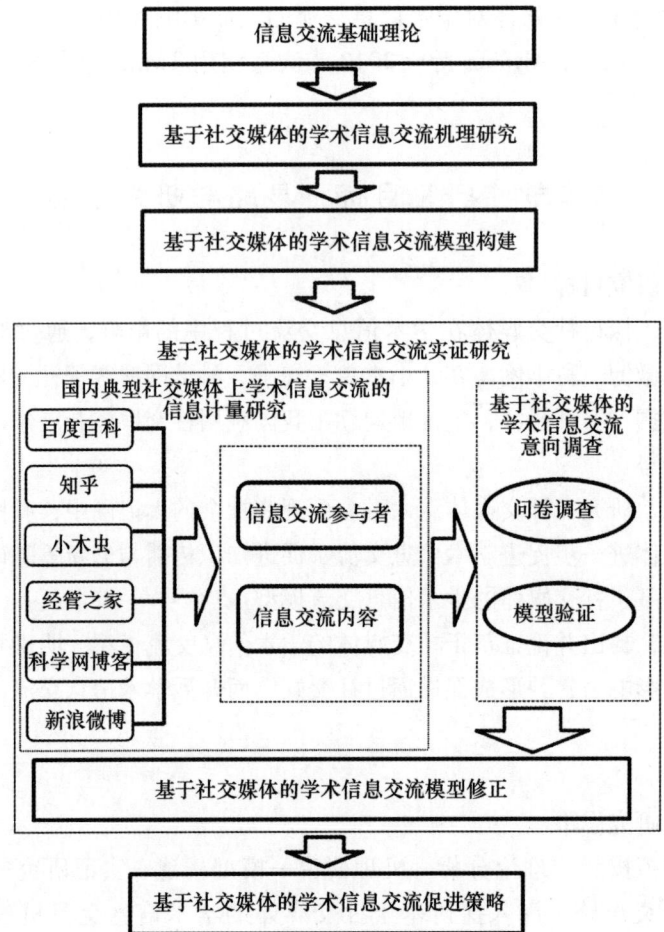

图 1-1 研究路线

本书从学术信息交流与社交媒体基础理论入手,探讨基于社交媒体的学术信息交流的机理,并构建基于社交媒体的学术信息交流模型,利用内容分析法、信息计量学、问卷调查法等多种方法对基于社交媒体的学术信息交流展开实证研究,最终提出其促进策略。

(1) 国内外信息交流与社交媒体的研究现状分析。从经典模型到最近的研究成果,对国外和国内学者的研究内容进行了详细研读和分析。

(2) 基于社交媒体的学术信息交流机理研究。从信息交流活动的要素入手,思考信息交流主体——参与者、交流媒介、客体——交流内容,从而考虑在社交媒体上的学术信息交流活动，并分别分析了"百度百科""小木虫""经管之家""科学网博客""知乎"和"新浪微博"的信息交流活动，明确 Wiki 类、网络论坛与问答社区类、博客与微博类的信息交流的过程，详细分析各平台上的信息交流形式与渠道。

（3）基于社交媒体的学术信息交流模型构建。通过模型理论基础——计划行为理论（Theory of Planned Behavior, TPB）的分析，从信息交流的意向、态度（包括经验态度和工具态度）、感知规范（包括指令性规范和示范性规范）、个人动力（包括感知控制和自我效能）分别展开研究，提出了相关理论假设，初步构建基于社交媒体的学术信息交流理论模型。

（4）基于社交媒体的学术信息交流的实证研究。一方面，针对"百度百科""小木虫""经管之家""科学网博客""知乎"和"新浪微博"等社交媒体，分别选取专业领域展开数据采集与挖掘，从信息交流者和信息交流内容进行了计量分析，如关键词分析、引文分析等。另一方面。在社交媒体上发放并收集调查问卷，利用问卷调查结果对基于社交媒体的学术信息交流理论假设进行验证并修正基于社交媒体的学术信息交流模型。

（5）基于社交媒体的学术信息交流促进策略研究。在基于社交媒体的学术信息交流模型基础上，有针对性地提出了促进社交媒体上学术信息交流的建议。

三　研究方法

本书拟采用以下研究方法：

（一）网络计量学方法

邱均平等（2008）指出："网络计量学是一门借鉴信息计量学相关方法定量地分析各种网络信息现象的学科。"[①] 贺德方（2006）指出，网络计量分析可以用于研究互联网上的学科知识结构和科学信息交流活动。

与传统文献计量学方法不同，网络信息计量学方法更加关注分散在广泛网络空间中的与学术有关的信息内容，可能是微博的形式，也可能是问答等多种形式呈现出来。而如今的信息交流渠道呈现多元化趋势，学者专家们不再仅仅局限于以发表论文的形式来展示或者发布其研究成果，另

[①] 邱均平、杨瑞仙、陶雯、李雪璐：《从文献计量学到网络计量学》，《评价与管理》2008年第6卷第4期。

外，对于学术问题的思考、灵感、讨论交流活动更有可能出现在多种形式的网络社交媒体平台上。本书主要利用火车头采集器（Locoy Spider）、八爪鱼采集器（https：//www.bazhuayu.com）动态跟踪等手段，掌握科学信息在社交媒体虚拟空间上的分布、科学信息交流情况，研究社交媒体用户的学术信息交流活动的形式、内容与过程。

（二）引文分析法

引文分析法主要是分析通过引证行为而揭示引证者与被引证者之间关系的一种方法。Taskin等（2018）认为引文活动提供了识别其他成果的线索。

从信息交流的角度考虑，引证行为的发生过程如下：某学者公开发布了研究成果，这是典型的信息发送行为；其他学者阅读了该成果，并在其自己的成果中提及了这项成果，这意味着引证者从他人的成果中获取了信息，并通过引证行为承认其参考过他人成果中的信息内容。当然，在社交媒体平台上，引证的形式多种多样，有的是转载形式，有的是艾特（@）形式，还有的是给出超链接……不论是哪种形式，都通过不同的引证形式反映了信息交流活动的发生过程。本书利用引文分析法，研究利用社交媒体进行转载、分享学术信息的活动规律探索。

（三）内容分析法

内容分析法是通过对文本内容进行分析，定量地揭示其内容的一种方法。本书利用内容分析法研究通过社交媒体上学术信息交流活动，特别是信息交流内容的文本分析。社交媒体上的信息交流活动形式丰富多彩，有的是文本形式，有的是图片、视频形式，还有的是多媒体融合形式。这意味着，想要研究信息交流内容，必须从内容角度进行深入分析，从而了解人们利用社交媒体平台进行学术信息交流活动的内容分布情况。

（四）问卷调查法

根据相关理论基础，针对信息交流的意向、态度（包括经验态度和工具态度）、感知规范（包括指令性规范和示范性规范）、个人动力（包括感知控制和自我效能）等方面来设计调查问卷。进行小范围试测后，修改其问题条目后发布并收集调查问卷。本书运用问卷调查法，对社交媒体用户展开调查，研究其基于社交媒体的学术信息交流意向的影响因素及其作用机理。

第二章

信息交流基础理论

第一节 信息交流

"文明因交流而多彩,文明因互鉴而丰富。文明交流互鉴,是推动人类文明进步和世界和平发展的重要动力。"① 文化交流推动人类共同进步,而信息交流的发展带来了科技飞速发展。从原始时代到如今的信息时代,从结绳记事到造纸印刷术再到书籍报刊的发行,从电力的应用到电报、电话、广播、电视,再到手机、互联网、5G 技术,不仅仅是信息交流技术的进步,更是人类交流活动不断突破时空限制的史诗。

一 信息交流概念

关于交流,存在多种不同的定义。Osgood 等(1957)指出,交流是通过系统、信源、信宿、符号来进行传输的活动。Theodorson 和 Theodorson(1969)认为,交流是信息、观念、态度或者情绪从个人或团队向其他个人或团队通过符号等传输的过程。Gerbner(1967)认为交流可以定义为"通过消息而进行的社会交互活动"。West 和 Turner(2004)认为交流是个体运用符号去建立和理解其环境中意义的过程。

早期,我国学术界提到的"情报交流"有"信息交流"的意味。邹志仁(1977)认为,情报交流是个体之间借助于共同的符号交流系统进行的活动。秦铁辉和程妮(2006)认为情报交流不仅局限于文献或语言交流,模仿、学习和实践等活动也属于情报交流的范畴。秦鸿霞

---

① 习近平:《文明交流互鉴是推动人类文明进步和世界和平发展的重要动力》,《思想政治工作研究》2019 年第 6 期。

(2007)、张磊磊（2012）认为，信息交流是人们通过符号系统进行知识、数据、消息和事实的传递和交流活动。曹瑞琴、刘艳玲和邰杨芳（2018）指出，信息交流模式是用语言、图形或程式描述信息交流及其本质和规律的一种方法。

在大多数定义中，交流往往涉及信源、信道、信息、信宿、信源与信宿的关系、交流发生的情境。我们倾向于把信息交流定义为一种与他人进行信息传输或交互的活动。

二　信息交流模型与模式

早期对信息交流活动的研究，从不同角度出发，产生了一些代表性的模式或模型。

（一）拉斯韦尔模式

1948年，拉斯韦尔（Harold D. Lasswell）提出了"5W"模式：谁（Who）、说什么（Says What）、通过什么渠道（In Which Channel）、对谁说（To Whom）、有什么效果（With What Effect），对信息交流过程及其要素进行了分析（如图2-1所示）。

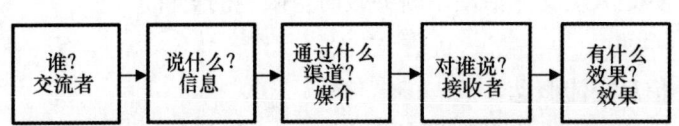

图2-1　拉斯韦尔模式（交流过程的相关组成部分）

资料来源：Lasswell H. D., "The Structure and Function of Communication in Society", *The Communication of Ideas*, 1948, 37 (1): 136-139.

拉斯韦尔用这种简单模式讨论信息交流的结构。对于每一个问题，他都附加了一种特定的分析角度。围绕"谁"研究控制问题；围绕"说什么"进行内容分析；围绕"通过什么渠道"进行媒介分析；围绕"对谁说"展开受众分析；围绕"有什么效果"进行效果分析（如图2-2所示）。

四　经管之家 …………………………………………………… (172)
　　五　科学网博客 ………………………………………………… (172)
　　六　新浪微博 …………………………………………………… (172)

第六章　基于社交媒体的学术信息交流的实证研究
　　　　　　——信息交流意向调查 ………………………………… (174)
　第一节　问卷总体设计 …………………………………………… (174)
　第二节　问卷的内容 ……………………………………………… (176)
　　一　问卷指标 …………………………………………………… (176)
　　二　问卷得分标准 ……………………………………………… (178)
　第三节　问卷的信度与效度分析 ………………………………… (178)
　　一　问卷的效度分析 …………………………………………… (178)
　　二　细分变量的信度分析 ……………………………………… (180)
　第四节　调查实施 ………………………………………………… (182)
　第五节　结果分析 ………………………………………………… (184)
　　一　社交媒体平台分布 ………………………………………… (184)
　　二　发布或提供信息的意向分析 ……………………………… (185)
　　三　获取或使用信息的意向分析 ……………………………… (192)
　第六节　调查研究总结 …………………………………………… (199)

第七章　基于社交媒体的学术信息交流促进策略研究 ………… (201)
　第一节　完善学术评价机制 ……………………………………… (201)
　第二节　营造良好的外部环境 …………………………………… (203)
　　一　加强硬件环境建设 ………………………………………… (204)
　　二　加强相关软件研发 ………………………………………… (204)
　第三节　实施方案的一些设想 …………………………………… (205)
　　一　设立奖励制度 ……………………………………………… (205)
　　二　提倡社交媒体上的学术信息资源贡献署名制 …………… (205)
　　三　对社交媒体上学术信息的引用参考更加包容 …………… (205)
　　四　加强对社交媒体的管理 …………………………………… (206)
　　五　重视知识产权、隐私与信息过载问题 …………………… (206)

五　基于词条参考资料的信息交流 …………………… (92)
　　　六　小结 ………………………………………………… (94)
　第二节　知乎 ………………………………………………… (95)
　　　一　信息交流参与者分析 ……………………………… (96)
　　　二　基于话题标签的信息交流 ………………………… (101)
　　　三　基于关键词的信息交流 …………………………… (103)
　　　四　基于引文的信息交流 ……………………………… (108)
　　　五　小结 ………………………………………………… (109)
　第三节　小木虫 ……………………………………………… (111)
　　　一　提问者与回答者的交流 …………………………… (113)
　　　二　基于关键词的信息交流 …………………………… (122)
　　　三　学科之间的信息交流 ……………………………… (124)
　　　四　小结 ………………………………………………… (127)
　第四节　经管之家 …………………………………………… (127)
　　　一　帖子参与者交流 …………………………………… (129)
　　　二　帖子标签分析 ……………………………………… (136)
　　　三　帖子关键词分析 …………………………………… (138)
　　　四　小结 ………………………………………………… (140)
　第五节　科学网博客 ………………………………………… (141)
　　　一　好友关系分析 ……………………………………… (142)
　　　二　评论关系分析 ……………………………………… (150)
　　　三　推荐关系分析 ……………………………………… (153)
　　　四　博文内容分析 ……………………………………… (154)
　　　五　小结 ………………………………………………… (156)
　第六节　新浪微博 …………………………………………… (157)
　　　一　交流参与者分析 …………………………………… (158)
　　　二　交流内容分析 ……………………………………… (167)
　　　三　小结 ………………………………………………… (170)
　第七节　本章小结 …………………………………………… (171)
　　　一　百度百科 …………………………………………… (171)
　　　二　知乎 ………………………………………………… (171)
　　　三　小木虫 ……………………………………………… (171)

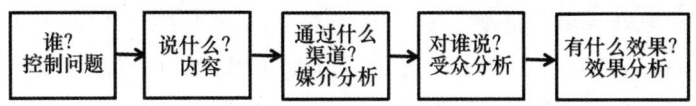

图 2-2 拉斯韦尔模式（交流过程的相关领域）

资料来源：Lasswell H. D., "The Structure and Function of Communication in Society", *The Communication of Ideas*, 1948, 37 (1): 136–139.

1958年，布雷多克（Richard Braddock）对拉斯韦尔的"5W"模式进行了扩充修正，提出"7W"模式（Who says What to Whom under What Circumstances through What Medium for What Purpose with What Effect），即谁（Who）对谁（to Whom）在什么情况下（under What Circumstances），通过什么媒介（through What Medium），为了什么目的（for What Purpose）说什么（says What），产生了什么效果（with What Effect）（如图2-3所示）。

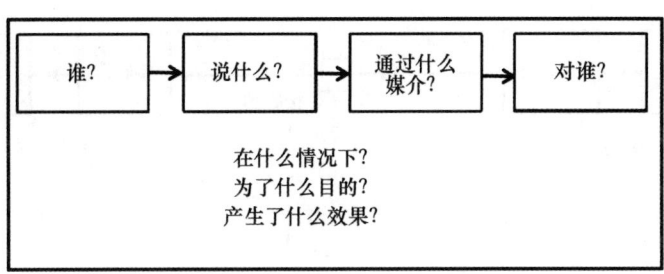

图 2-3 布雷多克的"7W"模式

资料来源：Braddock R., "An Extension of the 'Lasswell Formula'", *Journal of Communication*, 1958, 8 (2): 88–93.

拉斯韦尔模式描绘了早期信息交流模型的典型特征，或多或少考虑到信息发布者有影响信息接收者的动机，因此，信息交流主要视作说服的过程。其假设前提是，信息始终会产生作用和影响。这一模式在一定程度上夸大了大众传媒的影响力，但当我们发现拉斯韦尔的研究兴趣主要侧重于政治传播与宣传时也就不足为奇了。布雷多克强调此模式可能会误导，因为它将研究者引向截然不同的研究领域。拉斯韦尔把信息交流过程看作是单向的，忽略了反馈机制。

(二) 申农—韦弗模型

Johnson 和 Klare（1961）认为，申农（Claude E. Shannon）鼓励社会学家对信息交流模型展开思索。申农—韦弗模型被认为是最重要的模型，从信息交流的技术角度出发，其数学公式模型产生了深远的影响。

1949 年，申农（Claude E. Shannon）和韦弗（Warren Weaver）从信息论角度，提出单向传播模式，也被称为申农—韦弗模式。他们运用通讯电路原理对信息交流过程进行探讨，提出了噪音（noise）的概念，认为从信息源（information source）传递消息给发射器（transmitter）编码成为信号（signal），在信道中传递，再在接收器（receiver）解码传递给信宿（destination）（如图 2-4 所示）。在这个过程中信息可能受到噪音的干扰而产生某些衰减和失真。申农—韦弗模式描述的是一个直线单向过程，缺少反馈环节，忽略了在社会生活中的信息交流双方具有能动性，同时也忽视了信息内容、传播环境和传播的社会效果。

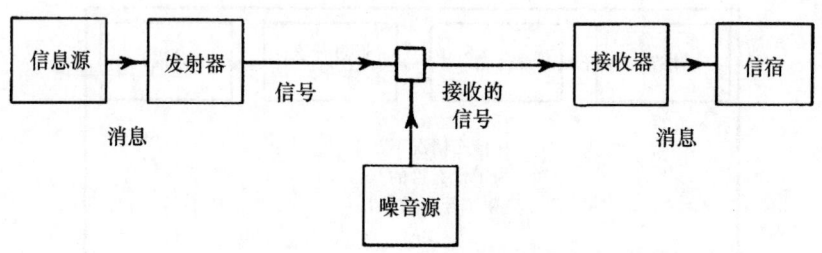

图 2-4　申农—韦弗模型

资料来源：Shannon C. E., Weaver W., *The Mathematical Theory of Communication* (Tenth Printing), The University of Illinois Press, 1964：34.

1970 年，德弗勒（Melvin Lawrence De Fleur）对申农—韦弗模型进行了进一步发展，认为在交流过程中，信源想表达的"意思"（meaning）转化为"消息"（message），而"消息"进而转化为"信息"（information），信宿对信息进行解码为"消息"，从而得知其"意思"（如图 2-5 所示）。他明确补充了反馈的要素、环节和渠道，使信息传播过程更加符合人类传播的互动特点，认为噪声对信息传达和反馈过程中的环节和要素都会有影响。此模式加入了"反馈"机能，表现出信息交流

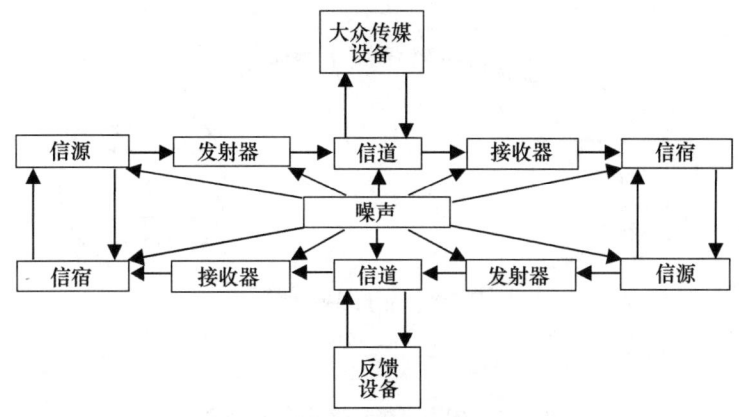

图 2-5 德弗勒的交流模型

资料来源：De Fleur M. L., *Theories of Mass Communication*, New York: McKay, 1970: 97-140.

的双向性和循环性，但没有超越从过程本身或过程内部来说明过程的范畴。

（三）奥斯古德—施拉姆环状模型

与申农—韦弗模型的线性方式不同，奥斯古德—施拉姆（Osgood-Schramm）模型呈现出环形，其主要侧重于信息交流过程中的行为探讨。

1954年，施拉姆（Wibur Schramm）依据奥斯古德（Charles Egerton Osgood）提出的理论创建了一种循环、互动的模型（如图2-6所示）。把信息交流双方看作行为主体，以人际传播的相互作用、传播者与接受者的依赖关系为基础，传递信息时，传播者是主动的，接受者是被动的；在反馈中，传播者是被动的，而接受者是主动的。在传播过程中两者具有双重角色，在编码（Encoding）、释码（Interpret）、译码（Decoding）过程中相互作用影响，而且这种传播信息、分享信息的过程是持续不断的。此模型展现了信息交流的动态过程，并没有把信息发送者与接收者割裂开，而认为人既可以是发送者同时也可以是接收者，强调了反馈作用。但其强调了信息交流的绝对均衡性，这对于交流资源不均衡的情况也许并不适用。

1967年，丹斯（Frank Dance）提出了一种螺旋模型，这可以视作对奥斯古德—施拉姆环状模型的发展。Dance指出，交流的过程不断推进，

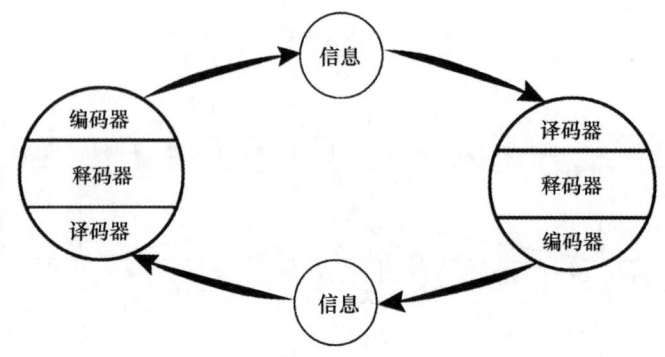

图2-6 奥斯古德—施拉姆环状模型

资料来源:Osgood C. E., Suci G. J., "A Measure of Relation Determined by Both Mean Difference and Profile Information", *Psychological Bulletin*, 1952, 49 (3): 251-262.

现在交流的内容将影响后续交流的结构和内容（如图2-7所示）。其模型强调交流的动态过程，例如，在一段对话中，由于参与者的加入，对话的认知领域会不断扩展，参与者将持续不断地从其他人的观点中获取更多信息与知识。后来，Aled（2007）对丹斯模型进行了改进，在不断推进的螺旋图形旁边增加了时间维度，以进一步揭示不同阶段的交流过程。

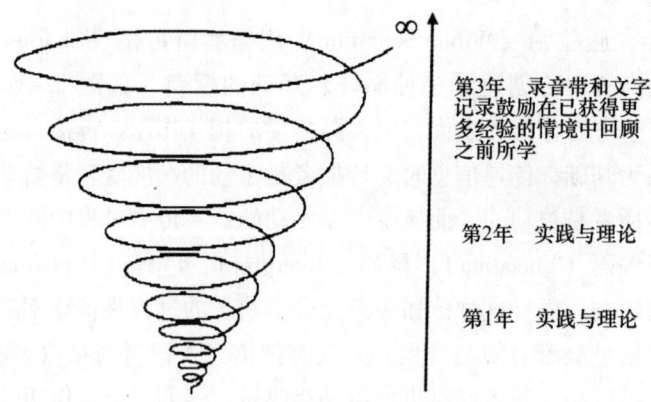

图2-7 丹斯模型

资料来源:Aled J., "Putting Practice into Teaching: An Exploratory Study of Nursing Undergraduates' Interpersonal Skills and the Effects of Using Empirical Data as a Teaching and Learning Resource", *Journal of Clinical Nursing*, 2007, 16 (12): 2297-2307.

(四) 格伯纳模型

1956年，格伯纳（George Gerbner）试图探索一种在多数情况下都具有广泛适用性的模式，从两个维度来思考交流活动（如图2-8所示）。M代表人（man）或机器（machine），可以是信源或信宿，也可以既是信源也是信宿。E是一个事件，其内容可以被M感知。被M从E中感知到的消息表示为E1。这一部分称为"感知维度"（Perceptual Dimension）。M无法感知到事件E的全部内容，因此，M从整个事件中选择（select）有趣的或是需要的内容而过滤掉其他内容。情境（context）发生在事件中，而可用性（availability）是基于M的态度、情绪、性格、文化等。

另一个维度是手段与控制维度（Means and Controls dimension）。在这个维度中，M对其他人而言成为了关于E的消息源，M产生了一些自己的说法或是信号，其中既有表达方式（Form）也有内容（Content），这些由M产生的方式和内容可以通过不同方式来进行交流。M必须采用一些渠道或媒介来发送消息，而M或多或少对其都有控制作用。控制作用与

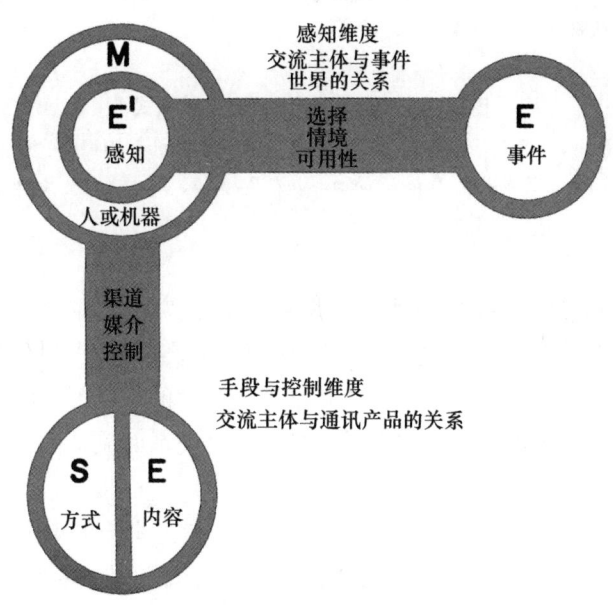

图2-8 格伯纳模型

资料来源：Gerbner G., "Toward a General Model of Communication", *Audiovisual Communication Review*, 1956, 4 (3), 175.

M利用交流渠道的技巧有关。这一过程可以扩展到更多的接收者,他们将会对感知事件有更进一步的了解。

(五)赖利夫妇的社会系统模式

1959年美国的赖利夫妇(John and Matilda Riley)在《大众传播与社会系统》一文中提出了一种模型,认为交流过程是社会系统的一部分(如图2-9所示)。

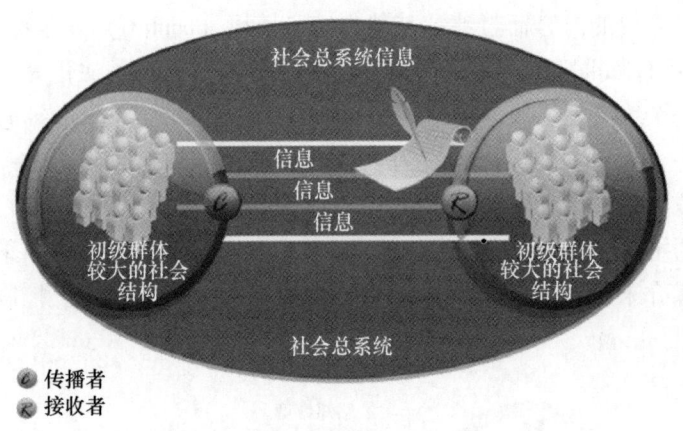

图2-9 赖利夫妇的社会系统模式

资料来源:Riley, J. W. and Riley, M. W., "Mass Communication and the Social System", In Merton, R. K. (ed), *Sociology Today-Problems and Prospects*, New York: Basic Books, 1959: 569-578.

传播者和接收者都受到他们所属群体、更大社会结构(社会文化、产业等)和整个社会系统的影响。这种动态的交互作用伴随着多个方向的信息流动,因此,传播者和接收者都不是被动的,也不是孤立的,他们相互联系起来,他们之间的信息随着各种社会关系而流动。

(六)卢因的守门人模式

1943年,卢因(Kurt Lewin)侧重于关注信息交流的渠道,从而提出了守门人(Gatekeeper)模式(如图2-10所示),认为在信息传播过程中存在有些关卡,能决定是否允许信息流通,即为守门人或是把关人,他们对所接收的信息进行选择和过滤。

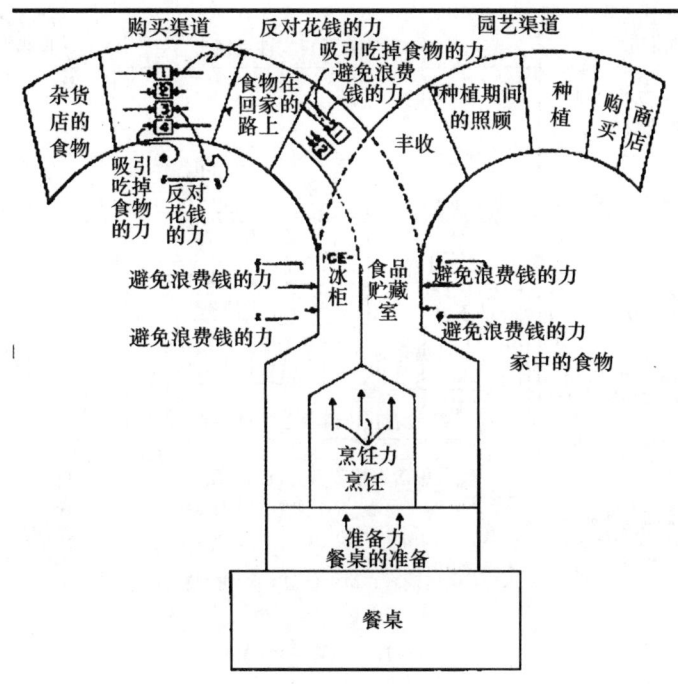

图 2-10 卢因的守门人模式

资料来源：Lewin K.，"Frontiers in Group Dynamics: II. Channels of Group Life; Social Planning and Action Research"，*Human Relations*，1947，1（2）：143-153.

Chris Roberts（2005）对守门人理论的演化过程进行了分析，指出：White（1950）、Westley 和 MacLean（1957）、Bass（1969）、Whitney 和 Becker（1982）、Reese 和 Ballinger（2000）等一系列学者对守门人理论进行了发展，当今的网络日志（weblogs）将守门人理论推到了研究前沿，传统主流媒体会作为守门人来决定是否要把新闻放到网站上，但因特网改变了新闻的传播途径，成为新的守门人影响着大众传播。

（七）马莱兹克模式

1963 年，马莱兹克（Gerhard Maletzke）在《大众传播心理学》一书中指出，信息传播过程受到复杂的社会因素和心理因素的影响，从信息传播者（Communicator）、信息（Message）和信息接收者（Receiver）的角度来考虑（如图 2-11 所示）。

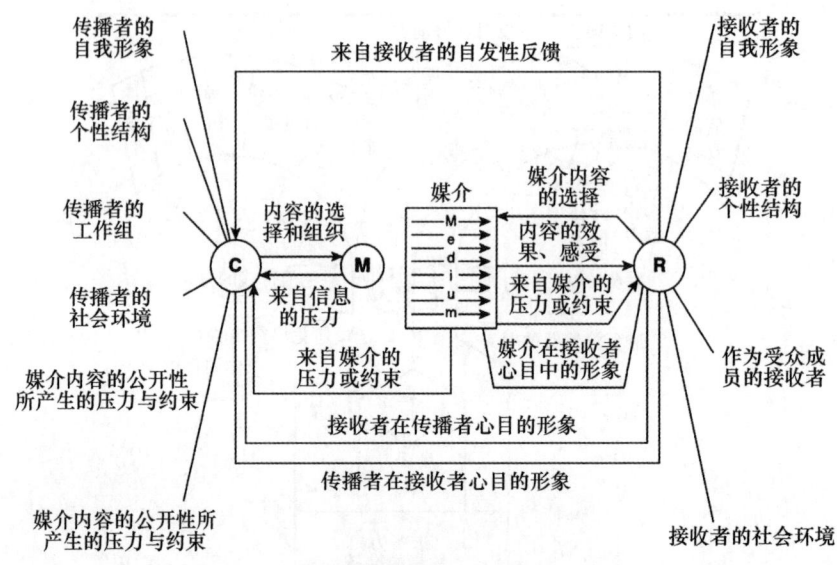

图 2-11 马莱兹克模式

资料来源:Windahl S., Signitzer B, Olson J. T., *Using Communication Theory: An Introduction to Planned Communication*, Sage, 2008: 160.

信息传播者的自我认识（self-image）、性格（personality structure）、工作团队（working 'team'）、社会环境（social environment）、受到的压力（pressure）和限制性因素（constraints）都会影响到他们对信息内容的选择和构建，从而影响信息交流媒介（medium）的选择；信息接收者的自我认识、性格、社会环境等也会影响到其对媒体内容的选择、对信息内容的感受等。马莱兹克模式着重强调社会心理因素的影响。

（八）收敛模型

Rogers 和 Kinclaid（1981）提出了信息交流的收敛模型，描述了两个参与者之间的交流互动过程。在他们达成共识之前，他们进行了几轮信息交流。他们在交流过程中共享信息，力图让对方理解并作出反应。这种收敛（convergence）通常发生在两人以上的群体。这种模型强调共同理解并达成共识（mutual understanding），为了最终的共识需要持续不断地交流和反馈（如图 2-12 所示）。

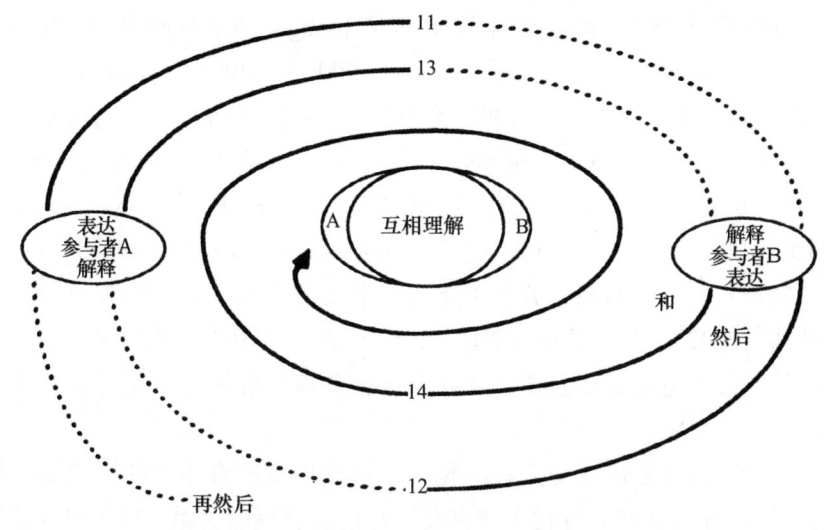

图 2-12 信息交流的收敛模型

资料来源：Hollis-Turner S. L., *Higher Education Business Writing Practices in Office Management and Technology Programmes and in Related Workplaces*, Cape Peninsula University of Technology, 2008.

总的来说，关于信息交流的模型研究多种多样，各有侧重。有的是从交流渠道来探讨，有的是从参与交流的要素来进行分析，还有的是从社会心理学角度来进行研究。目前，从不同的学科角度展开研究，可以构建截然不同的信息交流模型。

三 不同领域的信息交流研究

各国学者从不同的角度对信息交流展开了研究。有的从医疗健康方面展开，例如，Maibach 和 Parrott（1995）从信息交流理论角度探讨医疗信息发布与实践问题。Nelson 等（1976）、Davis 等（2007）研究药物使用及药物网站的信息交流。Mboera 等（2007）研究坦桑尼亚的医疗信息交流情况，发现医疗服务提供者缺乏足够的信息交换能力。张曦等（2015）研究了肿瘤病房护理交接班的信息交流模型。Levinson（1994）、Harding 等（2008）、Borun 和 Matei（2017）、Vitón Castillo 等（2019）、李小霞和贺培风（2009）、朱文君（2019）探讨了医生与患者之间的信息交流活动、交流障碍、信息交流能力。巴志超等（2018）对网络环境下非正式社会信息交流过程进行了探讨。

有的学者从管理与商业角度研究信息交流。Hamner 和 Harnett（1975）、Verbeke（2008）、Chen 和 Xie（2008）、Mihart（2012）、Halkias（2017）等学者研究了消费者在讨价还价、选择商品等过程中的信息交流活动。Escobar-Rodríguez T 和 Bonsón-Fernández（2017）、Louis 和 Lombart（2018）研究了零售商的信息交流活动。张琳和邵鹏（2005）、Shan 等（2020）研究了电子商务中的信息交流与组织。DiSalvo 等（1976）、Okoro 等（2017）探讨了组织成员所需要的信息交流技巧。王龙伟等（2006）、刘英茹（2002）、徐寅峰等（2005）、樊振宇等（2016）从组织创新、政策执行、公共突发事件处理、农业信息服务等角度探讨了相关信息交流活动。

有的学者研究信息交流在文化、学科发展及教育中的作用机制。例如，Finniston（1975）探讨了信息交流与信息管理的关系。Li（1999）研究了跨文化的信息交流活动。Ward 等（2001）、黄晓斌和余双双（2008）、Hamuy 和 Galaz（2010）、付晶艳和张莉（2011）、Leben（2019）、李晶等（2019）对教育过程中的信息交流理论、规律、系统等展开了研究。

还有的学者从技术层面对信息交流展开探讨，例如 Ryu 等（1994）、Csuhaj-Varjú 和 Vaszil（2002）、戴晓明等（2003）、马文建等（2008）、陈俊波（2009）、Kamimura 等（2010）、Zakzewski（2012）、Lin 和 Golparvar-Fard（2016）、刘振国（2018）、Din 等（2019）等从通信协议、语法系统、4D 可视化模型、信息交流系统的架构、设计开发等角度进行了研究工作。

第二节　学术信息交流

学术（scholarship）一词通常被理解为创造、发展和维护学科的知识基础的活动（Halliday, 2001）。

一　学术信息交流的界定

Graham（2000）认为学术信息交流的过程可以分为三个方面：在非正式网络（如社交媒体）的交流、在会议上公开发布或是预印本、将研究成果正式出版。Halliday（2001）指出，通过学术信息交流活动，可能会将知识和信息传播到更广泛的学术团体。Borgman 和 Furner（2002）认为，学术信息交流指的是共享和发布研究工作与研究成果的过程。Barjak（2006）指出，学术信息交流是科学研究工作的重要组成部分。

Thorin（2006）认为，学术交流不仅仅包括科学成果的出版，还包括学者们创造新知识时的相互交流、与同行业领先者衡量其价值而产生一篇正式科学论文的活动，把科学交流过程分为三个方面：一是与其他学者和科学家进行研究、激发灵感的非正式交流过程；二是为产生正式研究成果而与同行们进行的准备、构思、交流过程；三是最终正式成果以印刷版或电子版形式进行传播分发的过程。Procter 等（2010）在 Thorin（2006）的研究基础上，提出学术信息交流包括：开展研究、思路拓展和非正式交流；准备、形成和交流那些即将正式发布的研究成果；正式产品的扩散；对个人职业、研究团队和研究项目的管理工作；与更广泛的团体交流学术思想等。

Garvey（1979）探讨了研究工作和科学知识产生过程中的学术信息交流，描述了心理学领域的信息危机，学术信息在不断增长，相应的学术信息交流服务需求也不断激增。

Meadows（1974）指出，新的研究成果通过正式交流途径如期刊、报纸等进行发布，这些方法被用于交流科学研究、确立科学发现的优先权。Priem（2013）认为，创办于 1665 年的世界第一本科学期刊《英国皇家学会哲学学报》（*Philosophical Transactions of Royal Society*）的目的就是利用已有的印刷出版技术促进学术知识的传播与扩散。这为世界范围的学者们交流科学观点、保持成果原创性并能获取他人成果提供了有效途径。

Shackel（1991）认为，英国图书馆为拉夫堡大学提供资助而建立人机交互方面在线期刊是一种替代性出版方式的里程碑。Aboukhalil（2015）、Seethapathy，Kumar 和 Hareesha（2016）都认为，随着信息技术的不断发展，电子出版物不断增多，信息交流渠道越来越丰富。

二 学术信息交流的变化

随着通信技术和信息技术的飞速发展，传统的正式学术信息交流方式如印刷型出版物受到了冲击，学术信息交流活动发生了一些变化。不论是在自然科学和工程领域（Atkins 等，2003），还是在人文社会科学领域（Waters，2003），学术研究的方式正在发生剧烈变化。Van de Sompel 等（2004）指出，计算机技术、网络技术、强大的数据采集和挖掘技术使得研究工作愈发协作化（collaborative）、网络化（network-based）和数据密集化（data-intensive），这必然导致了学术信息交流的相应变化。

　　Marcum（1996）认为，数字化信息比印刷型信息更加复杂，却更加容易保存。Borgman 和 Furner（2002）指出，由于技术的进步，学术信息交流活动正在被个人便携式电脑、电子邮件、数字图书馆、因特网、移动电话、无线网络等信息技术而改变。Walsh 等（2000）认为，因特网的不断发展对研究成果的扩散和学术成果的出版产生了巨大影响。Bjork（2005）研究了学术出版物的开放存取作为新的学术信息交流方式。Bjork（2007）指出，技术的进步引发了学术信息交流的变化，不论学术信息以正式出版物的形式还是电子邮件、会议报告、人际交流的形式进行，最重要的是其内容及来自同行的质量控制，并将学术信息交流活动作为一个全球性的相互联系的信息系统。Meadows（1992）、Feather 和 Sturges（2003）、Mark（2007）、Cullen 和 Chawner（2011）、Romary（2012）、UNESCO（2015）、Finlay，Tsou 和 Sugimoto（2015）、Xia（2017）都分析了学术交流的变化情况，认为积累、创造、评价、出版、传播、保存等过程受到世界范围的科学研究工作的广泛影响。Bountouri（2017）指出，语义网络技术影响了现有的描述、识别、传播和检索信息的方法。

　　Meadows（2003）指出，学术信息交流的方式被更加便捷、可行又低成本的信息生产过程所影响。朱臻和方卿（2001）从科技信息交流过程、信息机构与信息工作及信息交流效果等三个方面，简要分析了网络出版对科技信息交流的影响。Bjork（2005）指出，随着因特网的发展，电子文件格式影响了学术刊物的可获得性和易访问性。Widen（2010）认为，社会化的交互网络将影响学术交流的过程，而研究的传播将变得更加非正式、互动性，甚至比印刷型刊物出版更快更早。Shehata、Ellis 和 Foster（2015）发现学者们越来越倾向于使用非正式出版、传播方式。Shehata、Ellis 和 Foster（2017）研究发现，在网络时代，学者进行学术信息交流的行为有三种：第一种是使用传统的正式出版物；第二种是融合使用传统正式出版物和非正式交流途径；第三种是使用所有可获得学术信息交流的途径。

Gu 和 Widén-Wulff（2011）认为在社交媒体环境下，学术信息交流会发生一些变化。Sawant（2012）认为，Web 2.0 已经影响到知识的传播方式。Katz et al（2001）和 Dahlgren（2005）都认为，社交网络和交互性网络给学术信息交流带来了挑战和机遇。Thorin（2006）认为，为了应对学术信息交流的演化发展，我们需要了解更多关于交流过程的知识。Chukanova 和 Borysova（2016）指出在第四届"数字时代的学科交流"国际会议上，讨论了有关开放存取期刊（Open Access journal）和开放发表（Open Publishing）等问题。在会上，乌克兰国家青年图书馆的 Eugeniya Kulyk 认为，社交媒体可以成为信息交流系统的一部分，从而加强与青年图书馆用户的交流。

三 学术信息交流模型

在对学术信息交流模型的研究中，可谓是百花齐放、百家争鸣。

（一）米哈依洛夫的科学交流模型

Menzel（1959，1966）将信息交流分为非正式交流和正式交流，认为非正式交流是没有计划的，学者们将会把交流系统作为一种工具并且对交流技术感兴趣。

邹志仁（1994）指出："30 多年来，为国内外情报学界所普遍接受的情报交流模式，是将情报交流过程划分为'正式过程'和'非正式过程'。这个理论是由美国社会学家 H. 门泽尔于 1958 年提出，并由苏联情报学家 A. N. 米哈依洛夫所充实、完善。"① 米哈依洛夫模式早期在我国接受度很高，而且影响广泛。

米哈依洛夫（A. N. Mikhailov）将科学情报生产者与使用者之间的交流过程分为非正式交流和正式交流，提出了广义的"科学交流系统"（如图 2-13 所示）。他认为正式交流过程主要依赖于科学技术文献系统；非正式交流的主要渠道是科学情报使用者与创造者之间的个人接触。这个模式从情报交流渠道来对交流过程进行分类，对于纸质载体上的科学交流活动进行了解释，但对非正式交流的研究不够深入，没有考虑到环境对情报交流过程的影响。

---

① 邹志仁：《情报交流模式新探》，《情报科学》1994 年第 4 期。

```
                          非正式过程
                            个人接触
        ┌─────────┐  ────────────────→  ┌─────────┐
        │科学情报 │                      │科学情报 │
        │使用者   │  ←────────────────   │创造者   │
        └─────────┘                      └─────────┘
             ↑
             │   - - - - - - - - - - - - - - - - - - -
             │
             │        ┌──────────────────┐
             └────────│ 科学技术文献系统 │←────────┐
                      └──────────────────┘         │
                               │                   │
                               ↓                   │
                      ┌──────────────────┐         │
                      │科学情报和图书书目工作│─────┘
                      └──────────────────┘

                           正式过程
```

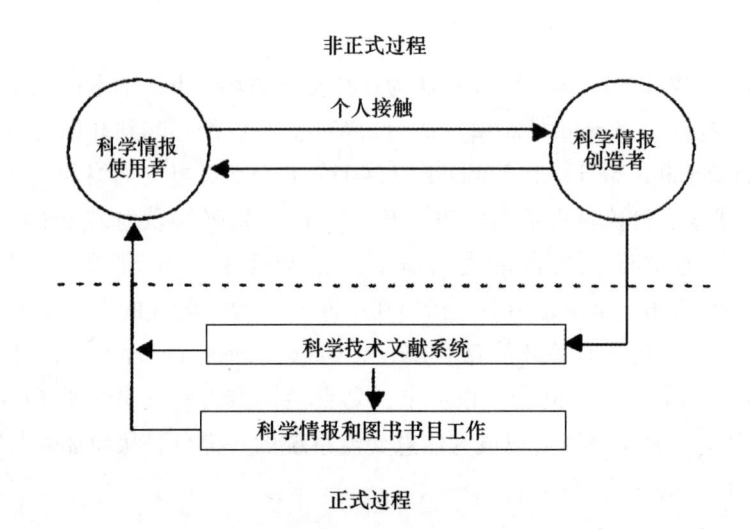

图 2-13　米哈依洛夫模式

资料来源：李国红：《А. И. 米哈依洛夫科学交流模式述评》，《情报探索》2005年第6期。

米哈依洛夫模式在以印刷版文献为主要载体的信息交流活动中发挥了巨大作用，但随着网络技术的飞速发展、数字化信息载体的普及和传播，该模式难以解释网络环境下的信息交流过程。韦成军（1986）认为米哈依洛夫的划分标准会变得模糊，逐渐失去意义。邹志仁（1994）也认为米哈依洛夫模式不稳定。朱臻和方卿（2001）认为网络出版会对科技信息交流产生影响，单纯以是否通过印刷版文献作为区分信息交流的标准不太妥当。王琳（2004）指出米哈依洛夫模式存在理论困境。

（二）加维—格里菲思模型

加维（Garvey，1979）从心理学角度研究科学交流活动，提出了加维—格里菲思模型。徐佳宁（2010）对其模型原型进行了翻译整理。该模型围绕印刷型文献，从研究工作开始到完成、提交手稿、期刊出版、编入文摘索引、被年度综述引用、被其他论文引用、成为其他论文的一部分，最后成为特殊文本专论（如图2-14所示）。

加维描述了科学交流在科研工作与知识创造过程中的作用，围绕印刷型出版物分析了基础研究、应用研究、技术与生产之间的交流过程（如图2-15所示）。

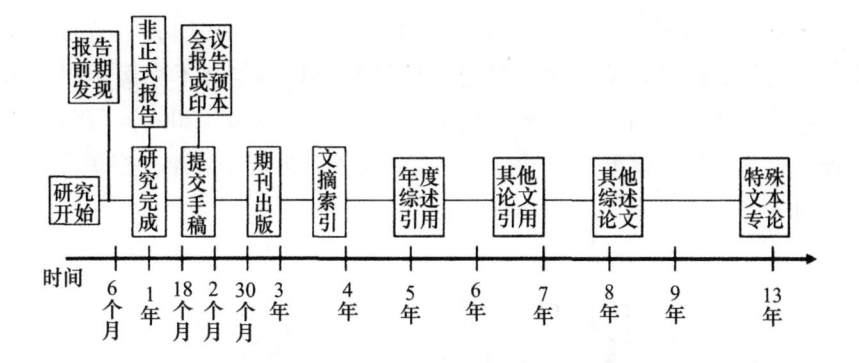

图 2-14　时间维度的加维—格里菲思模型原型

资料来源：徐佳宁：《加维—格里菲思科学交流模型及其数字化演进》，《情报杂志》2010 年第 29（10）期。

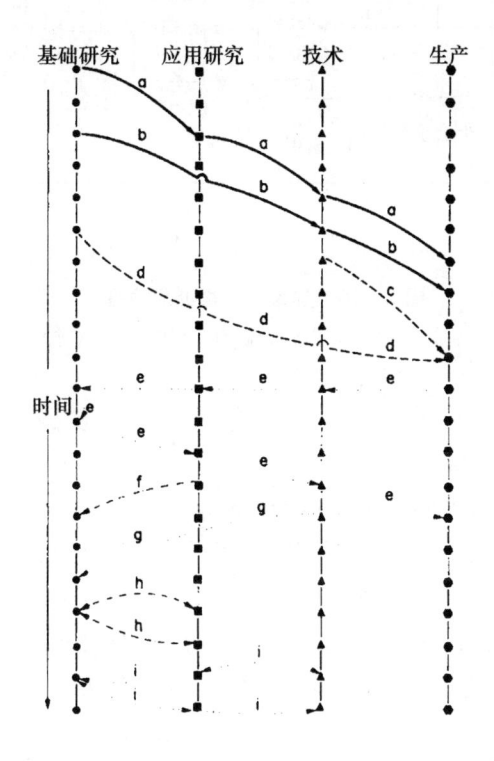

图 2-15　基础研究、应用研究、技术与生产之间的交流

资料来源：Garvey W. D., "The Role of Scientific Communication in the Conduct of Research and the Creation of Scientific Knowledge", *Communication: The Essence of Science*, Pergamon, 1979: 33.

加维分别用字母"a"到"i"表示基础研究、应用研究、技术和生产之间的信息流动，认为通过信息交流活动，科学与技术完美地融合起来，理论与实际应用活动达到共同进步与发展。Owen（2007）等学者对加维—格里菲思的模型原型进行了丰富和完善，形成了加维—格里菲思模型（如图2-16所示）。

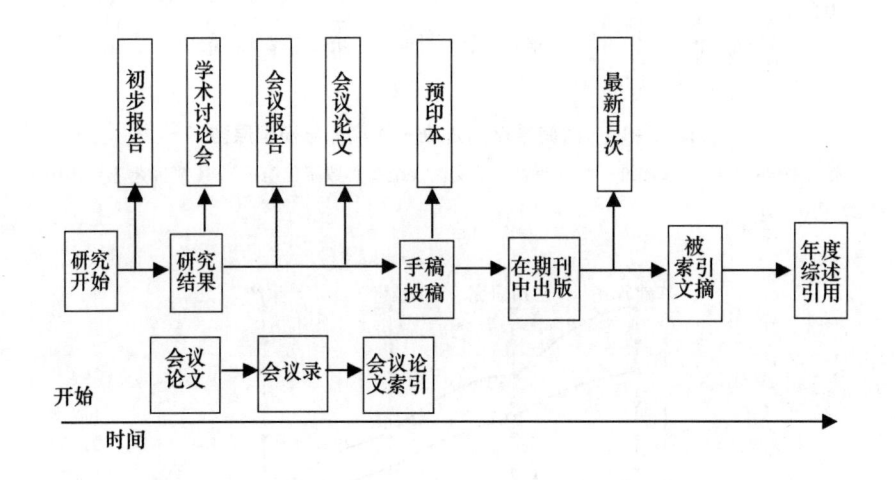

图2-16 加维—格里菲思模型

资料来源：徐佳宁：《加维—格里菲思科学交流模型及其数字化演进》，《情报杂志》2010年第29（10）期。

（三）UNISIST模型

UNISIST（United Nations Information System in Science and Technology）是联合国科技情报系统在20世纪70年代提出的科学交流模型（如图2-17所示）。其中主要涉及三种信息交流途径：一种是正式途径，即通过出版商、图书馆以书籍、期刊或者未发表的论文、研究报告来进行交流；一种是非正式途径，即通过交谈、演讲报告、会议等方式来进行交流；还有一种是通过数据中心的调查来进行，这些信息都将汇集到信息中心以便更好地传播。

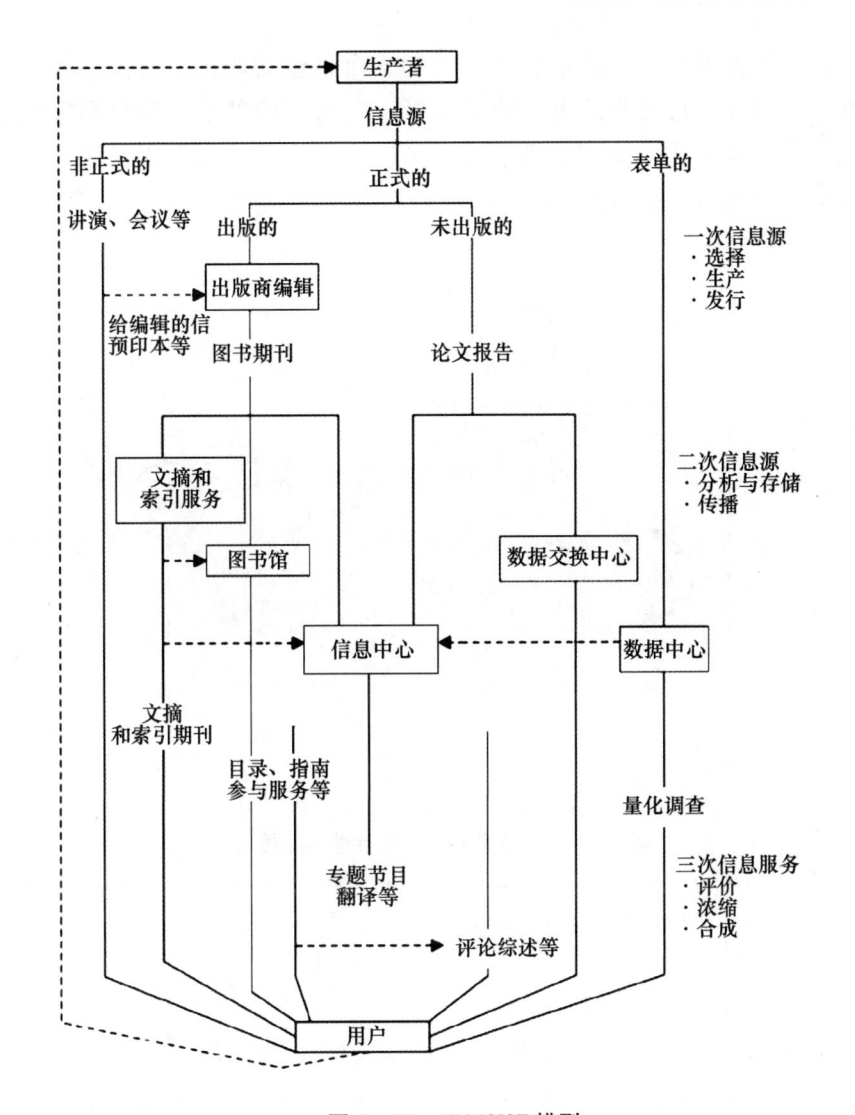

图 2-17 UN ISIST 模型

资料来源:Søndergaard T. F., Andersen J., Hjørland B., "Documents and the Communication of Scientific and Scholarly Information", *Journal of Documentation*, 2003, 59 (3): 278-320.

(四) 兰卡斯特的模型

Lancaster 和 Smith (1978) 提出了"研究交流圈"(The Research Communication "Cycle"),国内也经常称之为"情报传递循环圈"(如图 2-18 所示)。其中,不仅仅展示了通过主流出版途径进行发表、传递、保存等而进行正式的信息交流活动,而且包括非正式交流如演讲内容、对正在进行的演讲内容的展示等。在这个模型中,用户不仅接收信息来开展科研或应用活动,而且可以主动进行论文发表、演讲对话等多种渠道来交流信息。

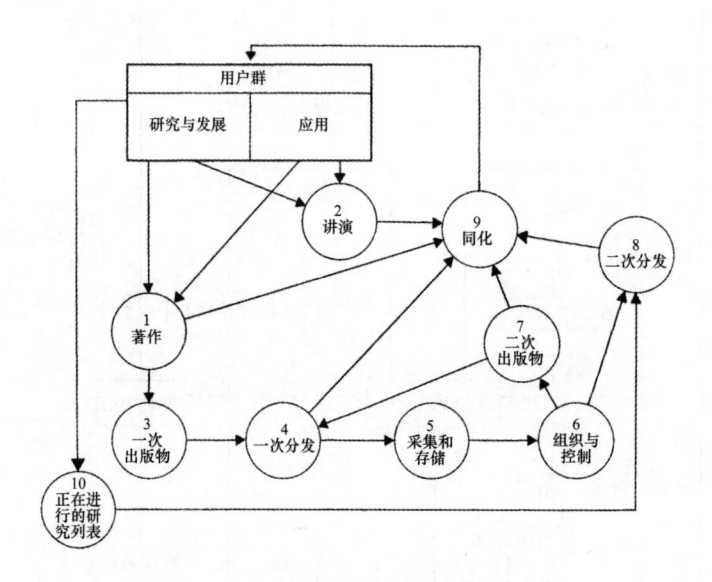

图 2-18 兰卡斯特的情报传递循环圈

资料来源:Lancaster F. W., Smith L. C., "Science, Scholarship and the Communication of Knowledge", *Library Trends*, 1979, 27 (3): 368.

(五) Hurd 的 2020 模型

Hurd (2000) 提出了科学交流的 2020 模型 (如图 2-19 所示),认为电子预印本、电子期刊、电子档案、数字图书馆都会成为全新的信息交流模式。早在二十年前,他就预见性地指出,学术信息交流模式会变得多元化,除了原有传统的印刷型出版物之外,电子期刊、电子档案、数字图书馆将成为重要的信息交流途径,在电子期刊投稿、审稿过程中,期刊编辑与评审专家、编辑与作者之间进行了信息交流活动,进而在数据库、网站等技术的支撑下知识与信息得以进一步传播。

(六) 学术交流圈模型

学术交流圈模型不是指某一个模型,而是一类模型。学者把学术交流的各环节分解后,形成一个环状模型。

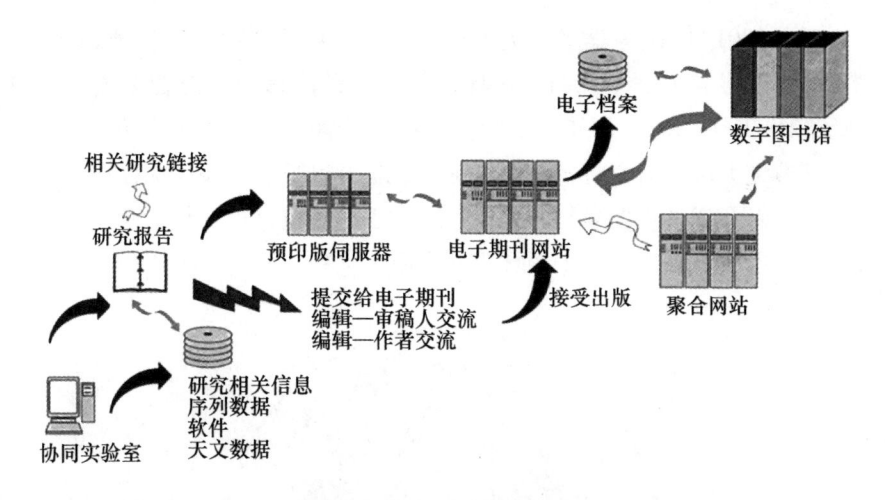

图 2-19　Hurd 的 2020 模型

资料来源：Hurd J. M., "The Transformation of Scientific Communication: A Model for 2020", *Journal of the American Society for Information Science*, 2000, 51 (14): 1279-1283.

Boettcher（2006）认为学术交流圈中包括研究工作，通过查找和发现工具而发展相关理论或技术，并享有相关知识产权，进行写作、投稿给出版商，进行发表，成为一种信息资源得以传播扩散，待整理加工后可以访问存取，进而推动进一步的研究工作（如图 2-20 所示）。

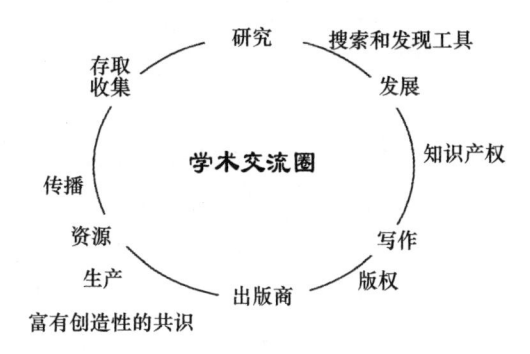

图 2-20　学术交流圈模型

资料来源：Boettcher J., Framing the Scholarly Communication Cycle, 2006, https://repository.library.georgetown.edu/bitstream/handle/10822/1053166/Boettcher_ScholarlyLifecycle.pdf?sequence=3&isAllowed=y.

Rao（2018）认为学术交流圈中，创造、评价、出版、传播、保存、积累等环节形成了一个回路，循环往复，而且把相关参与者也融入其中（如图 2-21 所示）。例如，出版商、编辑、评审者对应着评价、出版、创造环节，大学、研究机构、图书馆等参与了出版、传播、保存环节，而作者、学者和读者主要参与的是保存、积累和创造过程。整个系统里面涉及教育、研究、创新等三个领域共同作用。

图 2-21　学术交流圈

资料来源：Rao Y. S., "Scholarly Communication Cycle: SWOT Analysis", *SCOPE-2018*, October 25-26, 2018, 54.

（七）信息栈模型

靖继鹏和李勇先（1991）认为："在情报交流过程中，用户作为交流主体，既是情报的需求者和利用者，又是情报的创造者，因而，情报交流机理的揭示实际上是用户与用户、用户与社会、用户与情报系统的交流规律的研究，其研究结果将作为组织社会情报工作的依据。"邹志仁（1994）把情报创造者和接受者分别称为情报"产生元"和"接受元"，它们之间的情报交流需要中介环节的参与，把中介环节称为"中介元"，并且根据中介元是否参与及其作用，把情报交流过程划分为"直接交流""准中介交流"和"中介交流"三种模式。

我国著名情报学家严怡民（1996）从信息交流的环节出发，把信息从生产者到信息接收者期间所经过的环节定义为信息栈，并划分出两类交流活动：一种是零栈交流即直接信息交流，无需经过中间环节；另一种是栈交流，强调中间环节对信息的吸收和利用具有影响作用（如图 2-22 所示）。王琳（2004）认为，严怡民的信息栈理论与邹志仁的"中介元交流说"都建立在对信息交流的主体及其关系的客观反映基础上，"信息栈"更强调其吸收利用信息并影响信息交流的功能。

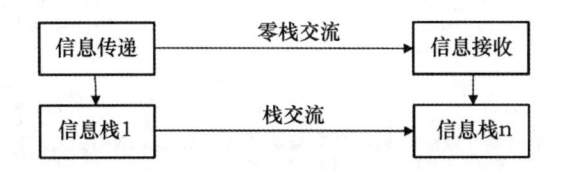

图 2-22　信息栈模型

资料来源：曹瑞琴、刘艳玲、邰杨芳：《MOOC 背景下的信息交流模式》，《农业图书情报学刊》2018 年第 30（10）期。

（八）电子环境或网络环境下的学术信息交流模型

细野公男（1999）提出了电子环境下的学术信息流通模型（如图 2-23 所示），认为信息生产者以预印本的形式成为网络信息源传递给信息用户，同时信息生产者也可以通过出版社、学会、协会与信息用户进行电子函件交流，或者通过电子杂志的形式与图书馆及信息用户进行信息流通。

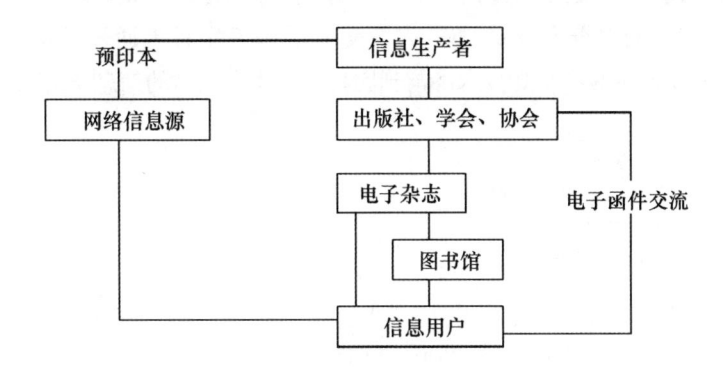

图 2-23　细野公男的学术信息流通模型

资料来源：[日] 细野公男：《电子图书馆对学术交流及大学图书馆服务的影响》，《情报理论与实践》1999 年第 22（1）期。

巢乃鹏和黄娴（2005）针对国家知识基础设施（CNKI，China National Knowledge Infrastructure）的学术传播模式（如图 2-24 所示）进

行了探讨，认为 CNKI 当时主要侧重于作者查阅文献资料、发表研究成果并通过传统出版途径发布到 CNKI 系统的光盘版、印刷版和网络版上，进而被终端读者获取、被图书馆等文献服务机构所保存下来。而未来的发展方向包括提供 Email 咨询服务、越过传统出版环节的直接出版模式等。

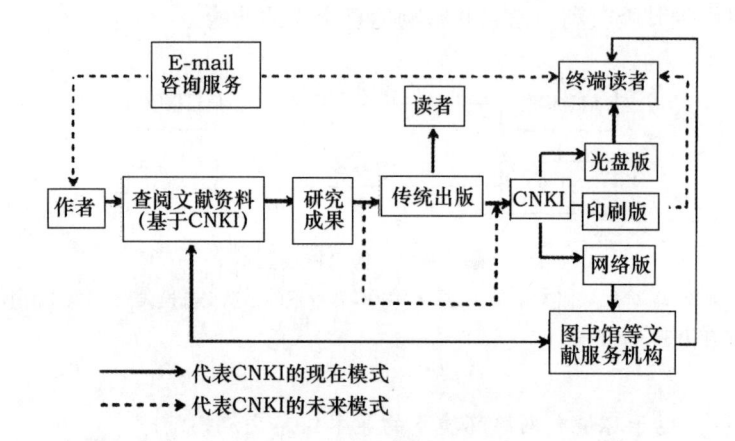

图 2-24　CNKI 学术传播模式

资料来源：巢乃鹏、黄娴：《基于网络出版的学术传播模式研究》，《南京邮电学院学报》（社会科学版）2005 年第 3 期。

刘佳（2007）提出了基于网络的学术信息交流模型（如图 2-25 所示），将科研人员、对某学科感兴趣的人、交叉学科工作者等通过 Blog、Wiki、Tag、RSS 等多种 Web 2.0 技术参与到因特网上学术网站的信息交流活动。

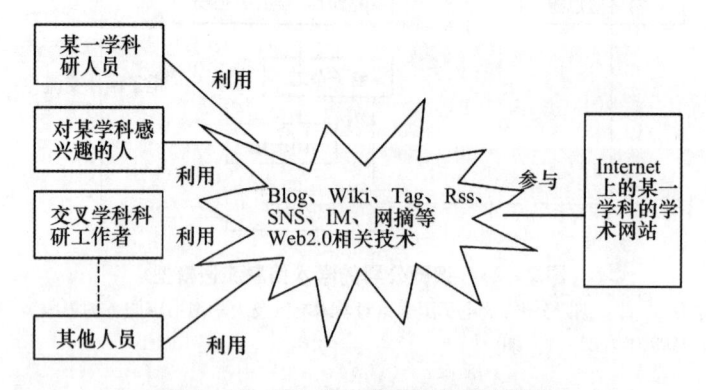

图 2-25　Web 2.0 学术信息交流模式

资料来源：刘佳：《基于网络的学术信息交流方法与模式研究》，硕士学位论文，吉林大学，2007 年，第 64 页。

四 学术信息交流的其他方面研究

在对 18 世纪出现至今的正式学术信息交流进行分析的基础上，Roosendaal 和 Geurts（1997）认为学术信息交流系统中必须包括：注册（允许声称学术发现的优先权）、认证（确保学术主张的有效性）、知晓（允许学术系统参与者知晓新的学术主张和发现）、归档（保存学术记录）、奖励（根据学术系统中的指标来奖励学术参与者）。Sompel 等（2004）在此基础上提出了价值链视角的学术信息交流系统，纵向融合了传统出版过程，期刊出版被视作一个典型的途径来确立学术发现的优先权、认证有效性、发布新的主张和发现、归档和用于奖励学术研究者。Shaw（1981）运用文献计量法对学者通过期刊发表论文的情况进行分析，识别相关领域的学术信息交流活动。Lacy 和 Busch（1983）认为应该重视非正式的科学交流，其交流过程中产生的科学知识融入相互依存的社会系统中。Carr 等（1997）认为，未来的科学交流可以借助互联网进行。Vickery（2000）梳理了科学交流的发展史。

有的学者从语言角度来研究学术信息交流活动。Tardy（2004）研究了英语在科学信息交流中的作用。Yu、Xu 和 Xiao 等（2018）研究了推特上进行学术交流的语言习惯。Banks 和 Martino（2019）从语言学角度进行探讨。Huguet 等（2018）、Catalán-Matamoros 等（2019）通过科学文献进行交流的语言偏好、语言特点展开分析。

有的学者从期刊、出版与开放存取的角度进行研究。Ginsparg（1994）探讨了科学交流中的电子出版问题。Kurata 等（2007）、Frandsen（2009）、Kirby（2012）、Gul 等（2014）、Aldwinckle 和 Payne（2016）对电子期刊和开放存取进行了探讨。Belanger 等（2009）对比了报纸与专业网络数据库的信息交流活动。Baffy 等（2020）、Ponte 和 Simon（2011）等学者研究了传统科学出版受到的挑战及学者们的态度。

有的学者从技术实现的角度研究学术信息交流。Li 等（2005）研究了科学交流的加权网络及其拓扑结构。Riede 等（2010）针对以文本数据和表格数据为主的科学数据交流，提出了全元数据格式（Full-Metadata Format）。Kobos 等（2014）研究了学术信息交流架构中的信息推理过程。McInerny（2013）分析了如何运用视觉手段促进科学信息交流。

还有的学者对学术信息交流活动进行了案例分析。Levis（1999）研究了有关创伤记忆争论的科学交流与合作的失败案例。Jones 等（2008）针对托雷斯海峡岛民参与科学研究的有效沟通工具进行了研究。Benestad（2015）介绍了医学和生物领域中通过科学论文进行信息交流的具体要求。Braha（2017）探讨了科学家与普通民众之间的科学信息交流。Sereenonchai 和 Arunrat（2017）研究了致力于缓解气候变化的农业领域的信息交流。

第三节　Web 2.0、社交媒体与学术信息交流

随着互联网技术的飞速发展，学术信息交流有了新的发展。Kling 和 McKim（2000）、Zhang Yin（2001）认为网络对学术交流产生了巨大影响；Kling、McKim 和 King（2003）基于网络上的学术专业交流论坛，提出了社会技术相互作用模式。方卿（2001）认为网络环境下科学信息交流载体整合研究的重点应该放在兼容模式的构建上，并提出了科研成果的发布模式、科学信息的传递模式和利用模式。另外，还兴起了"开放存取运动"（the Open Access Movement），开放存取实践的发展为科学交流领域的研究提出了很多新问题，例如全球统一的技术标准、资源的统一定位、知识产权保护、长期存取保证、科学评价等。

科学研究作为一种社会学术活动，其传播活动对于研究人员和读者都是极其重要的。学术信息交流发生了很大变化，包括电子出版、开放存取运动、期刊订阅模式变迁（Houghton et al., 2009；Stewart et al., 2013）。读者不仅仅依赖于出版商，网络上大量的资料库为研究人员提供了替代性的存取路径（Shrivastava 和 Mahajan, 2017）。网络正在影响学术交流系统的功能和阶段（Delamothe, 2003；Guédon, 2001, 2004；Houghton et al., 2009）。

一　Web 2.0 与学术信息交流

Tim O'Reilly 提出了"Web 2.0"[①]，认为它是一种更具交互性的新型网络，强调用户的在线协作与交流（O'Reilly, 2005、2007），其数字工具

[①] Tim O'Reilly, *What Is Web 2.0*, https：//www.oreilly.com/pub/a/web2/archive/what-is-web-20.html? page=1，2005 年 9 月 30 日。

让用户可以创造、更新和发布动态内容（Stephens & Collins, 2007）。Web 2.0 可以克服交流障碍和时空限制（Stuart, 2010），用户能够以多种方式创造、描述、发布、搜索、协作、分享和交流在线内容（Macaskill & Owen, 2006; Virkus, 2008）。

Web 2.0 的概念越来越强调用户通过多种社交软件以新的方式进行交互，从而创造的内容、数据和内容的共享、协作，在此过程中他们制造内容并对其进行重用和消费（Anderson, 2007）。王知津和宋正凯（2006）认为 Web 2.0 会影响网络信息交流活动。Arms 和 Larsen（2007）、Maron 和 Smith（2008）、Houghton 等（2009）都畅想了基于 Web 2.0 的学术信息交流活动，认为交互性将会更加显著。

Hall 等（2009）认为 Web 2.0 带来的社交网络技术是一种"电子研究"（eResearch）中的演进现象。Procter 等（2010）对学术交流中 Web 2.0 的使用进行了研究。Collins（2011）研究利用 Web 2.0 工具强化开放的交流氛围。Gul 等（2014）认为 Web2.0 可以应用到学术期刊的开放存取中。Badman 和 Hartman（2008）、Sutherland 和 Clark（2009）探讨利用 Web 2.0 技术创建虚拟期刊阅览室。李白杨和杨瑞仙（2015）研究了基于 Web2.0 环境的知识交流模式。朱晓霞（2015）、杨瑞仙（2013、2014）、李贵成（2014）对 Web2.0 环境下的信息交流行为、要素、特征、影响因素进行了分析。

二　社交媒体与学术信息交流

随着网络硬件、软件的发展和移动互联网应用的普及，社交媒体的发展日益复杂化，虚拟社会与现实社会的交集也越来越大。社交媒体日渐渗透到我们生活、工作、学习和娱乐的方方面面。国内外学者开始研究以社交媒体为基础的学术信息交流活动。

移动互联网络技术飞速发展，社交媒体成为学术信息交流的新载体。社交媒体，也称为社会化媒体、社会性媒体，指允许人们撰写、分享、评价、讨论、相互沟通的空间和平台。Kaplan 和 Haenlein（2010）将其分为六种类型：协同项目（如 Wikipedia）、博客与微博（如 Twitter）、内容社区（如 YouTube）、社交网站（如 Facebook）、虚拟游戏世界（如 World of Warcraft）和虚拟社会（如 Second Life）。这些媒体颠覆了以往的单向交流模式，转向了交互式的交流模式。

Web 2.0 工具如博客、维基、社交学术网络等给非正式学术出版带来了新的变化（Davidson，2005；Barjak，2006；Collins & Hide，2010；Allen et al.，2013）。社交媒体平台促进研究成果传播和共享，重塑了学术信息交流和研究工作（Procter，Williams & Stewart et al.，2010）。Late、Tenopir 和 Talja（2019）发现社交媒体和电子期刊改变了学术阅读习惯。

Stephens 和 Collins（2007）认为 Facebook 为用户提供了创造内容并分享交互的平台，在知识共享的同时能进行高效的反馈。Academia.edu、ResearchGate、Zotero、CiteULike 和 BibSonomy 等社交网络平台被研究人员广泛使用（Reher & Haustein，2010）。Buigues-García 和 Giménez-Chornet（2012）、Chen（2011）指出，Twitter 上的推文（tweets）能被访问网页的任何人阅读，这种社交网络为大众传播、个人之间的共享交流提供了平台。

社会网络站点（SNSs，social networking sites）从研究工作的产生到传播等各方面给学术交流带来了巨大变化（Nentwich & König，2014）。Click 和 Petit（2010）指出，社交网络书签系统允许用户保存、组织、搜索、管理和分享网页书签，用户可以随时随地访问书签并能分享给其他互联网用户、朋友或同行。这些社交网络上蕴含丰富的灰色、未发表的文献，被学者和研究人员用作标签、书签、研究资料共享，从而联系起来合作完成科研论文（Pardelli，Goggi & Sassi，2012）。Zhu 和 Procter（2015）分析了英国博士生利用博客、Twitter 和 Facebook 进行学术信息交流的情况。Zheng、Aung 和 Erdt 等（2019）发现学术期刊上出现了社交媒体的引用。张小平等（2016）研究了清华大学微沙龙的学术交流模式。刘慧云和伍诗瑜（2018）、王翠萍和戚阿阳（2018）分别对微信和微博上的学术信息交流活动进行了研究。艾明江（2019）研究了"天涯社区"中两岸青年的交流与融合情况。丁敬达和鲁莹（2019）发现近二十年来，学术交流领域的研究侧重于开放出版、社交媒体等方面。

学者对社交媒体在学术领域的应用研究主要围绕三个方面。

（一）关于社交媒体在学术交流方面的可行性

Koh 等（2007）和 Wagner 等（2014）认为社交媒体主要用于获取知识和共享知识。Eijkman（2010）认为维基百科（Wikipedia）有可能为学术交流服务。Park 等（2009）、Liu 和 Kim（2011）、Dantonio 等（2012）肯定了社交媒体在学习、研究和协作方面的作用。Lim 等（2014）认为将社交媒体用于学术交流是可行的。刘国亮等（2009）认为利用社交媒体可以实现学术知识的共享。

（二）学术界对社交媒体的利用

Gruzd 和 Staves（2011）发现社交媒体用于学术交流的趋势。Hobson 和 Cook（2011）认为社交媒体为研究人员的学术交流带来了机遇和挑战。Collins（2013）认为社交媒体可以用于学术信息交流。Veletsianos（2013）发现越来越多的研究人员使用社交媒体进行学术信息交流。Letierce 等（2010）、Kirkup（2010）、Al-Aufi（2014）从实证的角度考察了非正式学术交流对社交网络工具的利用。Ebner（2010）、Lester（2010）、Liu（2010）、Roblyer（2010）、Howard（2012）研究了针对教学、师生沟通活动的社交网络工具使用情况。Procter、Williams 和 Stewart（2010），Chen 和 Bryer（2012）研究了不同学科对社交网络工具的学术使用水平的差异。Moran、Seaman 和 Tinti-Kane（2011），Rowlands、Nicholas 和 Russell（2011）发现科技领域的学者比人文社会科学领域的学者更倾向于使用社交媒体。而 Ke、Ahn 和 Sugimoto（2017）发现科学家在 Twitter 上关注同行而且分享的内容以科学为主，社会科学家比自然科学家更爱用 Twitter。Letierce、Passant 和 Breslin（2010）对学术会议中使用 Twitter 展开了研究。Rauniar、Rawski 和 Yang（2014）对以 Facebook 为代表的社交媒体的使用情况展开了实证分析。Burkhardt（2010）、Xie 和 Stevenson（2014）等学者提出在图书馆应用社交媒体。

国内学者侧重于针对某个社交媒体展开分析。有的学者以学术论坛、问答社区为突破口，例如，邱均平和熊尊妍（2008）、赵玉冬（2010）研究了网络论坛上的学术信息交流活动。刘婉婷和章杨（2015）、马青青（2019）分析了知乎上的信息传播模式。姜小函（2019）分析了学术虚拟社区的知识交流网络。

有的学者从微博的角度研究学术信息交流活动。例如，李春秋等（2012）从科学网上的博文入手，展开学术信息交流研究。盛宇（2012）、郝晶晶（2012）、董清平（2014）、曾润喜等（2014）、毕强等（2015）、王翠萍和戚阿阳（2018）围绕微博上的学术信息交流行为、机制、模型、困境等进行了深入探讨。丁敬达和许鑫（2015）对学术博客的交流特征进行了分析。刘烜贞和陈静（2017）发现通过微博这种媒介，公众可以更方便地获得学术知识，学术论文会对社会公众产生影响。

有的学者研究了微信上的学术信息交流，例如，喻菁和廖荣涛（2014）、刘晶晶（2016）、彭露生（2017）探讨了微信对学术期刊、出版模式的影响并分析其发展策略。余溢文等（2014）研究利用微信构建学术期刊交流平台。贾新露（2017）、王曰芬等（2017）和杨林（2019）研究了微信学术信息共享的意图影响因素和驱动因素。侯璐（2018）研究了科研类微信公众号学术信息交流机制。刘慧云和伍诗瑜（2018）、胡媛和秦怡然（2019）分别分析了微信用户的学术信息交流影响因素和模型构建问题。赵文青和宗明刚（2019）尝试将学术论文在社交媒体微信的阅读量和中国知网（CNKI）上的下载量进行比较分析，发现两者之间没有明显的强相关关系。

还有的学者展开了对其他社交媒体平台的研究，例如，汪名彦（2006）、梁靖雯（2011）、黄令贺和朱庆华（2013）分别研究了博客、Twitter中文平台、百度百科等社交媒体上的信息交流行为。缪健美等（2013）研究了"研究之门"网站的信息传播规律。张小平等（2016）研究了清华大学微沙龙的学术交流模式。周春雷和郭云（2019）对科学网博客的学术信息传播情况进行了计量分析。

（三）社交媒体对学术信息交流产生的影响

学者研究发现，社交媒体对学术信息交流具有积极影响。Letierce等（2010）、Tiryakioglu和Erzurum（2011）、Gruzd等（2012）指出学者将社交媒体用于学术交流和教学工作受益匪浅。Collins（2013）、Kirkup（2010）、Gruzd等（2012）指出利用社交媒体建立联系可以激发新的研究思路。Gu和Widén-Wulff（2011）对芬兰学者展开调查发现：社交媒体在学术交流中发挥了越来越重要的作用。Collins和Quan-Haase（2014）探讨了学术型图书馆中利用社交媒体进行信息交流的模型。Tonia等（2016）社交媒体会让科研论文的传播范围更广泛。Botting等（2017）发现，通过社交媒体传播学术文章，可以提高文章的下载率和被引用率，使学术信息交流范围更广。Alhoori等（2019）发现学术社交媒体的使用影响了众多学术交流活动。冷伟（2009）指出微博对高校教学和交流活动有支持作用，有利于协作学习和信息交流。王晓光和滕思琦（2011）、王莹莉（2013）认为微博社区有助于促进用户信息交流，发挥了非正式交流的作用。杜晓曦（2013）揭示了微博知识交流的社会、经济和文化功能及其作用机理。江涛（2013）认为图书馆可以借助微博拓展知识服务。

董清平（2014）认为利用微博有助于传播学术期刊信息。张立伟等（2018）认为社交媒体上的学术交流是科学家之间非正式学术交流和科学家与公众之间非正式科学传播的结合体。

（四）社交媒体的运用对学术信息交流评价的影响

随着社交媒体对学术信息交流活动的不断渗透，如何评价科研人员的学术信息交流能力？Web 2.0带来了诸多社交媒体工具，帮助科研人员不断突破时空限制，甚至对现有出版体系提出了挑战。在这种情况下，学术信息交流的范围更广泛了，他们的学术影响力还是仅仅依照传统的文献计量手段对其发表在正式出版物上的成果进行统计和评价是否合适呢？

Jensen（2007）指出，学术界使用Web 2.0可以视作评价学术影响力的一种新指标。Priem等（2012）认为社交媒体上的学术交流活动将更快更全面地反映其影响力，并作为传统引用指标的有益补充。Collins等（2016）认为社交媒体已经成为重要的信息交流与知识更新工具，研究科学家使用社交媒体进行信息交流活动已经成为一个重要课题。Merino（2016）认为社交网络可以作为科学家信息交流的新媒介，同时也能成为科学评价工具。

Priem等（2010）、Bar-Ilan等（2012）认为可以用Altmetrics（替代计量学、替代指标）评价科研人员在网络社交媒体上的活动，从而考察他们的学术影响力。其实，在社交媒体平台上发表的学术内容的阅读量、下载量、评论数、标签数等多个角度考察学术交流活动及其影响力。Shu和Haustein（2017）发现学术论文在社交媒体Twitter上转发后会提高其被引次数。一方面，说明社交媒体有助于强化科研成果的影响力；另一方面，社交媒体也可能成为衡量学术信息交流活动范围和深度的参考指标。但Haustein（2016）认为Altmetrics还存在异构型、数据质量等问题。

Priem和Hemminger（2010）认为大量的学术文献的增长使得现有的基于引文的评价和过滤方式非常薄弱，应该利用社交媒体上的社会化书签（social bookmarking）和微博客（microblogging）来考察论文的使用和引用情况，提出今后应该利用社交网络的指标来全面衡量学术信息交流活动。Adie和Roe（2013）发现社交媒体上来自科研人员的学术性内容的讨论、分享和标注活动在不断增加，他们会在网络上进行信息交互，而替代指标可以追踪、收集并评价这些学术信息交流活动。Baykoucheva（2015）认为，科学交流的技术与概念都在发生变化，同行评议的问题、社交媒体的涌现、评价研究影响力的替代指标都在改变着科学。Shekhawat 和 Chauhan（2019）认为替代指标对于衡量学术影响力非常有价值。

Bruns 和 Stieglitz（2013）认为可以从推文（Tweets）的标签（hashtags）来分析交流活动。Haustein（2019）认为学术性文档的推文已经成为引用的早期指标，同时也预示着其社会影响，并思考在 Twitter 上受欢迎的学术性文档的类型。Haustein 等（2015）发现随着协作程度和参考文献列表长度的增加，学术论文的引用量和社交媒体指标也会增长。Yu 和 Wu（2016）、Yan 和 Zhang（2018）都认为 ResearchGate 是一个以研究为导向的学术社交网络，发现来自高水平研究机构的用户发布相关研究成果后会受到更多的关注，这类学术型社交媒体可以作为评价科研活动的有效参照物。Costas 等（2015）研究 Altmetrics 与引用情况的相关性。而 Thelwall 等（2013）发现大多数替代指标与引用量是弱相关，但这并非说明这些指标不合理，社交媒体上的指标与学术交流的广度、深度有关。

国内的研究侧重于 Altmetrics 的综述性研究。邱均平和余厚强（2013）、蒋合领等（2016）、罗木华（2016）、谢华玲和卡米尔·汤姆森（2019）、田文灿等（2019）、吴胜男等（2019）梳理了 Altmetrics 的发展进程和研究进展。武澎等（2018）分析了我国 Altmetric 的研究热点。国内学者也意识到可以利用 Altmetrics 研究学术信息交流活动。崔宇红（2013）、由庆斌和汤珊红（2013）认为 Altmetrics 可以用于对社交媒体上的学术信息交流活动进行测量和评价。余厚强和邱均平（2014）利用替代指标分析在线学术信息交流模式。

另外，学者也注重利用 Altmetrics 对社交媒体上的学术信息活动进行挖掘、分析与评价。赵蓉英等（2018）分析了 Altmetrics 对论文影响力评价的应用。王菲菲等（2019）利用 Altmetrics 对科研人员的学术影响力进行评价研究。余厚强等（2019）展开案例分析，总结科研机构、出版社、图书馆运用 Altmetrics 的经验。吴朋民（2018）、秦奋和高健（2019）探讨 Altmetrics 与引文指标的关系。张立伟等（2018）针对社交媒体上的非正式学术交流活动进行了 Altmetrics 计量分析。

综上所述，国内外学者均意识到了社交媒体在学术交流中的应用，对社交媒体上的学术信息交流活动展开了研究，但对于社交媒体的影响结论存在差异。他们虽然展开了实证研究，但国外学者研究的 Facebook、Twitter 等社交媒体在我国应用不多，其研究结论未必适用于我国的学术交流，国内学者关于社交媒体上的学术信息交流研究不多。总的来说，国内外研究比较零散，尚未形成系统，对于社交媒体影响学术信息交流活动的机理研究还有待进一步深入。

第三章

基于社交媒体的学术信息交流机理研究

第一节 基于社交媒体的学术信息交流的界定

对于学术信息交流，国内外学者都认为它是科学研究工作的重要组成部分（Barjak，2006；Ahmed & Xing，2008；胡媛和秦怡然，2019）。但对于学术信息交流却没有统一的界定。

Borgman 和 Furner（2002）认为，学术信息交流指的是共享和发布研究工作与研究成果的过程。Halliday（2001）认为，学术信息交流是将知识和信息传播到更广泛的学术团体的活动。何巧云（2008）认为，学术交流是两个及两个以上的信息用户，通过某种平台或工具进行有目的的知识交流，从而达成一致的学术成果或交换彼此的学术知识。仝莉（2007）指出，学术信息交流包括传统的学术信息交流和网络环境下的学术信息交流，学术信息交流就是学术知识共享的过程。

《中国互联网发展报告 2019》显示，移动社交应用已成为中国网民手机中的必备工具，2018 年活跃用户人数达到 9.88 亿，中国移动互联网市场规模达 11.39 万亿元，微信活跃用户渗透率高达 93.19%，微博等社交媒体活跃用户渗透率也在 30% 以上。[①] 微信是中国当前使用人数最多的社交网络平台。

中国互联网络信息中心发布的《第 45 次中国互联网络发展状况统计报告》指出：截至 2020 年 3 月，我国网民规模达 9.04 亿，普及率达 64.5%，较 2018 年底提升 4.9 个百分点，全年新增网民 7508 万。我国手

---

① 中国互联网协会：《中国互联网发展报告 2019》（https://www.isc.org.cn/editor/attached/file/20190711/20190711142249_27113.pdf），2019 年 7 月。

机网民规模达 8.97 亿，网民通过手机接入互联网的比例高达 99.3%。[①]

Web 2.0 技术的飞速发展和不断渗透为上网者提供了大量在线曝光的机会，形成了社交网络。社交网络上充斥着大量信息，可视作一种庞大的数字信息来源，而这些信息是由网友们生产或产生的，可以向他人传播产品、品牌、服务、展示个性以及其他方面的信息。这样一来，社交媒体上的信息被信息接收者消费或者使用了。

目前，社交媒体已经成为主流的交流平台之一，也为学术信息交流提供了新的途径。社交媒体使每一位使用者都可以表达自己的学术观点、发布学术成果，也可以浏览、评论他人的学术成果，而这些活动不仅突破了时空的限制，而且与以传统报纸杂志等为载体的传统学术交流相比，更注重交互性、传播范围更广，更重要的是为普通民众提供了更多接触、了解科普知识以及最新科技研究成果的机会。一方面，科学家或研究人员之间可以通过社交媒体不断交互从而深入交流甚至合作；另一方面，普通民众通过社交媒体可以近距离地接触到科学家的研究成果、科普知识，从而培养科学兴趣、提高科学素养，他们甚至可以自发地建立相应主题的讨论组展开热烈的讨论与交流。

由于社交媒体往往是开放的、相对自由的，其学术信息交流不能保证如传统期刊、专著那般的格式规范、内容严谨，但其发布、传播的速度很快，内容可能较零散，对于同一问题或主题的看法呈现多元化现象。因此，对社交媒体上学术信息的界定不能简单地等同于传统出版物或正式交流中的各类学术信息。基于社交媒体的学术信息或知识是广义的，包括各领域的理论、方法、工具、案例以及具有学术利用价值的各种文本、图像、视频等，例如，百度百科上的词条，专业学会网站上的会议通知，知乎上针对某一学术问题的提问与回答，各类 BBS 上关于专业知识的讨论活动，网络上的视频教程，等等。基于社交媒体的学术信息包括以上提及的各种学术信息与知识的形式但不限于它们。在此基础上，基于社交媒体的学术信息交流可以界定为交流、传播以上提及学术信息的过程及活动，且往往是一种非正式的信息交流活动。

[①] 中国互联网络信息中心：《第 45 次中国互联网络发展状况统计报告》（https://cnnic.cn/hlwfzyj/hlwxzbg/hlwtjbg/202004/P020200428399188064169.pdf），2020 年 4 月。

第二节 基于社交媒体的学术信息交流要素

纵观国内外学者关于信息交流模型的研究，发现信息交流的要素主要包括：信息交流主体、信息交流客体、信息交流媒介。基于社交媒体的学术信息交流属于信息交流活动中的一种，因此，其构成要素相应地包括基于社交媒体的学术信息交流主体、客体和媒介。

一 基于社交媒体的学术信息交流主体

信息交流主体包括信息发送方和信息接收方。信息发送方是指在信息交流活动中拥有信息并发送信息的人。信息接收方是指接收来自信息发送方信息的人。

基于社交媒体的学术信息交流活动中，信息发送方是那些在社交媒体上通过博客、微博、微信、BBS等平台或工具提供或发布各种学术信息的人。信息接收方是通过各种社交媒体获取或利用各种学术信息的人。

信息发送方与信息接收方并非处于一成不变的位置，而是可以相互转化。在社交媒体上，人们在向他人提供或发布学术信息的同时，也可以阅读、浏览、利用其他人发布的学术信息。信息发送方与信息接收方的相互转换非常自然，甚至不易察觉，人们在信息交流过程中通常有来有往，从而碰撞出思想的火花。比较典型的一个例子是，在某BBS版块上，有人回答其他人提出的问题，在回答的过程中阅读其他人发布的回答、其他社交媒体上的文章及其他参考资料等，进而提出自己的意见或建议，或是对其他人的回答进行评论或修正。这一过程中，该回答者既是信息发送方也是信息接收方。在社交媒体这种交互性很强的平台上，要想把信息发送方与信息接收方简单地割裂开是非常困难的，因为每个社交媒体用户一方面在浏览、查阅、订阅各种他人发布的信息；另一方面也在不断地制造、创造、发布、评论、修正信息，甚至围绕某些问题与他人展开热烈的讨论或争辩。

二 基于社交媒体的学术信息交流客体

基于社交媒体的学术信息交流客体是通过社交媒体进行交流的学术信息。这类信息的形式多样，可以是百度百科上的一个词条，可以是知乎上的用户的回答或评论，还可以是针对某个问题的讲解图像、视频或音频等，具有很强的媒体丰富度。

通过社交媒体进行交流的学术信息的内容与传统正式出版物上学术信息存在差异。传统正式出版物上的学术信息往往是以论文、专著、科技报告等形式进行发布，其内容一般经过专家审核、查重甚至修订后以书籍、期刊、报告等形式进行汇集，以确保其新颖性、独创性和严谨性。而社交媒体上的学术信息相对显得比较零散，散落在不同词条、相关问题的回答、相关版块的讨论之中。在这种情况下，想要把针对同一问题或主题的学术信息汇集起来，难度非常大，而且这些信息有可能存在遗漏、重复、矛盾的情况。

社交媒体具有很强的开放性且传播成本低廉，学术信息的来源非常广泛，但其内容的真实性、准确性、独创性在一定程度上难以确保，通常是信息发送方原创、引用或转发的内容，往往具有较强的主观色彩。由发送方原创的信息代表了其个人的学术观点，其引用或转发的信息往往也是用于表明其态度，有可能是肯定态度并以其为论据；有可能是否定态度，只是为了表达批判态度或提出修订意见；还有可能是中立态度，把他人的学术观点摆出来供其他人参考。

另外，在社交媒体上，每个用户都有发言、表达的权利，却缺乏对其发布的学术内容科学性、严谨性、独创性的严格评价体系和规范体制。这导致任何人都可以成为信息的创造者、发布者和传递者，社交媒体上的信息受控于个人。在信息交流、传播的过程中，不论是原创的信息还是引用或转载的信息都有可能引发学术讨论、学术争鸣，也有可能掺杂了其他非学术的内容甚至错误、失真的信息。

三　基于社交媒体的学术信息交流媒介

基于社交媒体的学术信息交流媒介就是社交媒体本身。这些信息的载体形式多样，可以是文字、图片、声音、视频、多媒体、自媒体等。社交媒体注重社交功能，其发布的信息有些会与个人体验有关，信息发送者通过发布信息引发他人与其进行交流互动。

社交媒体的种类繁多，各有特色。Kaplan 和 Haenlein（2010）将社交媒体分为协同项目（Collaborative projects）、博客与微博（Blogs）、内容社区（Content communities）、社交网站（Social networking sites）、虚拟游戏

世界（Virtual game worlds）和虚拟社会（Virtual social worlds）。他们根据自我表现程度的高低和媒体丰富度的低、中、高程度对这六类社交媒体进行了归纳，认为博客与微博的自我表现程度高、媒体丰富度低；社交网站的自我表现度高、媒体丰富度中等；虚拟社会的自我表现度和媒体丰富度皆高；协同项目的自我表现度和媒体丰富度皆低；内容社区的自我表现度低、媒体丰富度中等；虚拟游戏世界的自我表现度低、媒体丰富度高。

而 Scanfeld 等（2010）把社交媒体分为博客（Blog）、微博（Microblog）、社交媒体网站（Social Network Website）、维基（Wiki）、社交新闻与书签（Social News & Bookmarking）、用户评论（User Reviews）、照片视频分享（Photo/Video Sharing）等几类，并逐一进行了定义和举例。

国内的社交媒体的形态和分类与国外略有不同。凯度（Kantar Group）《2018 中国社交媒体影响报告》将社交媒体分为 10 个类别，包括：音乐类、电商类、生活服务类、O2O、微信、新闻类、微博、网络论坛、视频或直播平台和通讯社交。① 不可否认的是，这些类别的社交媒体上有可能存在一些与学术有关的信息，但非常零散。同时，也存在一些社交媒体有较多的学术信息且相对较集中，主要有三类。

（一）Wiki 类——百度百科

百度百科与国外的 Wikipedia 非常相似，网友可以自建词条、共同修改词条供他人参考，但百度百科上的科学版块（https：//baike.baidu.com/science）基本按照学科进行分类，把相关学科的词条汇集到一起，其中有些词条经过专家审核并锁定，防止他人篡改，以确保其词条内容的科学性和严谨性。百度百科的科学词条库包括航空航天、天文学、环境生态、化学等十几个类别，截止到 2020 年 5 月 1 日上午 10：27，百度百科的科学词条共计 196492 条，有 2771 位科普专家参与其中，每日阅读量高达 8035269 次。②

在百度百科上，网友和专家可以新建词条、浏览词条、修改词条。专家对某些词条内容进行审核和修改，甚至可以锁定词条以确保词条内容不再轻易发生变动，目的是维护词条内容的科学性和严谨性。从某种意义上

---

① Kantar Media CIC：《2018 年中国社会化媒体生态概览白皮书》（https：//cn.kantar.com/媒体动态/社交/2018/2018 年中国社会化媒体生态概览白皮书/），2018 年 8 月 14 日。
② 百度百科：《科学百科》（https：//baike.baidu.com/science），2020 年 5 月 1 日。

来看，百度百科提供了一个平台供人们进行查阅、创建词条，通过词条历史版本的更迭，体现出虚拟空间中由兴趣驱动的人们自发地围绕某一科学主题展开信息交流的过程。不同于论坛上的随意发言，百度百科上的词条创建和修改都需要经过系统审核，以避免重复词条出现或是内容的偏颇。在这个过程中，普通网友、专家通过词条内容不断修改的过程，在进行间接的信息交流活动，可以视作是历时的信息交流活动。词条的创建和修改活动是如何发生的呢？一般来说，若查询发现平台上没有某一词条，而某个网友熟悉该领域名词术语，想要分享自己的观点让其他人了解某个术语就会创建词条。如果查询到平台上有某个词条，但基于专业知识发现词条内容不完整、不准确，想将其修正以免误导他人时，某个网友就会对词条进行修改。每个版本的修改内容都会被系统保存，只有修改内容被系统审核通过后才会显示出来。专家的审核工作，主要是对已有词条的内容进行核实，修改其中不妥之处。

（二）网络论坛与问答社区类

1. 经管之家

经管之家（原"人大经济论坛"）依托中国人民大学，成立于2003年，目前已成为国内活跃和具影响力的经济、管理、金融、统计类的在线教育社区，每日更新文章和资源3000篇以上，截至2019年8月，已有注册用户1000多万人，日均50万以上访问量。[①] 论坛有近200多个专业版块，包含案例库、题库、期刊信息系统等，用户在上面针对经济类问题展开讨论，涉及金融投资、数据科学与大数据、世界经济与国际贸易、计量经济学与统计等多个子论坛。论坛用户通过发新帖、上传附件、使用站内短消息、收藏帖子、分享帖子、进行评论等多种方式可以与其他用户进行互动交流。

在经管之家，对经济类问题感兴趣的人会自发聚集到相应的版块中进行讨论、资料分享活动。而且，该论坛侧重学术信息的分享与交流活动，论坛用户通过论坛找到研究兴趣相同或相近的人进行深入交流。

2. 知乎

知乎是网络问答社区，用户通过提问、回答、评论、关注、点赞、分

---

① 经管之家（https：//bbs.pinggu.org/misc.php? mod = faq&action = faq&id = 38），2019年8月27日。

享、收藏等多种形式进行交流互动，分享信息、知识、经验和观点。截至2019年1月，知乎注册用户数已突破2.2亿，回答数超过1.3亿。[①] 知乎推出了"海盐计划"[②]，其"专业徽章"是给那些被知乎与用户都认为内容专业度高的回答的一种金色标识，能得到更广泛的传播，意在激励有价值的专业内容被创造出来并被发现与认同。其"众裁"制度利用用户的主流认知和社区认知对有争议的问题进行校准，同时提升了用户参与度。基于问答的内容生产方式吸引了大量的各领域专家及爱好者共同参与到内容生产和分享活动中。

知乎上的话题一般都有一种话题组织结构，例如当"科学"作为父话题时，"自然科学""科学方法""诺贝尔奖"等会作为其子话题；"自然科学"话题中又可以分为"生命科学""物质科学""技术与应用科学"等细分话题。每个话题中都有讨论区（包含相关问题及回答）、精华区（包含了大量高水平用户贡献的有价值的信息）和等待回答的问题。

知乎用户可以浏览他人的问题及回答，也可以自由提问、回答其他人的问题或是对其他的回答内容进行评论。这无疑是一种自由的信息交流方式。

3. 小木虫

小木虫，创建于2001年，是中国最有影响力的学术站点之一。截至2019年7月20日上午8:58，共有4917222篇主题、133868987篇帖子、15671580位会员。[③] 会员主要来自国内各大院校、科研院所的博士、硕士研究生、企业研发人员，内容涵盖化学化工、生物医药、物理、材料、地理、食品、理工、信息、经管等学科，除此之外还有基金申请、专利标准、留学出国、考研考博、论文投稿、学术求助等实用内容。[④]

小木虫主要与学术信息有关，涉及多个专业领域，也囊括了有关出国、考研、学术求助等内容。小木虫用户通过提问、回答、分享、评论过程进行信息交流，同时也提供了站内信息进行及时沟通。

---

① 知乎：《关于知乎》（https://app.mokahr.com/campus_apply/zhihu/3818），2020年5月1日。

② 魏蔚：《知乎"海盐计划"扩大创作者收益》，《北京商报》（http://www.sohu.com/a/311052127_115865），2019年4月30日。

③ 小木虫（http://muchong.com/bbs/index.php?pc=yes），2019年7月20日。

④ 小木虫：《关于小木虫》（http://muchong.com/aboutus.php），2019年7月20日。

（三）博客与微博类

1. 科学网博客

科学网由中国科学院、中国工程院、国家自然基金委、中国科学技术协会主管，由中国科学报社主办，作为全球最大的中文科学社区，致力于全方位服务华人科学与高等教育界，以网络社区为基础构建起面向全球华人科学家的网络新媒体，促进科技创新和学术交流。[①] 截止到2017年1月，科学网博主和用户超过200万，科学网已成为"全球最大的华人科学社区"[②]。科学网于2017年7月5日公布了《科学网的三条红线（修订版）》，对非科教类信息进行屏蔽和删除，对发布传播非科教类信息的账号会关闭，准备推出博文先审核后公开的相关措施以确保博文内容的科学性。在科学网博客上，将个人博主按照学科领域进行分类，主要分为生命科学、医学科学、化学科学、工程材料、信息科学、地球科学、数理科学和管理综合8个大类，其下分别有若干个小类及其子类，学科划分较严谨。而机构博客包括科学出版社、中国科学技术大学出版社、吴瑞纪念基金会、Wiley中国、EditSprings编辑、Hindawi出版社等官方博客。

科学网博客对博主采取实名认证，从2012年5月开始，对于新申请用户要求"必须提供本人的机构邮箱，或者提供能担保本人信息真实性的其他人的机构邮箱，作为认证基础；日常联系，可以使用其它邮箱"[③]，以确保博主是从事科研教学工作的专业人士。

2. 新浪微博

新浪微博（Weibo.com）是新浪公司旗下社交媒体平台。截止到2019年1月底，微博活跃用户达到4.3亿，拥有40多万的KOL，150家认证企业和机构，与2100家内容机构和超过500档IP节目达成合作，覆盖60个垂直兴趣领域。[④] 其用户兴趣广泛，涉及科学、体育、IT互联网、时尚、职业招聘等。其中不乏一些微博围绕某领域的学术信息

[①] 科学网：《科学网简介》（http://www.sciencenet.cn/aboutus/default.aspx），2019年8月10日。

[②] 科学网编辑部：《2007—2017科学网这十年》（http://blog.sciencenet.cn/blog-45-1028458.html），2017年1月18日。

[③] 科学网编辑部：《张虎查无此人，编辑部表示道歉》（http://blog.sciencenet.cn/blog-45-572307.html），2012年5月18日。

[④] 站长之家：《新浪微博高级副总裁曹增辉：微博活跃用户达4.3亿》（http://www.chinaz.com/sees/2019/0130/988519.shtml），2019年1月30日。

展开交流。

中国互联网络信息中心《第 43 次中国互联网络发展状况统计报告》显示，截止到 2018 年 12 月，微博用户达到 35057 万。[①]《第 45 次中国互联网络发展状况统计报告》显示，截止到 2020 年 3 月，微博使用率达到 42.5%。[②] 这说明新浪微博用户广泛而且很活跃。新浪微博用户可以发布内容、评论、点赞、转发等，因此，该平台是一种交互性比较好的信息交流平台。

在此需要说明的是，现在出现了大量的视频社交媒体工具，例如优酷、爱奇艺等，用户对视频进行评论，并发送弹幕（barrage）在视频屏幕上表达其评论性意见。但往往这类视频以影视、文体、时尚等内容居多，其功能更侧重于娱乐性，较学术的内容比较稀少。另外，还有一类是"慕课"（MOOC，Massive Open Online Course），主要是提供在线课程供用户进行学习，并伴有频繁的小测验、期中、期末考试等，用户可以评价课程内容。慕课上的内容侧重学术性，但其交流方式的解析从教育学理论出发更为合适。因此，对于上述两种视频类的社交媒体，本书暂不进行深入探讨。

第三节 基于社交媒体的学术信息交流过程

基于社交媒体的学术信息交流过程离不开三大要素：信息发送方、信息接收方和媒介。总体来说，其交流过程就是信息发送方发布信息，通过媒介传递给信息接收方（如图 3-1 所示）。

信息发送方 →信息→ 媒介 →信息→ 信息接收方

图 3-1 信息交流过程

[①] 中国互联网络信息中心：《第 43 次中国互联网络发展状况统计报告》（http://www.cac.gov.cn/wxb_pdf/0228043.pdf），2019 年 2 月。

[②] 中国互联网络信息中心：《第 45 次中国互联网络发展状况统计报告》（https://cnnic.cn/hlwfzyj/hlwxzbg/hlwtjbg/202004/P020200428399188064169.pdf），2020 年 4 月。

但由于社交媒体平台不尽相同，基于各平台的具体交流过程也就不太一样了。下面围绕具体的社交媒体平台对其上面的学术信息交流活动过程进行分析。

一　Wiki类社交媒体上的学术信息交流

百度百科是Wiki类社交媒体的典型代表。百度百科上的科学词条是由用户共同构建的，在构建过程中，用户可以进行创建新词条，其他用户可以对词条内容进行补充、修订从而形成该词条的历史版本。而这些历史版本的形成过程其实是典型的信息交流过程，参与补充、修订的用户是在阅读已有词条版本的基础上进行脑力劳动，而已有词条的各版本是他人发布或发送信息的表现形式。而百度百科用户可以多次参与同一词条的编辑和建设，也可以同时参与不同领域词条的建设工作。这就导致了某一用户既可以是信息发送方也可以是信息接收方，他们通过词条历史版本的演变和发展进行了间接的信息交流，从而激发灵感与讨论，进一步完善词条内容，为其他用户提供信息资源。

另外，科学词条因为部分词条有专家参与而不同于一般词条，各领域专家会以实名认证的形式对词条内容进行审核和修订，有些词条最终被锁定以确保不会被网友篡改而影响其科学性和严谨性。并非所有词条都有专家进行审核和修订，有些是被行业协会修订并锁定，而有些仍是开放词条允许普通用户进行建设和修改。对于有专家审核的词条而言，审核专家一般有1至3位，当审核专家不止一位时，可以视作专家之间进行了信息交流，因为他们需要共同合作对某词条进行审核修订，假设他们毫无交流，那么词条有可能出现争议或者重复建设的现象。因此，专家在建设同一词条时肯定进行了信息交流活动，只是这种信息交流过程从旁观者的角度通过平台难以察觉，而很可能是专家通过平台私信讨论的结果。经过观察发现，这些专家往往并非只参与某一个词条的建设审核工作，也参与其他词条的相关工作。这就导致了对于不同词条，专家的合作对象会有所不同，那么他们交流的对象也相应地变化了。

百度百科的词条构建过程如图3-2所示。例如，用户A创建了一个词条，形成了该词条的版本1，此时A作为信息发送方向其他用户发布了一个新词条。用户B作为信息接收方阅读了A发布的词条，B针对词条内容进行了补充、修改或完善，形成了该词条的版本2，此时B转化为信

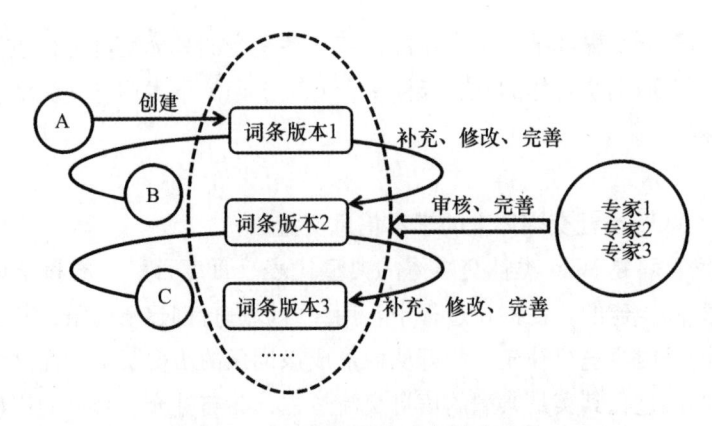

图 3-2 百度百科的词条构建过程

息发送方了。由于百度百科关于词条内容优先显示其最新版本，其他用户会看到词条版本 2，也可以通过查阅词条的历史版本看到词条版本 1，阅读该词条的用户皆为信息接收方。用户 C 会阅读 A 和 B 的贡献成果即词条版本 1 和 2，继续对词条内容进行补充、修改或完善，进而形成词条版本 3……按照此方法进行反复构建，最终形成了该词条的多个版本。百度百科的专家团队会对一些科学词条内容进行审核或完善以保持其内容的科学性和严谨性。在这个过程中，专家们先作为信息接收方阅读了来自用户们贡献的词条内容，接着作为信息发送方对词条内容进行规范化处理并发布。由此可见，一个词条的产生与建设凝结着用户与专家的脑力劳动，伴随着持续不断的信息发送、信息接收及信息加工处理活动，是集体智慧、协同工作的成果。

二　网络论坛与问答社区类

"经管之家"、知乎、小木虫是网络论坛与问答社区类社交媒体的典型代表。基本上，在这些平台上主流的学术信息交流方式是提问与回答。提问者发布若干问题，寻求他人帮助以获得答案或建议，可视作信息发送方，只是他们发送的信息内容主要围绕其信息需求来展开。其他用户看到问题后，成为信息接收方。其中有的用户会去回答问题，那么他们就自然而然地转化为信息发送方了，通过文字、图像、视频、超链接、附件文件等多种形式向提问者传递信息，而此刻最初的提问者变成了信息接收方，阅读这些信息，有时会给予反馈。值得注意的是，这一过程不仅仅限于提问者与回答者,还有一类用户,他们要么悄无声息地浏览问题、静候答案,要么针对已给出的回答内容进行点赞或者评论,他们也是信息接收方。同样,在这类网络论坛与问答社区上,信息发送方与信息接收方可以相互转化且涉及领域可能多种多样,这使得信息交流活动变得丰富多彩。

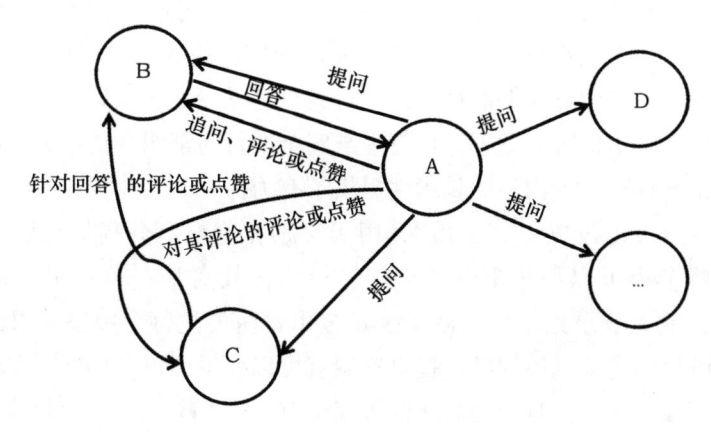

图 3-3 网络论坛与问答社区类信息交流过程

网络论坛与问答社区类信息交流过程如图 3-3 所示。用户 A 提出了一个问题,此时其作为信息发送方向其他人发送了询问信息。其他用户如用户 B、C、D 等有可能看到 A 提出的问题,他们此时都作为信息接收方。B 回答了 A 的问题,就成为信息发送方了,此时 A 作为信息接收方阅读了 B 的回答,经过思考之后,对 A 的回答进行进一步提问(即追问),或者对其答案进行评论或点赞进行反馈,此时 A 成为信息发送方而 B 成为信息接收方。C 看到了 A 的提问但没有进行回答,而是继续浏览,此时 C 是信息接收方。当 C 发现 B 针对 A 的问题给出了答案,C 针对 B 的答案进行了评论或点赞,C 就变成了信息发送方。A 看到 C 针对 B 的回答的反馈,A 成为信息接收方;进而,A 对 C 的言论进行进一步评论或者点赞,此时 A 再次成为信息发送方,C 成为信息接收方。由此可见,信息发送方与信息接收方的角色是相对的,两者可以自由转换。这一过程中,信息不断地被传递,又不断地被加工、反馈、再传递,最终形成新的信息或知识,而信息交流活动的参与者们对相关问题的认识被进一步加深,并引发其思考,分享相关经验和感受。

"经管之家"上设置了"论坛币"作为一种信息资料交换的货币。用户通过发布帖子并上传有价值而且非重复的附件资料,可以自由设置出售额,当有人购买时,论坛币归发布者所有。这些论坛币可以用于购买他人的资料,也可以用于悬赏求助。当别人帮助了求助者答疑解惑后,论坛币将送给相关用户。这种设置在一定程度上鼓励用户积极分享资料信息。同时,该论坛对违反版规进行了详细界定。① 特别是对于发布重复帖子、重复同质资料、虚假消息、广告以及无实质内容的行为有处罚规定。同时,如果讨论与经济明显无关的社会话题行为也会进行处罚。另外,对于发布虚假附件、攻击他人、危害论坛管理与安全的行为都明令禁止。这些相关规定为论坛保持讨论内容的学术性提供了有力保障。

小木虫上也设置了"金币",用于奖励在论坛上分享信息资源的行为。这些金币可以用于下载、悬赏等行为,其实是一种在论坛流通的"货币"。每天登录论坛可以获得少量金币,而关注每个版块的求助帖帮助他人解决问题、回答问题、提供资源就可以获得金币。另外,在科研工具和计算模拟区的工具求助版块的版规中有:"请尊重别人的劳动,求助专业学术软件一般50金币以上,一般学术软件20金币以上;有关软件的使用问题,一般6—10金币;同一问题请不要重复求助。"② 这意味着回应他人的求助信息并给予帮助就能获得不菲的奖励——金币。此外,在小木虫上,新用户注册时需要填写专业信息,这使得同一专业的用户更容易发现同行并进行信息交流。金币数量在一定程度上反映了每个用户的参与程度、贡献度。

知乎与经管之家、小木虫不同,没有设置类似平台上的流通货币机制,而是纯粹靠用户自发地进行信息交流。一般是以提问的方式开始,每个用户看到了感兴趣的问题,都可以进行回答。对同一个问题的回答内容都被展示出来,系统默认把获得用户点赞数最高的回答内容显示在最前面。而与之相反的一种情况是,回答内容被折叠在最下方。折叠的原因可能有:不符合问题的限定条件、与现有回答重复、包含事实性错误、对其他回答的评论等。知乎为了维护良好的问答讨论氛围而引入的一种机制,

---

① 经管之家:《[规则制度]经管之家(人大经济论坛)用户手册》(https://bbs.pinggu.org/thread-933504-1-1.html),2010年10月12日。

② Zuoyinglin:《版主教你如何赚金币》(http://muchong.com/t-1206674-1),2009年3月15日。

督促用户围绕问题来进行回答，避免答非所问、纯粹广告帖等情况的发生。

经管之家和小木虫都有表示用户等级的机制，而知乎淡化了以登录次数和时间为依据的简单等级排名。知乎在每个用户的主页上反映出"成就"，更加注重反映回答问题的数量、获得赞同的次数、参与公共编辑的次数以及是否有认证信息等。知乎也没有类似经管之家或小木虫的版主来维持每个版块的秩序，而是完全靠用户自发进行协作、交流。一般依靠后台技术的支撑来考察用户对问题的回答的反应，用户可以对看到的回答内容点赞也可以反对，此外还可以收藏、分享和评论。如果某条回答得到的反对数远高于点赞数，那么这条回答内容很有可能被折叠，这些都可以依靠技术实现，免去了人工删帖、整理的工作量。同时，这种机制恰恰反映出在对某一问题的看法时人们的普遍价值观和以专业知识为基础的解释如何得到认同。正是这种可贵的认同感，让内容贡献者觉得受到了尊重并且实现了自我价值，进而更加乐于贡献相关信息和知识。

三 博客与微博类

科学网博客和新浪微博分别是博客与微博类社交媒体的典型代表。在博客或微博上，既有机构博主，也有个人博主。他们都可以发布博文，其他用户可以阅读、评论、转发、推荐、加好友，博主可以进行关注、回复，并提供友情链接。博主可以是信息发送方，将学术信息进行推送和发布。其他用户可以阅读，成为信息接收方；他们还可以通过评论、推荐、点赞等方式对博主发布的信息内容进行反馈，这使得他们又成为了信息发送方。在你来我往的交流互动过程中，信息被不断传播、扩散、反馈，进而形成新的信息或知识。在博客或微博平台的"好友"不同于日常生活中的好友，他们往往互不相识，只因共同的兴趣爱好、相关的专业领域而在虚拟空间结识，在不断的信息交流过程中相互熟悉，进而为了交流方便而成为博客或微博好友。一旦成为"好友"，对方最新发布的博文将被推送或提醒，这样有助于他们围绕其中一方最新发布的内容展开讨论与交流。

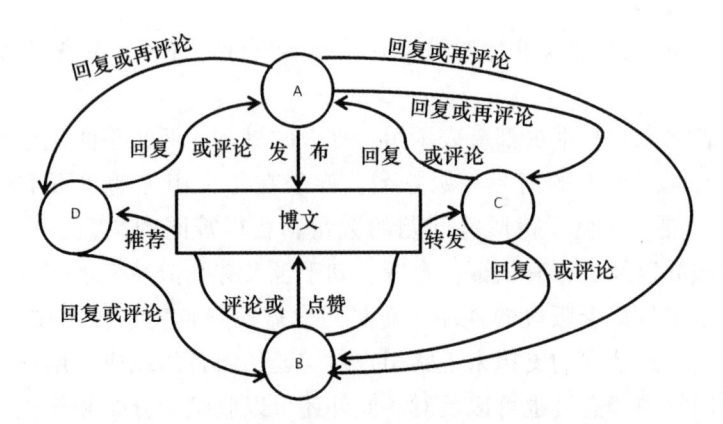

图 3-4 博客与微博类社交媒体上信息交流示意图

　　博客与微博类社交媒体上信息交流活动如图 3-4 所示。博主 A 发布了一条博文，此时 A 作为信息发送方向其他人发送信息。B 看到了 A 的这一条博文，B 是信息接收方，进而 B 对该博文进行了评论或点赞，此时 B 成为信息发送方，反馈了自己的看法和态度。B 有可能将该博文进行转发，C 作为信息接收方看到了此博文，对 A 的原始博文或对 B 的转发内容进行回复或评论，此时 C 成为信息发送方。A 和 B 可以对 C 进行回复或再评论。B 也可能将 A 的博文内容进行推荐，D 看到后对 A 的原始博文或对 B 的推荐内容进行回复或评论，进而得到 A 或 B 的进一步反馈。在这个过程中，信息发送方和信息接收方相互转换，信息在传递的过程中不断加入了阅读评论者的意见或建议，从而形成了新的信息内容。当然，A 发布的博文有可能是其原创的内容，也可能来自于其他人的推荐、引用或转发其他人发布的内容等等。整个过程的信息交流活动不断地进行并深化，各参与者都有不同的贡献力。然而，还有一类人，只是浏览或阅读博文，却不参与点赞、评论、转发或推荐活动。这种现象真实存在，只是由于其行为的私密性和隐蔽性，仅仅能从博文阅读量的变化上反映出来，除了后台服务器端以外，很难对他们这种"只读"活动进行统计和分析。

　　总的来说，基于社交媒体的学术信息交流本质上仍然是信息交流活动的一种，只是依托基于 Web 2.0 的技术平台更具开发性和多样性，但其过程中的信息发送方、信息接收方和媒介是不可或缺的。针对不同类型的社交媒体，其平台上开展的学术信息交流活动的过程不尽相同，需要逐一进行分析和研究。

第四章

基于社交媒体的学术信息交流模型构建

第一节 基于社交媒体的学术信息交流模型

基于社交媒体的学术信息交流活动是由信息发送方与信息接收方通过社交媒体进行的一种有计划、有目的的学术信息交流活动。目前，进行学术信息交流的社交媒体主要有三类，即以百度百科为代表的 Wiki 类，以经管之家、小木虫、知乎为代表的网络论坛与问答社区类和以科学网博客和新浪微博为代表的博客微博类。

尽管在这一过程中使用的社交媒体工具多种多样，但其中的信息交流行为主要包括两个方面：一是发送信息的行为，主要是通过社交媒体工具发布、提供相关学术信息。例如，发布博文、提出问题、回答问题、建设词条、进行评论等。二是接收信息的行为，主要是指通过社交媒体浏览、阅读、获取或利用学术信息。例如，查看他人对于某问题的回答、阅读他人的评论、查阅词条、查看他人的博文内容及其评论等。但值得注意的是，对某一个人而言，既可以发送信息，也可以接收信息。这使得信息发送行为和接受行为在无形中交织在一起，难以分割。

一 模型的理论基础

不同于平时休闲娱乐时的网上冲浪或游历，参与到社交媒体上学术信息交流的人们一般带有较强的目的性，有计划地进行发布、阅读、回答问题等活动。社交媒体往往是人们自发创造、贡献、传播信息的工具，被用于分享意见、经验、观点。社交媒体的互动性使人们积极表达自我意愿和观点，从而进行交流、传播。人们不会无缘无故地参与到基于社交媒体的学术信息交流活动之中，是什么促使他们发布或接收信息呢？

这种基于社交媒体的学术信息交流活动其实对其参与者有潜在的要求：一是参与者能接触到社交媒体并能进行相应的操作；二是不论信息发送方还是信息接收方都对科学或者学术信息与知识有兴趣。如果无法接触或者使用社交媒体，通过社交媒体发送与接收学术信息就无从谈起了。如果对学术类信息与知识丝毫不感兴趣，那么就不会主动发送相关学术信息，在接触这些信息知识时会自然而然地进行"过滤"甚至"屏蔽"，从而更加专注于其感兴趣的其他类型信息，比如娱乐信息、生活资讯等。因此，上述两个要求缺一不可，都是基于社交媒体的学术信息交流活动顺利进行的必要条件。从理性行为理论（Theory of Reasoned Action，TRA）的角度来看，利用社交媒体进行学术信息交流行为的发生是由个人的意志所决定的（Aizen & Fishbein，1980）。然而，后来发现有其他因素会影响人们的行为，而不仅仅靠个人的意志来决定（Ajzen，1985）。计划行为理论（Theory of Planned Behavior，TPB）应运而生，对影响行为的要素进行更为全面的分析。

1991 年，美国学者 Icek Ajzen 在理性行为理论的基础上，增加了感知规范，发表了"The Theory of Planned Behavior"一文，标志着计划行为理论的成熟。

在计划行为理论体系（如图 4-1 所示）中，信念（belief）会对态度、主观规范和感知行为控制产生影响。其中，信念包括行为信念（behavioral beliefs）、规范信念（normative beliefs）和控制信念（control belief），分别影响行为态度（attitude toward the behavior）、主观规范（subjective norm）和感知行为控制（perceived behavioral control），而且这三种信念之间相互影响。而行为态度（attitude toward the behavior）、主观规范（subjective norm）和感知的行为控制（perceived behavioral control）会对行为意向（intention）产生影响，最终影响人们的行为。

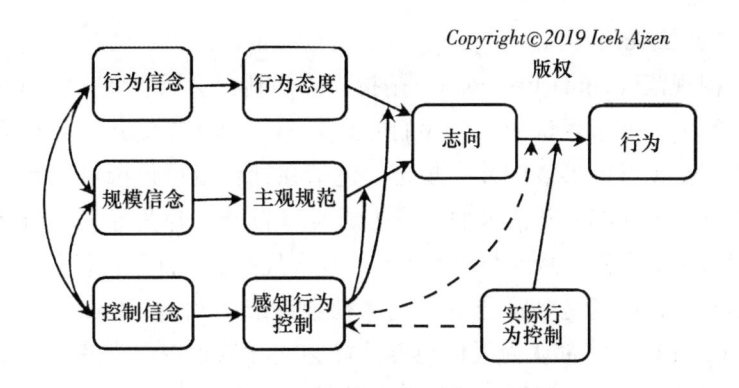

图 4-1 计划行为理论结构图

资料来源：Icek Ajzen, "Theory of Planned Behavior Diagram", http://people.umass.edu/aizen/tpb.diag.html#null-link（2019-12-01）.

在计划行为理论中，包括最重要的五个要素。

（一）行为态度

行为态度（Attitude toward the behavior）指的是人对于实施某一行为的好恶程度的评价，可能是正面的评价也可能是负面的。行为态度受到行为信念（Behavioral beliefs）的影响，信念的强度取决于对结果或经验的评估。[①] 人们信念的形成往往与意识到的事物的特征、属性有关联。一生中各种各样的经验使得人们对很多事物、行为、事件都形成了各种不同的信念。也许来自于周围人提供的信息或者其他外部渠道，也许是经历或者自行推理形成了对事物的信念。Fishbein 和 Ajzen（1975）把信念定义为事物具有某种属性的主观概率。这里的事物和属性都是广义上的。例如，有人相信通过体育锻炼可以保持苗条。在这个例子里面，"体育锻炼"就是事物，而"保持苗条"是属性。简单而言，人们会对某些行为在内心有自己的判断，或赞成支持，或反对拒绝，抑或是中立态度。不论人们的态度是怎样的，都源于其信念。也就是说，如果意识到采取某一行动会产生令人喜欢的结果，那么其行为态度则是正面的。如果行动的结果越好，那么采取这种行为的信念也就越强烈。反之，亦然。

---

① 《Attitude Toward the Behavior》，http://people.umass.edu/aizen/att.html，2019 年 7 月 12 日。

(二) 主观规范

主观规范 (Subjective norm) 是指人感知到社会压力而去实施或不实施某一行为。不可否认的是，我们的意向和行为往往受到社会环境的影响，也就是无形中形成的社会规范，包括在社会或群体中可以允许的行为。Boudon (2003) 认为人们的行为通常以自身兴趣为导向，而社会规范是对行为的限制。从这个角度来看，社会规范的功能不仅仅是为了满足个人的兴趣，而且是要符合更大范围社会系统的利益。Goffman (1958) 和 Blumer (1969) 都认为人们想要从社会交互活动中寻求意义。而规范通过构建情境、提供了行为规范而变得富有意义。

人们会关注规范的内容，以及其中规定的关于采取某些行为而会产生的预期效果如何。非常典型的就是对奖励或惩罚的条件及措施的关注。人们的主观规范受到规范信念 (Normative beliefs) 的影响。人们往往会有自己的信念体系，类似于道德规范之类。如果某一行为的实施与其信念相违背，那么人们很有可能会因为实施该行为而倍感压力。如果某一行为的实施的结果正是其信念体系认同的，那么人们很可能会乐于实施该行为。

(三) 感知行为控制

感知行为控制 (Perceived behavioral control) 指的是人们对其实施某一行为的能力的感知。人们在实施行为前往往会进行初步的预估，考虑自身是否能够实施该行为、实施该行为是否可以借助其他设施、是否会遇到困难或阻碍等。Burger (1989) 和 Rodin (1990) 认为感知控制是对个人能力的一种感觉。比较高的感知控制代表了一种对行为负责的能力、对行为结果的信心的预期。人们对行为的实施有信心，认为自己有能力或者可以借助工具来完成行为，就会很可能付诸行动。如果人们对实施行为没有信心或者预计会遇到难以克服的困难，那么人们往往会规避这种行为。从这个方面就可以在一定程度上解释，面对同一个行为，为什么有的人会行动，而有的人会规避或者放弃。

(四) 意向

意向 (Intention) 反映了一个人是否已经准备好去实施某一行为，往往被当作是行为的直接前因。意向建立在行为态度、主观规范和感知行为控制的基础上，并直接影响到行为。意向其实主要是侧重于主观维度，对行为的可能性的认识，例如信心、行为的重要性等。一般而言，如果某件事情对人们非常重要，人们一般会积极行动。在行动之前，人们也会考虑行为的结果可能是什么、是否符合社会规范、是否可以借助其他工具辅助完成，是否会遇到障碍、能否克服可能的困难等一系列的问题。这些都会影响到意向的强度。意向越强烈，行为发生的可能性就越大。《后汉书》中"有志者事竟成"的典故就反映了意向的重要性，同时也说明意向的强度会影响行为。

（五）行为

行为（Behavior）是对于给定目标的一种在给定条件下明显的、可观察的反应。感知行为控制可以调节意向对于行为的作用力，只有当感知行为控制很强烈时，合适的意向就会产生行为。

对于人们行为是如何发生的、受到什么因素影响的研究成果很多，Fishbein 和 Ajzen（1975）、Fishbein（1980）、Triandis（1980）、Rogers（1983）、Ajzen（1985，1991）、Sheeran（2002）、Sheeran 等（2016）、Trivedi 等（2018）、Ng（2020）等学者的研究都秉持类似的思路，即意向（intention）是预测人们行为的最重要、有效的切入点。

从 20 世纪 80 年代开始，针对"意向对于行为的预测程度"的研究有增无减。不论是消费决策（Warshaw & Davis，1984；Taylor & Todd，1995；Vermeir & Verbeke，2006），还是医疗卫生方面（Wurtele & Maddux，1987；Block 和 Keller，1995；Gallagher & Updegraff，2011）、政治取向（Netemeyer & Burton，1990；Singh et al.，1995；Vaske & Donnelly，1999），甚至是生活中的旅行（Lam & Hsu，2006）、吸烟（Harakeh et al.，2004）、驾驶（Warner & Åberg，2006）等多种行为都被证实，在一定程度上可以通过意向（intention）来进行预测（Armitage & Conner，2001）。可以认为：在理性行为发生时，其行为意向是肯定存在的。但是，存在行为意向并不一定会触发行为。因此，在围绕基于社交媒体的学术信息交流活动展开研究时，我们从发生学术信息交流活动的行为背后的意向着手，探讨其意向及其影响因素，以期在未来进一步优化社交媒体上的学术信息交流环境、强化信息交流意向、促进信息交流活动。

在构建基于社交媒体的学术信息交流模型时，以计划行为理论为基础，原因包括以下两个方面。

其一，计划行为理论是最著名的态度行为关系理论（段文婷、江光荣，2008）。它是一种比较成熟的理论，受到学术界广泛的认同，并已被广泛应用于多个行为领域的研究（Conner & Armitage，1998；Conner &

Sparks, 1996; Godin & Kok, 1996)。通过种种实证研究证明，计划行为理论是一种有效的系统方法（Ajzen, 1991）。

其二，基于社交媒体的学术信息交流活动中，信息是人们自发创造和传播的。这是一种理性行为，在利用社交媒体进行学术信息交流时是一种有意识的行为，而且带有某种目的性。例如，在网络论坛或问答社区里，信息发送方提出问题是为了寻求他人的帮助及解惑；信息接收方查阅、浏览他人的问题及答案是想了解有什么新的信息或知识；信息发送方对他人问题进行回答，为他人解惑、分享经验或感受、提供帮助等。人们使用社交媒体往往是出于社会交流的需要，社交媒体的公开性与互动性使人们能够在虚拟空间里分享观点、传播信息甚至制造信息。对于这种自发行为，研究其背后蕴含的机理与规律需要借助社会心理学的理论与方法。而计划行为理论使社会心理学领域中较成熟的理论，能为基于社交媒体的学术信息交流研究提供理论支撑。

二 模型构建

基于社交媒体的学术信息交流过程中，不论是信息发送方还是信息接收方的行为均受到其意向的影响。没有意向就不会产生行为，更何况在社交媒体上进行学术信息交流活动需要耗费时间、精力，是一种有意识、有目的的活动。意向是行为的直接前因（Ajzen, 2006）。因此，基于社交媒体的学术信息交流模型主要侧重于探讨人们为什么会想参与这种形式的信息交流活动，其意向来源是什么，受到什么因素的影响。

在计划行为理论的基础上，本书拟从以下几个方面进行考虑。

（一）意向（Intention）

Fishbein 和 Ajzen（1975）经过三十多年的研究发现，人类的社会行为是由少量因素决定的，而意向是行为的最重要的直接前因。不论是理性行为理论（Fishbein, 1980 Fishbein & Ajzen, 1975）、计划行为理论（Ajzen, 1985, 1991），还是态度—行为理论（Attitude-behavior theory）（Triandis, 1980）或是保护动机理论（Protection Motivation Theory）（Rogers, 1983），都一致认为：预测一个人行为的最重要、最直接的要素就是其实施行为的意向。其潜在假设是，人们会根据意向来行动，若有意向则实施行动，若无意向则不行动（Sheeran, 2002）。

在以往大量的研究中，学者们用意向来预测各种行为，包括消费决策

(Warshaw & Davis, 1984)、体育锻炼（Norman & Smith, 1995; Sheeran & Orbell, 2000)、吸烟行为（Norman, Conner, & Bell, 1999）等。基于社交媒体的学术信息交流活动是人们自发的、有意识的行动过程。Manstead 和 van Eekelen (1998), Sheeran、Orbell 和 Trafimow (1999) 利用意向对学术活动及成果进行预测。如果没有任何意向，那么此类学术信息交流活动将不会发生。因此，研究基于社交媒体的学术信息交流参与者的意向对于分析其交流行为至关重要。

（二）态度（Attitude）

Thurstone (1931) 将态度与影响（affect）混为一谈。Chen 和 Bargh (1999)、Fishbein 和 Ajzen (1975)、Murphy 和 Zajonc (1993)、Rosenberg (1956) 交替使用"影响"（affect）与"评价"（evaluation）。理论层面的态度指的是对目标作出有利或者不利反应的倾向（Fishbein & Ajzen, 2011）。Fishbein 和 Ajzen (2011) 将态度定义为对某一物品、概念或行为进行的某一维度的评价，包括赞成与反对、好与坏、喜爱与厌恶等。看起来似乎是反义词组，但实际上，态度并不是在两种极端中选择一种，而是可以将一端到另一端设置一些跨度节点，让被访者可以选择适合表达其态度的状态。例如，从喜爱到厌恶之间可以区分为非常喜爱、比较喜爱、有一点喜爱、中立态度、有一点厌恶、比较厌恶、非常厌恶等，以便人们确切地表达其态度。

态度通常被认为是一个多维度的概念（Voss et al., 2003）。Rosenberg (1956) 和 Rosenberg et al. (1960) 认为态度由认知的（cognitive）、情感的（affective）、意动的（conative）、行动的（behavioral）等几个部分共同构成。后来，很多学者将态度按照本质分为认知的（cognitive）和情感的（affective）两种类型的态度（Stangor et al., 1991; Ajzen & Driver, 1991; Crites et al., 1994; Conner et al., 2002; Courneya, Bobick, & Schinke, 1999; Lowe, Eves, & Carroll, 2002; Wilson, Rodgers, Blanchard, & Gessell, 2003; Lawton et al., 2009; Conner et al., 2011; Triandis, 1980; Fishbein, 2007; French et al., 2005）。态度的认知方面包括"明智—愚蠢""有害—有益"等维度，而情感方面用类似"愉悦—不悦""无聊—有趣"等维度来反映。Osgood 等 (1957)、Ajzen 和 Driver (1991)、Mummery 和 Wankel (1999)、Ajzen (2002)、Fishbein (2007)、Fishbein 和 Ajzen (2011) 更倾向于使用经验态度和工具态度代替认知态度和情感

态度来描述态度的构成。Davis 等（2012）、Lehmann 等（2015）、Wan 等（2017）研究中都沿用了这种对态度的分类方式。

因此，在我们即将构建的模型中，使用"经验态度"和"工具态度"来描述态度的构成。

1. 经验态度（Experiential Attitude）

Chen 和 Tung（2009）、Cheung 等（1999）、Knussen 和 Yule（2008）、Knussen 等（2004）、Mannetti 等（2004）、Tonglet 等（2004）研究了经验态度的定义，认为态度的经验维度描述的是感受、情感上的态度。经验态度的测量往往是通过向被试者提问来衡量某一行为是否令人愉悦等。Voss 等（2003）认为这一类态度主要来源于人们的经验或体验。基于社交媒体的学术信息交流活动中，经验态度指的是人们对于在社交媒体平台或工具上进行发送信息、接收信息行为的情感所引发的态度。例如，感到乏味还是兴奋、无聊还是有趣等。其经验态度往往与某种正面或负面的感受有关。

基于社交媒体的学术信息交流活动参与者往往是自发地使用社交媒体平台或工具来发布信息、传递信息、阅读信息、评论信息，从而与他人进行交流互动。他们对于使用社交媒体平台或工具进行学术信息交流活动是有自己的态度和看法的，而这一过程就涉及他们的经验态度，也就是说他们的体验会让他们对于社交媒体上学术信息交流活动的感受进行评判，比如进行这类信息交流活动是否有趣、是否愉悦等。不同于任务制、强制分配的工作，在社交媒体上交流学术信息是一种自发行为，而其经验态度会影响到人们是否会参与甚至继续参与到社交媒体上的学术信息交流活动中。因此，基于社交媒体的学术信息交流模型构建中需要考虑信息交流活动参与者的经验态度。

2. 工具态度（Instrumental Attitude）

工具态度是态度构成的另一方面。Ajzen 和 Driver（1992）认为在评估对某一行为的态度时应该考虑工具方面的维度。Batra 和 Ahtola（1991）指出，激发消费者实施购买行为的另一个维度就是功利主义目的，即考虑购买这一行为到底能产生什么效果或作用。Voss 等（2003）认为工具态度源自于产品的功能，从而对某一产品的使用程度会影响到消费态度。尽管这些研究都是围绕消费者心理展开的，但值得注意的是，基于社交媒体的学术信息交流活动的参与方不断地自发创造信息、转发信息、阅读信息、评论信息、表达观点而产生新的信息……他们往往既是信息的生产者、传播者，也是信息的消费者。只是由于社交媒体上发布或获取大量信息是免费的，他们的消费行为不像在实体店日常消费那么明显。但即使是免费的，人们发布或获取信息仍然要花费时间和精力，而每一个人的时间和精力都是有限的，对个人而言，如何安排利用这些有限的资源是一个重要的问题。因此，在考察基于社交媒体的学术信息交流活动时，必须考虑信息交流活动参与者的工具态度。

Chen 和 Tung（2009）、Davies 等（2002）、Do Valle 等（2005）、Tonglet 等（2004）对态度的研究时考虑人们对实施行为的结果的认识，即会得到什么、成本与收益如何等问题。从某种意义上来看，基于社交媒体的学术信息交流活动中蕴含了信息的生产、传递和消费行为，信息交流活动参与者也会考虑进行交流会产生什么结果、会给自身带来什么收获或收益，会对结果有预期的评判。因此，基于社交媒体的学术信息交流模型构建中需要考虑信息交流活动参与者的工具态度。

（三）感知规范（Percieved Norm）

众所周知，社会环境会对人们的意向和行为产生影响。在一个社会或群体中，一般会形成社会规范。社会规范指的是在一个社会或群体中被允许的行为、能被接受的行为。规范的主要功能是使个人行为不仅出于各自的兴趣，而且赋予更广泛的社会系统。因此，人们会理性地选择遵守社会规范，因为一旦违反将受到惩罚，而惩罚可能是身体上的，也可能是精神上的。Blumer（1969）和 Goffman（1958）认为，人们在他们的社会交互活动中追寻价值与意义。规范为人们提供了针对各种情况的行为准则，通俗来说就是告诉人们什么样的行为是恰当的，什么样的行为是不恰当的。Fishbein 和 Ajzen（2011）将规范定义为实施或不实施某一行为的感知的社会压力，感知规范会在一定程度上决定人们的意向，感受到的社会压力越大，实施行为的意向也就形成了。

社会权力从根本上来说是人们对社会规范服从的结果。French 和 Raven（1959）认为社会权力的基础来源于五个方面：奖赏权力（Reward Power），对符合规范的行为进行奖励；强制权力（Coercive Power），对违背规范的行为进行惩罚；法定权力（Legitimate Power），通过选举或任命等方式获得权力权威；专家权力（Expert Power），源于个人所掌握的专业知识和技能；参照权力（Referent Power），成为别人学习的榜样所拥有的权力。只有奖赏权力和强制权力使用了奖励或惩罚措施，而其他三种权力并不涉及这些。即使没有奖励或惩罚措施，感知规范也可以影响人们的意向（Fishbein & Ajzen, 2011）。

基于社交媒体的学术信息交流活动是人们在开放的虚拟空间自愿自发的行为，即使没有奖励或惩罚措施，人们也会开展这些活动。因此，在研究基于社交媒体的学术信息交流时，感知规范不可忽视。

感知规范分为指令性规范（injunctive norm）和示范性规范（descriptive norm）。在实施某一特定行为时，考虑应该做什么的一类看法，就是指令性规范。而示范性规范指的是考虑其他人会不会去实施该行为（Cialdini, Reno & Kallgren, 1990）。

1. 指令性规范

指令性规范（injunctive norm）是指个体在实施某一特定行为时，认为在他人眼里其应该做什么的相关看法或见解。也就是说，对于实施某一行为，个体会受到社会压力从而考虑什么是应该做的，什么行为是符合他人预期的。

Fishbein 和 Ajzen（1975）、Ajzen 和 Fishbein（1980）、Ajzen（1991）提出了"主观规范"（subjective norm），个人对于是否应实施某行为感受到的社会压力，而这些压力来源于那些对其很重要的人，来自他人对某一行为的规定或期许。个人以为他人是想让或不让其实施某一行为，但这只是主观想法，却不能反映他人真正的想法。这些所谓重要的人主要包括家庭成员、朋友、邻居、上司、同行等（Ajzen, 1991；Cialdini et al., 1991；Vining & Ebreo, 1990；Connor, 1994；Tretiakov et al., 2017；Van Acker, 2013）。

人们之所以会依照社会规范来行动是因为他们想要获得其他相关者的赞赏而避免遭受批评（Cialdini et al., 1991；Comber & Thieme, 2013；White et al., 2009）。Chan（1998）指出，社会影响可以通过大众传媒来对个人施加影响。而社交媒体作为新兴传播媒介，也会被用于对个人施加来自社会规范的压力或影响。一个集体中的个体通过参照周围人的行为而展开行动（White, 2009）。社交媒体上的信息交流行为是一种公开的活动，对个体产生了一种社会压力。这种社会压力促使新规范的建立，进而这类规范成为社会影响的一种有效方式（Nolan, Schultz, Cialdini, Goldstein & Griskevicius, 2008；Thomas & Sharp, 2013）。Cheung 等

(1999)、Chen 和 Tung（2009）、Comber 和 Thieme（2013）、Knussen 等（2004）、Mannetti 等（2004）、Ramayah 等（2012）、Sidique 等（2010）研究证实，运用主观规范能够预测人们的行为意向。

在群体或社会中，会形成一定的社会规范，当个体身在其中时会在无形中受到影响，在实施某行为时会考虑：群体或社会中其他人的看法，他们认为其是否应该如此行动？如果行动了，会受到奖励或惩罚吗？之所以会考虑这么多，是因为人们往往希望融入某一群体之中，为此需要遵守相关规范，与其他人保持一致的规范性。行为是否会被奖励或惩罚、行为是否符合规定都将影响人们实施行为的意向。

Fishbein 和 Ajzen（2011）在对理性行为理论和计划行为理论的完善过程中，为了避免混淆，在只考虑其他人关于个体应该如何行动的看法时，使用"指令性规范"一词代替"主观规范"更为恰当。而"示范性规范"指的是对其他人行为的感知。前文提及的"主观规范"比较宽泛，而指令性规范更加具体，有助于研究他人如何看待某行为的看法是如何影响个体意向与行为的。

指令性规范主要关注的是对于某特定行为，个体认为其他人对该行为的看法是什么，例如是否应该去做，等等。尽管对指令性规范的衡量是从个体层面获取数据的，其反映了对个体而言，非常重要的其他人的看法，同时往往与群体里的行为准则、地位、社会环境有关（Fishbein & Ajzen，2011）。

基于社交媒体的学术信息交流活动中，指令性规范是什么？对于学术信息交流活动参与者来说，指令性规范就是参与者认为的其他重要的人的看法。由于研究的是社交媒体上的学术信息交流活动，不同于日常生活中的采购、健身等活动。学术信息交流活动的参与者出于交流学术思想、观点或见解的目的进行交流活动，相对而言对参与者来说重要的人往往是与学术工作有关的人，比如上司、同事、同行等。他们对基于社交媒体的学术信息交流活动的预期和看法就属于信息交流参与者的指令性规范的范畴。

2. 示范性规范

示范性规范（descriptive norm）指的是在对其他人如何行动的看法基础上建立的规范。在以往的研究中，经常会询问受访者的朋友、同学等是否会有吸烟、喝酒等具有风险的行为（Hawkins & Catalano，1992；Sayeed et al., 2005; McMillan & Conner, 2003; Dohnke et al., 2011; Halim et al., 2012)。这些研究都基于一个假设：来自同伴的社会压力是行为的重要决定性因素之一。人们可能会因为同伴实施某行为，而产生实施某行为的意向。

从某种意义上来说，人们会有从众心理，在受到外界人群行为的影响时，个体的感知、判断、看法会表现出符合社会或群体规范的行为方式。个体感受到了社会压力而为了与大多数人保持一致，从而产生相应的意向和行为（Darley，1966；Panagopoulos et al.，2014）。也就是说，示范性规范发挥了作用。在不确定情境的情况下，人们会参考他人的行为。同时，人们为了更好地融合到群体或社会中，会倾向于与大多数人保持一致的观念或行为，从而产生认同感。基于社交媒体的学术信息交流活动中，信息发送方和信息接收方是否会因为他人的行为而产生参与信息交流活动的意向呢？这些都有待考证。对基于社交媒体的学术信息交流活动参与者来说，示范性规范主要是他们的上司、同行、同事是否利用社交媒体进行学术信息交流活动。他们的做法会对参与者形成社会压力，进而可能影响其行为意向。

McMillan 和 Conner（2003）、Rivis 和 Sheeran（2003）、Smith-McLallen 和 Fishbein（2008，2009）研究表明：指令性规范与示范性规范存在相关关系。Povey 等（2000）、Smith-McLallen，Fishbein 和 Hornik（2011）、Smith-McLallen 和 Fishbein（2008）对指令性规范和示范性规范的指标进行了研究，认为指令性规范和示范性规范可以反映感知社会压力的不同方面，而且将两者考核指标合并就可以了解感知社会压力的全面情况。也就是说，感知规范包括指令性规范和示范性规范（Hagger & Chatzisarantis，2005）。

（四）个人动力

个人动力（personal agency）包括两个方面：感知控制（perceived control）和自我效能（self-efficacy）。

1. 感知控制

感知控制是指个人对其实施某一行为的能力的看法。换句话说，感知控制其实就是个人对于自己是否有能力实施某行为的一种看法。感知控制将会影响到人们的行动意向，甚至可以预测人们的目标活动（Manstead & van Eekelen，1998）。感知控制的定义源于计划行为理论，例如对实施某一目标行为的难易程度的看法是典型的感知控制范畴（Ajzen & Madden, 1986）。也就是说，当人们考虑是否实施某一行为的过程中，会对实施行为的难易程度进行预估，形成的这种看法就是感知控制。我们常说的"知难而退"一词，其实隐含的就是这样一个过程：个人对可能面临的困难形成了看法，进而逃避困难，没有实施行动的意愿或行为了。值得注意的是，感知控制的程度并非是影响行为意向的唯一因素。在日常生活中，有很多事情对人们来说是轻而易举的或者是举手之劳，但人们并不一定会采取行动；另外，人们觉得完成某件事情难度很大，但依然有行动意向并会去努力完成，愚公移山就是典型的例子。可见，感知控制可能会影响行动意愿，但不能简单粗暴地把行为实施的难易程度与行动意向的高低画等号。

在基于社交媒体的学术信息交流活动中，信息交流活动参与者需要学习运用社交媒体平台与工具，在发送和接收信息的过程中可能需要参考大量的资料、凝练语言、熟练使用工具软件。这一过程中，每个人所面临的情况各不相同，且难易程度也有所不同，因此各人的交流意向也会存在差异。研究社交媒体上学术信息交流参与者的感知控制程度及其与交流意向的关系，对于未来在社交媒体上促进、激发学术信息交流活动很有意义。

2. 自我效能

Bandura（1995）将自我效能定义为人们对其有能力实施行为并影响其生活的信念（Bandura, 1995）。具有强烈自我效能的人会将困难视作挑战而不是应该避免的威胁，这样一来，他们将围绕目标努力采用有效的措施而不会纠结于其个人的缺点和可能遇到的阻碍。换句话说，个体的自我效能越高，其行动意向就越强烈（Bandura, 1977；Armitage & Conner, 2001）。如果个人对即将实施的行为感到困难甚至威胁，而继续实施行为，那么他们的努力将强化其效能感；如果他们预计到有困难就放弃行动，那么挫败感和失落感将持续很长时间。McCaul 等（1993）、White 等（1994）、Terry 和 O'Leary（1995）、Spark 等（1997）、Armitage 和 Conner（1997）研究了感知控制与自我效能的差异。Manstead 和 Van Eekelen（1998）认为在学术成就的获得中，内部和外部控制因素决定了产出。Armitage 和 Conner（1997）认为自我效能就是个体对实施某行为的能力的信心，侧重于人们对外部资源的掌控的看法，例如可获得性或金钱方面。如果人们对其实施某行为的能力非常自信，有可能导致低估了其对外部因素的控制。Terry（1993）、Terry 和 O'Leary（1995）、White 等（1994）发现自我效能是预测行为意向的独立指标。

因此，自我效能不仅包括个体对实施行为的信心，还涉及对实施行为的支持性外部资源如时间、资源等。基于社交媒体的学术信息交流活动中，参与者的自我效能包括：一是对参与学术信息交流活动的信心，例如发布信息的信心、接收他人观点的信心等；二是与学术信息交流有关的资源，如利用社交媒体交流学术信息的时间、具备的专业知识或技能等。

综上所述，基于社交媒体的学术信息交流模型主要是由意向、态度、感知规范和个人动力共同构建，其构成要素如表 4-1 所示。

表 4-1　　　　基于社交媒体的学术信息交流模型构成要素

构成要素		简要说明
意向（I）		基于社交媒体的学术信息交流行为的感知可能性，是行为的直接前因
态度（A）	经验态度（EA）	对基于社交媒体的学术信息交流行为的主观看法，比如该行为是否愉悦等
	工具态度（IA）	对基于社交媒体的学术信息交流行为的价值的看法，比如该行为是否会有益处
感知规范（PN）	指令性规范（IN）	其他人对于个体实施基于社交媒体的学术信息交流行为的预期，即他们觉得个体是否应该实施这种交流行为
	示范性规范（DN）	其他人关于基于社交媒体的学术信息交流行为的做法，即他们是否实施这种交流行为
个人动力（PA）	感知控制（PC）	对于基于社交媒体的学术信息交流行为的难易程度的看法
	自我效能（SE）	对实施基于社交媒体的学术信息交流行为所需时间、资源等看法

第二节　基于社交媒体的学术信息交流模型的相关假设

一　态度对意向的影响

Ajzen 和 Fishbein（1977，1980）、Fredricks 和 Dossett（1983）都认为态度通过意向间接地影响行为。也有学者（Albrecht & Carpenter，

1976; Bentler & Speckart, 1979, 1981; Manstead, Proffitt & Smart, 1983) 认为态度直接影响行为。Liska (1984) 认为态度转化为意向进而才能影响行为。Ajzen 和 Fishbein (1980) 认为态度会影响行为意向，并在很多学者 (Pavlou & Fygenson, 2006; Bock et al., 2005; Kolekofski & Heminger, 2003; Kuo & Young, 2008) 的实证研究中得以印证。Jolaee 等 (2014) 发现，在研究马来西亚公立大学中教师的知识共享行为时，发现态度与知识共享意向是显著正相关的，当教师对知识共享持正面态度时会有意向并参与知识共享活动。

在基于社交媒体的学术信息交流活动中，人们既可以是信息发送方，也可以作为信息接收方。在这一过程中，参与者能进行交流活动的前提是他们有交流的意向。如果人们没有交流意向，那么他们不会参与到交流活动中去，不会去阅读、评论他人的信息，更别提主动发布信息了。而人们对于基于社交媒体的学术信息交流的意向与他们的态度有关。如果人们对基于社交媒体的学术信息交流的态度是正面的，比如感到有趣、愉悦等，那么他们会想要参与其中；如果他们的态度是负面的，比如无聊、不快等，那么他们不想参与甚至会刻意回避或逃避。这时，经验态度对利用社交媒体进行学术信息交流的行动意向产生了影响。因此，我们提出以下假设：

H1-1：经验态度正向影响交流意向。

在基于社交媒体的学术信息交流活动中，如果人们认为这种交流活动对其有用或者有价值，那么他们有意向参与其中；否则，他们没有意向。参与这种学术信息交流活动，需要花费时间、精力以及其他资源，而这些资源对每个人来说都是宝贵的，他们不愿意把这些资源浪费在他们认为无关紧要或毫无意义或价值的事情上。这时，工具态度对利用社交媒体进行学术信息交流的行动意向产生了影响。因此，我们提出以下假设：

H1-2：工具态度正向影响交流意向。

二 感知规范对意向的影响

Fishbein 和 Ajzen (2011) 认为，感知规范会影响行为意向。人们在考虑是否实施某行为之前，会思考周围其他人对该行为的看法，而此处的其他人并非指所有人，而是指与个体实施某行为相关的人、对个体而言有影响力的人。从他们的角度来看，哪些行为是应该实施的？而哪些行为是不应该实施的?这些问题蕴含了他们的预期或期望,也就是指令性规范。

基于社交媒体的学术信息交流活动不同于传统的学术交流活动,不再仅仅依赖于书籍、期刊、报纸等媒介,而是运用 Web 2.0 技术进行交互性的学术交流。从传统媒介转向社交媒体进行学术信息交流的过程中,其他相关人的看法会影响人们的意向。如果上司、同事、同行都认为社交媒体上的信息交流快捷、便利、有效,应该利用这种新媒介深化信息交流,那么这种看法对于人们来说无疑是一种正向的社会压力和心理暗示。反之,如果其他相关人认为没必要利用社交媒体进行学术信息交流也不应该这么做,那么人们会迫于社会压力而抑制其行为意向,进而放弃尝试利用社交媒体进行学术信息交流。这时,指令性规范对利用社交媒体进行学术信息交流的行动意向产生了影响。因此,我们提出以下假设:

H2-1:指令性规范正向影响交流意向。

Fishbein(2007)发现指令性规范并不能表征社会规范的全面影响,而示范性规范将作为其有益的补充。Cialdini(2001)认为示范性规范对意向有直接影响。其他人的行为将会对个人的行为意向有参考作用。个人会观察他人实施某行为是否会受到奖励或惩罚,而观察的结果将影响个人对该行为的态度,预示了实施该行为是被鼓励的还是被禁止的。这无疑会影响到个人的行为意向。

与传统的报刊书籍相比,社交媒体是学术信息交流的一种新媒介。如果人们发现其他人都利用社交媒体进行学术信息交流,那么他们可能会想模仿或尝试,因为他们不想被他人视作"墨守成规"或是"不敢尝试新生事物和技术"。由于社交媒体的互动性,人们在使用过程中会结识其他用户,进一步扩展交流的范围,甚至逐渐形成"圈子"。一旦周围人都使用社交媒体来进行学术信息交流,那么还没有尝试的个体有可能被认为"不入流",很难融入新的交流圈子中。尤其当学术界有影响力的人利用社交媒体进行学术信息交流时,那些不使用社交媒体的人可能会意识到:如果他们无法使用社交媒体上表达学术观点,导致网络话语权的丧失,甚至会显得"不入流"。这时,示范性规范对利用社交媒体进行学术信息交流的行动意向产生了影响。因此,我们提出以下假设:

H2-2:示范性规范正向影响交流意向。

三 个人动力对意向的影响

美国医学研究所 IOM（2002）和 Bandura（2006）指出，个人动力是影响行为意向的主要因素。感知控制指的是个体对于实施某行为的难易程度的看法。Ajzen 和 Driver（1991），Kasprzyk、Montaño 和 Fishbein（1998）发现感知控制是影响行为和意向的重要因素。

在基于社交媒体的学术信息交流活动中，如果人们认为利用社交媒体进行学术信息交流很容易，那么他们也许很愿意尝试使用这种新媒介来交流学术信息；如果他们认为很困难，那么他们可能不想尝试。在非强制的环境下，当人们在预计到可能遭遇困难时会选择规避或逃避，因为一旦面对困难可能需要付出更多的艰辛，这不符合人们的心理倾向。而基于社交媒体的学术信息交流是一种在开放空间进行的自发、自愿的活动，一般不存在有强制性措施来强迫人们发表言论、进行评论、转发或是回答问题。在这种情况下，利用社交媒体进行学术信息交流行为的难易程度将影响到人们的交流意向。此时，感知控制对基于社交媒体的学术信息交流行为产生了影响。因此，我们提出以下假设：

H3-1：感知控制正向影响交流意向。

Bandura（1997）认为自我效用主要是指个体对于实施某行为的自信程度的看法。Bandura（2010）指出，自我效用决定了人们的感受、想法、意向和行为。基于社交媒体的学术信息交流活动是一种不同于传统媒介上的信息发送与信息接收活动，这意味着其交流方式与以往会有所不同。人们若想要进行这类学术信息交流活动，就必须学会使用这些社交媒体平台与工具，这需要花费时间和精力。而且，不同于传统媒介上的单向信息传播途径，社交媒体上的信息往往是交互式传播的，而且用户既是信息的生产者，也是信息的消费者，导致信息量激增，如何发布信息、查找信息、阅读信息、给出反馈（如评论、回复、点赞、转发、推荐等）都需要相关资源的支持。这里的资源不仅仅包括信息交流参与者的时间和精力，更重要的是相关的专业知识与技能、对自身可以参与此类交流活动的信心。由于社交媒体的互动性，参与者需要不断地投入相关资源来回复他人的评论或追问，与其他人展开讨论活动。在没有时间、精力、信心、专业知识与技能的情况下，人们根本无暇参与到这类学术信息交流活动中、也不会有参与交流的意向。这时，自我效能对基于社交媒体的学术信息交流行为产生了影响。Ajzen（2002）认为，态度、主观规范、感知控制越强烈，个体实施行为的意向就越强烈。Fishbein 和 Ajzen（2011）认为，行为态度、感知规范和个人动力都是行为意向的主要影响因素，也是预测行为的重要指标。

因此，我们提出以下假设：

H3-2：自我效能正向影响交流意向。

第三节 研究模型及假设汇总

综上所述，基于社交媒体的学术信息交流模型如图4-2所示。

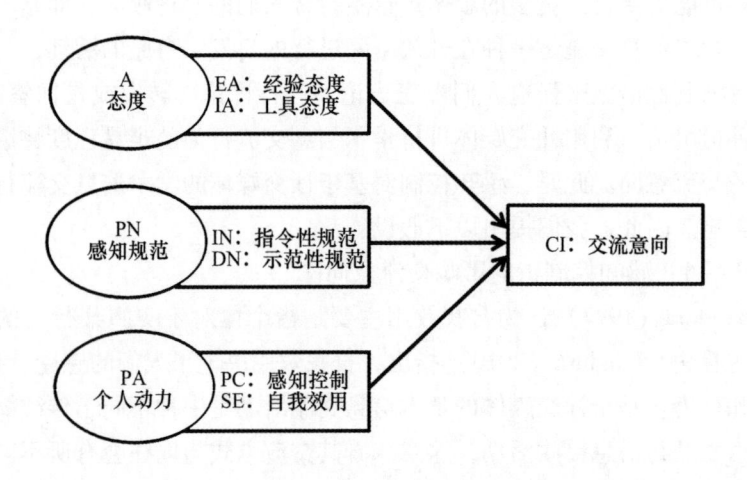

图4-2 基于社交媒体的学术信息交流初步模型

为了方便后文中的分析，将基于社交媒体的学术信息交流意向用CI表示，态度用A表示，其中经验态度用EA表示，工具态度用IA表示；用PN代表感知规范，其中IN表示指令性规范，DN表示示范性规范；个人动力用PA表示，其中感知控制用PC表示，自我效用以SE表示。在此模型中，当交流意向作为因变量时，其自变量为态度、感知规范和个人动力。

本研究需要验证的理论假设如表4-2所示。

表 4 – 2 理论假设汇总表

编号	假设内容
H1 – 1	经验态度正向影响交流意向
H1 – 2	工具态度正向影响交流意向
H2 – 1	指令性规范正向影响交流意向
H2 – 2	示范性规范正向影响交流意向
H3 – 1	感知控制正向影响交流意向
H3 – 2	自我效能正向影响交流意向

在第五章中，本书将对国内典型的社交媒体上的学术信息交流活动的参与者和信息交流内容展开信息计量分析。在此基础上，有针对性地对社交媒体学术信息交流活动参与者发放调查问卷，进而对理论假设进行验证。

第五章

基于社交媒体的学术信息交流的实证
——国内典型社交媒体上学术信息交流的信息计量研究

基于社交媒体的学术信息交流实证研究的目的是分析基于社交媒体的学术信息交流活动的规律,并在此基础上,对其背后的行为意向展开研究,对前一部分提出的基于社交媒体的学术信息交流假设和模型进行验证。实证研究分为两个部分:第一部分,是针对国内典型社交媒体上的学术信息交流活动进行实证分析;第二部分,以问卷调查的形式围绕基于社交媒体的学术信息交流意向展开研究。

基于社交媒体的学术信息交流实证研究的目标主要包括两个方面:

其一,对国内典型社交媒体上的学术信息交流活动进行分析,从引用、合作、词频等多个角度探讨学术信息交流参与者之间发布信息、接收信息、使用信息的行为及特征,对于我们了解、掌握基于社交媒体的学术信息交流活动基本情况有重要意义。

其二,对前一章节提出的理论模型进行检验,并围绕模型的相关假设进行验证。基于社交媒体的学术信息交流模型主要是在理论研究的基础上构建的。在对基于社交媒体的学术信息交流行为展开分析的基础上,需要通过问卷调查的方式对信息交流参与者的意向进行研究,从而探索若干影响因素,包括:经验态度、工具态度、指令性规范、示范性规范、感知控制和自我效能对基于社交媒体的学术信息交流意向的影响等。通过实证研究对理论假设进行验证,为进一步修正、完善基于社交媒体的学术信息交流模型提供有力理论保障。

基于社交媒体的学术信息交流实证研究主要从两个方面展开:

其一，选取我国典型的社交媒体如百度百科、知乎、小木虫、经管之家、科学网博客、新浪微博等，从合作、引用、词频等多个角度对这些平台或媒体上的学术信息交流活动进行分析，试图描述通过社交媒体进行的学术信息交流活动。

其二，利用调查问卷对在社交媒体上的学术信息交流者展开调查，对基于社交媒体的学术信息交流模型及其相关假设进行验证。

为什么要从以上两个方面展开实证研究呢？因为对基于社交媒体的学术信息交流活动的分析反映的是现状，不论是哪个社交媒体平台、不论参与者的 ID 是什么、不论他们探讨的是哪个领域的问题，这些交流活动归根结底都是以个体之间的学术信息交流活动为基础的。换句话说，不论从何种角度来看，基于社交媒体的学术信息交流活动都是建立在个体之间的信息交流的基础之上的。由于社交媒体具有开放性而且是网友们自发贡献、提取、创造、传播信息和知识的舞台，最突出的特点是参与人数多和参与的自发性。在社交媒体上，网友们具有更多的主动权，多种互动模式满足了他们表达自我的强烈愿望。到底是哪些因素影响了人们利用社交媒体进行学术信息交流活动的意向呢？本书第五章的实证侧重对网友信息交流行为的描述，而第六章的实证在于挖掘这些行为背后的意向并试图发掘基于社交媒体的学术信息交流的影响因素。

目前，国内社交媒体平台众多，例如微博、交友类社交媒体（如陌陌、珍爱网等）、通讯类社交媒体（如 QQ、微信等）、论坛类社交媒体（如知乎、天涯等）、生活类社交媒体（如美团、去哪儿等）。另外，还出现了带有社交评论功能的新闻类媒体（如今日头条、网易新闻等）、电商类媒体（如小红书、淘宝等）以及视频或直播平台（如优酷、哔哩哔哩等）。这些种类繁多的社交媒体上，人们一般都围绕新闻热点、消费体验、视听感受、交友、游戏等内容进行交流（Dholakia，2004；Krisanic，2008；Kim，2011）。国内用于学术信息交流或者说学术信息交流活动比较密集的社交媒体主要有百度百科、知乎、小木虫、经管之家、科学网博客、新浪微博。

第一节 百度百科

Wagner（2004）和 Sauer 等（2005）把在线百科全书（如维基 Wiki）

作为知识交流与团体协作的有利工具。很多学者研究了维基在知识共享、信息交流、教育与科学研究方面的应用（Hodis et al.，2008；Moskaliuk，Kimmerle & Cress，2009；Williams et al.，2009；Cho, Chen, & Chung，2010；Begoña & Carmen，2011；Gu & Widén-Wulff，2011；Taraborelli et al.，2011；Carpenter，2012；Llados et al.，2013；Archambault et al.，2013）。维基百科的词条内容往往会涉及引用活动，一方面，维基百科会对新闻事件、法律观点，甚至科学出版物进行引用（Lih，2004；Peoples，2009；Park，2011；Bould et al.，2014）；另一方面，维基百科的词条内容会被期刊论文所引用（Nielsen，2007，2008；Kousha & Thelwall，2017）。这意味着，在线百科全书已经开始渗透到学术信息交流领域中。

国内知名的在线百科全书的代表是百度百科，它是百度公司推出的内容开放自由的网络百科全书，用户可以免费自由访问并参与撰写和编辑，分享及奉献所知的知识。① 截止到2021年6月17日，百度百科上有21835292个词条，7376467人参与编写，共计187162771次编辑。② 其中的科学百科版块的全名是"科普中国·科学百科"（https：//baike. baidu. com/science，简称百度科学百科），是由中国科学技术协会与百度百科权威共建的大型科普项目，通过对科学类词条的权威编辑与认证，将科普资源信息化，打造知识科普阵地。③ 截止到2021年6月17日上午16：02，现有196492条科学词条，8100位科普专家，每日阅读量高达8035269次。④ 百度百科作为网络搜索第一知识入口，其中科学类词条搜索量占总搜索量的15%。⑤ 科学百科的词条覆盖航空航天、天文学、环境生态、生命科学、数理科学、心理学、化学、地球科学、信息科学等多个学科领域，词条以公众习惯性搜索的关键词和学科中的通俗名词为线索确定词条名称，其内容主要由权威认证词条组成，嵌入认证模块的百科标准词条并对科普中国品牌和专家信息进行充分展示，邀请2000余名副高级职称以

---

① 百度：《百度百科用户协议》（http：//help. baidu. com/question？prod_en = baike& class = 89&id = 1637），2018年1月6日。
② 百度：《百度百科》（https：//baike. baidu. com/），2021年6月17日。
③ 百度：《科普中国·科学百科》（https：//baike. baidu. com/item/科普中国·科学百科/18137309？fr = aladdin），2019年8月1日。
④ 百度：《百度科学百科》（https：//baike. baidu. com/science），2021年6月17日。
⑤ 百度：《科普中国·科学百科》（https：//baike. baidu. com/item/科普中国·科学百科/18137309？fr = aladdin），2019年7月28日。

上的评审专家和1000余名来自全国顶尖高校的学生词条编辑志愿者参与词条建设，体现了词条的科学性和权威性。①

百度百科词条的结构如图5-1所示。词条名称在页面上部醒目的位置，其下的词条页面主要分左、右两栏。左侧部分包括词条内容的摘要、目录、正文、词条图册、参考资料和标签。此处的目录指的是词条内容里小标题的超链接。在词条的正文部分，会出现一些词语的超链接，而这些超链接都指向百度百科中的其他词条，这意味着这种超链接是词条之间相互引用的一种形式。词条图册是解释词条内容中可能涉及的图或表格；参考资料是词条中引用内容的出处；标签有点像关键词，通过几个词简要说明词条属于哪个领域，其要点词汇是什么。但词条图册、参考资料和标签并非必备项目。

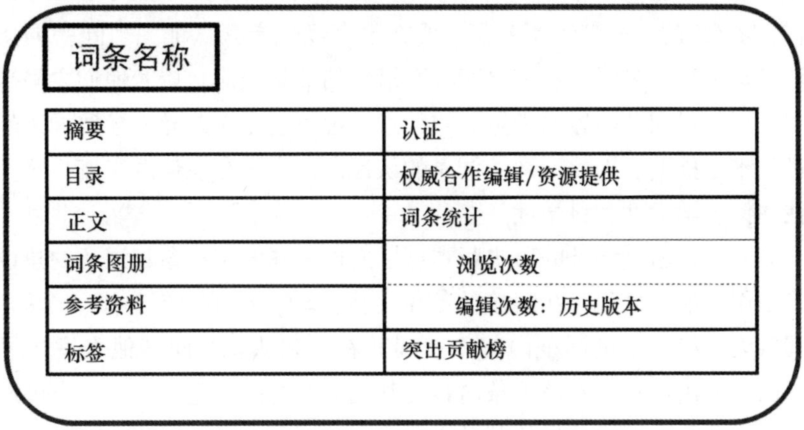

词条名称	
摘要	认证
目录	权威合作编辑/资源提供
正文	词条统计
词条图册	浏览次数
参考资料	编辑次数：历史版本
标签	突出贡献榜

图5-1 百度百科词条结构

右侧部分显示了认证专家、权威合作编辑单位、资源提供单位、词条统计信息和突出贡献榜。往往被专家审核过的词条会显示专家信息，包括姓名及其工作单位。有些词条会显示权威合作编辑单位、资源提供单位，意味着其内容被专业行业协会认可。在词条统计版块中，会显示该词条的浏览次数和编辑次数，编辑次数还提供了词条编辑的历史版本的超链接，

---

① 百度：《科普中国·科学百科》（https://baike.baidu.com/item/科普中国·科学百科/18137309?fr=aladdin），2019年7月29日。

详细显示各用户在什么时间对词条进行了怎样的编辑或修改情况。突出贡献榜会显示对词条建设有积极投入并取得良好效果的用户名。

词条建设过程中，有这样几种信息交流活动：

第一种，对其他词条的引证，意味着词条的建设者查找、阅读并从其他词条中汲取相关信息和知识，既作为信息接收方接收来自他人的信息，又作为信息发送方对词条内容进行进一步修改、编辑和完善。

第二种，词条标签，是提取出来的有关词条内容及领域的有代表性的词。词条编辑、建设者提取的标签也会给他人进行查阅和参考，这也是发送信息，信息被他人接收的过程。

第三种，认证专家对网络用户编辑的词条内容阅读后进行修订、补充、审核的过程中，用户发布了相关信息，专家接收了信息并对信息进行了加工处理，进而发布了新信息（审核通过的词条内容）。对于某一词条而言，要么有1—3名认证专家，要么没有经过专家认证。当同一词条的认证专家不止一名时，专家之间存在潜在的信息交流。倘若他们之间毫无交流，那么对词条内容的理解、修订意见很可能存在差异，导致词条的认证过程难以推进。因此，同一词条的认证专家之间存在信息交流，这类交流往往偏重学术性和科学性。

第四种，通过词条的历史版本可以发现不同的用户参与词条的建设与完善工作，他们之间存在间接的信息交流活动，某用户创建了一个词条，让其从无到有，通过词条内容表达了其看法和认识，向其他人发送了信息。而其他用户在查看该词条内容的基础上，对内容进行补充、完善或修正，其实就是在接收信息的基础上加工处理信息、形成新的信息的过程。尽管这些用户并没有面对面地交流，但他们以词条的历史版本为媒介进行了纵向信息交流。

第五种，词条参考资料类似于科学文献中的参考文献，是词条内容建设者在查阅其他资料后标明出处的一种方式。在这一过程中，词条内容建设者先作为信息接收方阅读了很多相关资料，然后作为信息发送方编辑词条内容并附上参考资料的出处以便他人进行核实、查阅。

因此，从百度百科的词条结构中抽取出表征信息交流的项目，包括词条中对其他词条的引用（超链接）、词条标签、认证专家、参与词条内容建设的用户、词条参考资料。我们选取了中国生物医学工程学会审核创建的生物医学工程方面共计251个词条展开实证分析，在剔除掉重复内容的词条后得到 247 个词条。下面将以这些科学词条为例，对信息交流活动展开研究。下文中综合利用了 Python 编程、Ucinet、Pajek、VOSViewer 和 Gephi 来完成相关可视化效果。

一 基于词条引证的信息交流

词条正文内容中的超链接往往指向其他词条款目。如果词条 A 引用了词条 B，那么词条 B 会以超链接的形式出现在词条 A 的内容中。词条引用的过程其实是一种信息交流过程：词条 A 的内容建设者们查看了词条 B 的内容，从而将其内容纳入其中。本质上，就是词条 B 的内容建设者们通过词条 B 向他人发送信息，而词条 A 的内容建设者是信息接收方之一，在词条 B 的内容基础上创建、编辑、完善词条 A 的内容，产生了新信息，以词条新版本的形式发布出来，完成从信息接收方到信息发送方的转变。词条引证角度的信息交流活动如图 5-2 所示。

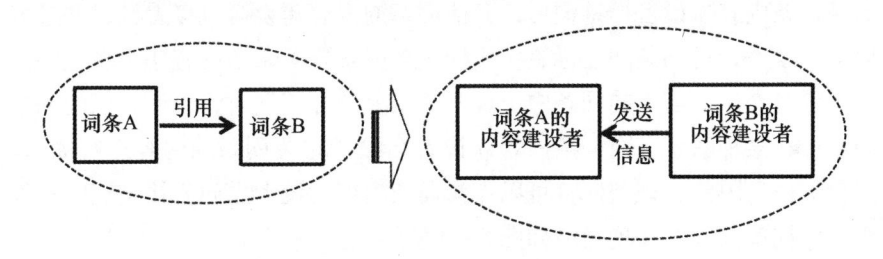

图 5-2 词条引证角度的信息交流活动

中国生物医学工程学会审核创建的生物医学工程方面的 247 个科学词条中，只有 40 个词条包含其他 618 个词条的超链接。也就是说，这 40 个词条的内容建设者阅读、参考了其他词条内容，先以信息接收方的角色去获取信息，进而以信息发送方的角色编辑并发布词条，同时标注出其参考词条的超链接。而这 40 个词条之间没有相互引证，即它们相互之间没有超链接联系起来，其内容建设者之间的信息交流无法考证。

基于词条引证的信息交流中，词条"磁共振"包含 116 个其他词条的超链接，但被提及词条的出现频次却是不均衡的。"磁矩"被提及次数达到 36 次，"核磁共振"被提及 22 次。而其中 84 个词条仅仅被提及 1 次，例如"激发态""塞曼效应"等词条。在词条"磁共振"的内容编辑、建设过程中，会运用到很多与磁共振相关的理论术语与技术名称，导致磁矩、频率、磁场、能量等词条被提及多次。此外，词条"细胞周期"包含了 81 个词条的超链接，词条"隐形眼镜"包含 62 个词条的超链接……在这些词条的构建过程中，词条内容建设者查阅、参考了其他词条，在编辑词条时以超链接的形式来展现其中被提及的概念、术语，为读者阅读时解惑释疑提供线索以便更好地理解词条内容，同时扩展其知识面。因此，这些词条内容建设者先是充当了信息接收者从其他词条内容建设者那里获取相关信息，进而经过思考和加工处理，将获取的信息和知识融合到词条内容中，以词条的形式向其他人发送信息。

二 基于词条标签的信息交流

词条标签是根据词条内容所涉及的领域及包含的关键术语概念而提取的词语组合，一般包括 1 至 6 个词。观察发现，词条标签词并非唯一从属于某一个词条，而是可以为众多词条所共用。这就意味着，当某一词被选为某词条内容建设者标签词后，其他词条的内容建设者可以看到，并且可以进行参考，对词条加注标签。这样一来就实现了词条内容建设者之间的间接信息交流。当不同词条中出现两个以上的标签词时，也许它们的词条内容存在某种联系，而词条内容建设者会参考相关词条的内容进行编辑、完善工作。因此，词条标签可以作为词条内容建设者之间间接交流的一种媒介。词条标签的共现网络如图 5-3 所示。

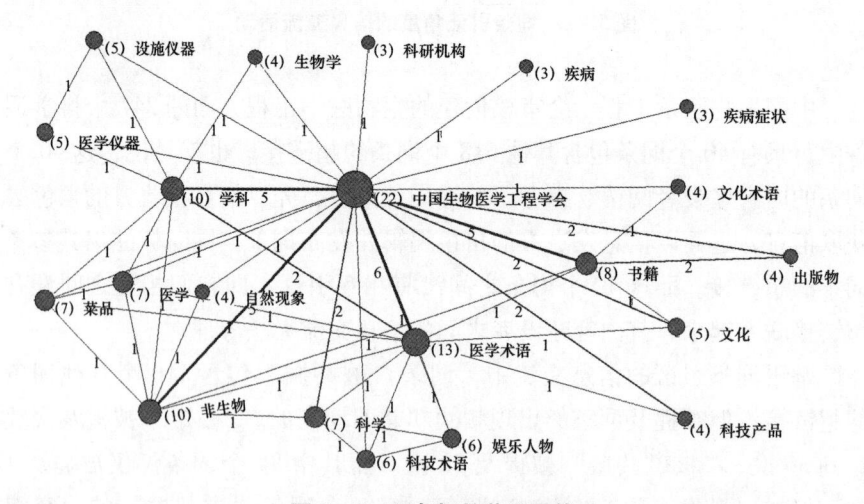

图 5-3 词条标签共现网络

作为词条标签的词共有20个，词条的标签中"中国生物医学工程学会"首当其冲，我们研究的247个词条全部都包含了此标签，原因是这些词条的资源提供方都是中国生物医学工程学会。其他出现频次比较高的标签包括"医学术语""书籍""学科""非生物"等。词条在使用除"中国生物医学工程学会"以外的其他标签时，会出现不同词条使用同一标签的情况，如表5-1标签与词条对应表所示。例如，标签"医学术语"同时被6个词条采用，包括词条"细胞周期""隐形眼镜""咬合力""组织工程""激光医学"和"光声成像"。比较有意思的是标签"菜品"，它被作为词条"细胞周期"的标签。看起来似乎和生物医学工程领域没有太大联系，是词条内容建设者添加的标签，正是因为百度百科是一部开放的网络百科全书，人人都可以参与编辑修正工作，但出现一些疏漏、偏差甚至错误在所难免，其审核也不是万能的，需要更多的人不断发现问题、改正错误，不断地丰富完善词条。①

表5-1　　　　　　　　　　标签与词条对应表

标签	采用该标签的词条
医学术语	细胞周期；隐形眼镜；咬合力；组织工程；激光医学；光声成像
非生物	细胞迁移；生物医学光子学；细胞周期；细胞衰老；导管
书籍	纳米复合材料；组织工程；生物医学光子学；纳米生物光子学；细胞流变学
学科	细胞周期；脑起搏器；咬合力；呼吸熵；力学生物学
出版物	纳米生物光子学；细胞流变学
科技产品	纳米材料；激光医学
科学	细胞迁移；光声成像
文化	再生医学；组织工程
菜品	细胞周期
疾病	超声弹性成像
疾病症状	骨吸收
科技术语	光声成像
科研机构	生物医用材料

---

① du小尧：《【指引】百科词条有明显错误，怎么会通过呢？》（https：//baike.baidu.com/planet/issue？issueId=461142），2019年5月15日。

续表

标签	采用该标签的词条
设施仪器	脑起搏器
生物学	呼吸熵
文化术语	纳米复合材料
医学仪器	脑起搏器
娱乐人物	光声成像
自然现象	细胞衰老

对于使用同一标签的词条而言，它们在内容上存在着某种联系。标签是由词条内容建设者确定并选取的，一般根据词条内容来确定，在这一过程中，往往会参考其他相关词条的标签，因此使用同一标签的词条的内容建设者之间可以认为存在潜在的信息交流活动，查看其他词条的标签是信息接收行为，根据词条内容并参考其他词条标签选取方式而确定标签并发布是信息发送行为。由此可以窥见，使用同样标签的词条背后蕴含着词条内容建设者之间的信息交流活动。使用同一标签的词条内容建设者交流情况如图5-4所示，图中的节点是词条内容建设者，例如节点"细胞周期"代表的是词条"细胞周期"的内容建设者。图中节点之间的线代表

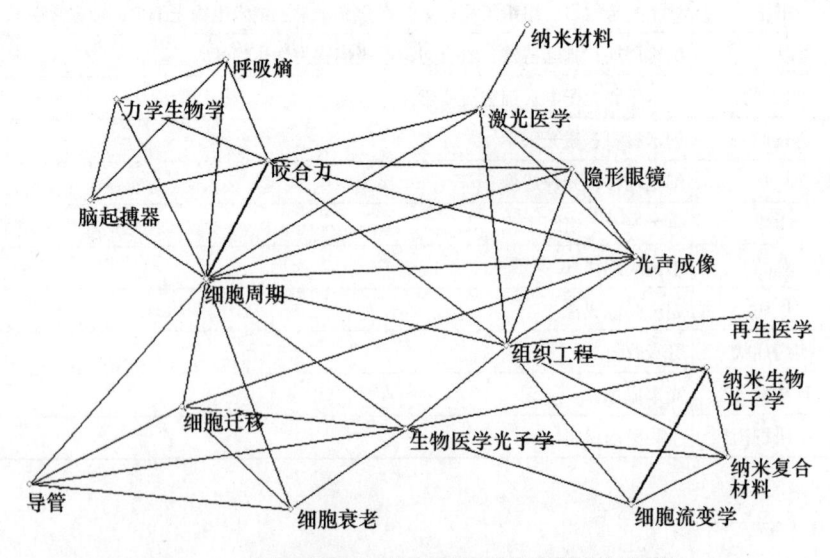

图5-4 使用同样标签的词条内容建设者的交流情况

交流路径。例如，节点"细胞周期"与节点"咬合力"之间的线条表示，词条"细胞周期"与词条"咬合力"存在相同的标签，词条的内容建设者之间存在信息交流活动。

三　基于专家合作的信息交流

对词条内容进行认证的专家一般有 1 至 3 位。同一词条的认证专家之间会有交流活动，否则对词条内容的考察和评估容易出现分歧意见。从词条页面列出的认证专家可以预见到专家之间存在信息交流，而且这类信息交流是以专家的专业知识与技能为基础，围绕词条内容的正确性、科学性、严谨性的评估展开的学术信息交流。因此，从词条认证专家的共同出现的情况，可以反映他们之间的信息交流活动。

对共同参与词条审核、建设的专家的信息交流情况进行分析，发现顾 HQ 和万 RX 一起审核建设了 35 个词条，他们分别与胡 GY、唐 HQ、刘 X、奚 TF 的合作次数都不低于 5 次。这意味着这几位专家之间围绕词条内容的信息交流比较频繁。进一步研究发现，顾 HQ、万 RX、胡 GY、唐 HQ、刘 X 的工作单位都是天津医科大学天津市泌尿外科研究所，而奚 TF 的工作单位是北京大学前沿交叉学科研究院。这说明，同一单位的专家的信息交流更频繁，同时，以词条审核为契机而开展的专家合作活动也突破了机构的限制，出现了来自不同机构的专家之间的合作。这意味着，这些专家有可能以共同审核、编辑词条为契机进行信息交流，甚至为围绕其他学术问题展开讨论与合作奠定了基础。看起来是个人层面的信息交流活动，但实际上也预示着不同机构的专家之间可能存在潜在的交流活动。目前，我们考察的仅仅是词条的建设过程，而对通过词条认证与编辑工作进行合作而结识的专家之间的其他交流活动无从考证。但值得注意的是，基于词条的合作工作不仅为专家之间的学术信息交流活动提供了机会，同时也为同一机构内不同部门专家的信息交流和不同机构内专家的信息交流提供了机会。专家们有可能因为某词条的认证、审核工作而结识、交流、合作，进而通过推荐、介绍等方式与其他专家进行交流合作，从而拓展到其所属机构中其他专家学者的交流活动。对合作专家所属机构进行分析，在一定程度上可以反映潜在的跨机构信息交流的路径。

在我们研究的 247 个词条中，有 74 个词条是由来自同一机构的专家合作完成审核、认证工作的。专家所在机构合作如图 5-5 所示。例如，词条"磁共振"是由两位来自"东北大学中荷生物医学与信息工程学院"的专家进行认证审核的;词条"人工晶体"是由来自"天津医科大学天津市泌尿外科研究所"的三位专家共同审核、认证的。有 23 个词条是由来自不同机构的专家合作完成审核、认证工作的。例如,词条"数字骨科学"由来自"同济大学医学院"和"解放军 307 医院"的专家进行审核认证;词条"人工硬脑膜"是由 1 位来自"北京大学前沿交叉学科研究院"和 2 位来自"天津医科大学天津市泌尿外科研究所"的专家共同审核认证的。这说明,同一机构的专家进行了信息交流,来自不同机构的专家也有信息交流活动。如图 5-5 所示,来自北京大学前沿交叉学科研究院与天津医科大学天津市泌尿外科研究所的专家交流比较频繁。这说明,以词条审核工作为契机,来自不同机构的专家可以进行学术信息交流。而这些跨机构的合作交流为不同机构内的其他专家学者的信息交流活动提供了机会。

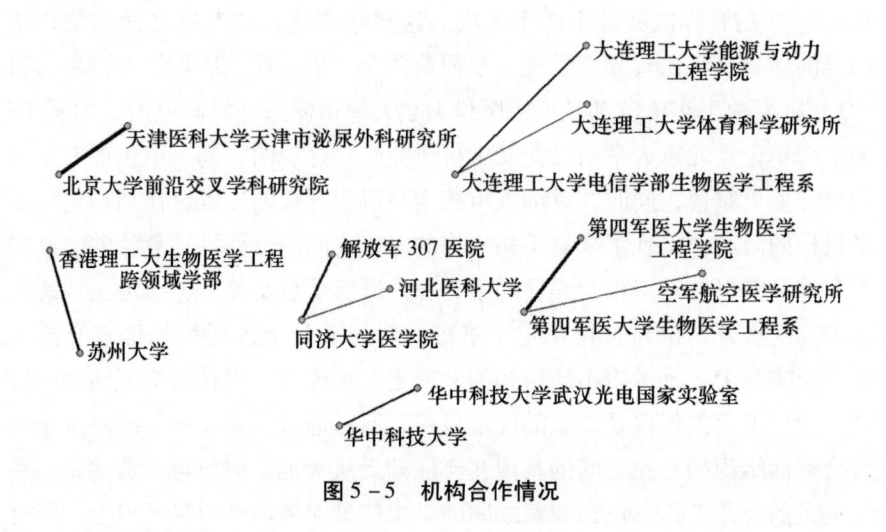

图 5-5 机构合作情况

对同一专家参与审核认证的词条进行分析,可以发现词条内容之间的潜在联系。既然是同一专家进行审核,很可能这些词条在内容上同属于某一学科领域分支,因为对于专家而言,具有深度的专业知识与技能是必备条件,而往往是"术业有专攻",一般不会让专家去评价、审核其不熟悉的领域里的词条。因此,同一专家参与审核的词条在内容上存在不同程度的相关性,这有可能预示着这些相关词条的内容建设者之间存在信息交流活动。我们把经过相同专家审核认证的一组词条找出来，对于某一位专家而言，这一组词条就共同出现在该专家的审核认证列表里面，这些词条的共现情况在一定程度上反映了词条的内容建设者之间的信息交流活动。

对基于专家审核的词条共现情况进行分析发现，看似无关的词条因为被相同的专家审核认证而聚集到一起。例如，词条"人工肺""人工肾""种植牙"由于都被名为"顾HQ"的专家所审核认证而聚集到一起。这些词条都是有关器官组织工程与生物材料方面的内容，因此其内容建设者很可能在编辑词条时会查阅该领域的专业资料和其他词条。这意味着，这些词条的内容建设者可能会通过相互查看词条、私信交流等形式进行信息交流。

四　词条内容建设者（网友）的信息交流

词条内容建设者（网友）之间的交流可以是直接交流，即通过百度账号发送信息；也可以进行间接的信息交流。由于平台对个人隐私的保护措施，用户之间的私发信息，第三方无法获知。但他们之间以词条历史版本为媒介的信息交流活动却是可以感知和观察的。对于某一个词条的内容建设者来说，他们的交流活动是通过不断地充实、修正词条内容来进行的，在此过程中他们既是信息接收方，阅读词条以往版本，又进行思考、加工来编辑词条内容，进而以词条新版本的形式向他人发送信息。

词条历史版本变迁过程如图5-6所示。对于某一词条而言，用户A创建了该词条形成了词条版本1，用户B在阅读、参考词条版本1的基础上根据自己储备的知识和收集的资料形成自己的看法，进而形成了词条版本2。用户C在参考词条版本1和版本2的基础上，根据自己的理解进行修正或补充，从而形成词条版本3……这样的过程不断地持续下去，词条版本随之经历了更迭，内容不断更新和完善。词条的历史版本形成其实是众多用户共同努力、协同工作的结果。在这个过程中，用户A首先充当了信息发送方，以创建词条的形式在平台上发送信息，其发送信息的对象并不是确定的某一个人，而是平台上所有可能看到该词条的其他用户。用户B阅读了词条版本1，充当了信息接收方，在理解、消化其中信息的基础上进行加工、整理、完善、修正，进而形成词条版本2，此时用户B变成了信息发送方。其发送的信息可能被用户C接收，用户C也许还查阅了词条版本1和其他相关资料，进而对信息进行加工形成新信息，以词条

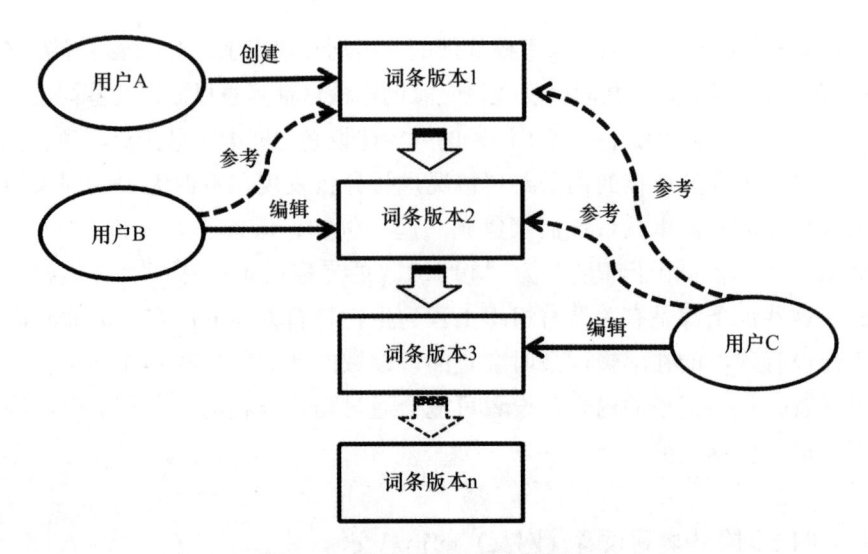

图 5-6　某词条历史版本变迁过程

版本 3 的形式发布出来。由此可知，用户们在这种自发的协作过程中，既是信息发送方，也是信息接收方。这种角色转换非常自然，主要是出于他们对分享信息和知识的热情。

　　值得注意的是，在此过程中，不仅仅只有用户 B 和用户 C 是信息接收方，其实用户 A 在创建词条之间也会学习、接收其他信息和知识。另外，平台上有很多用户只是浏览、查阅词条内容，而没有对词条进行编辑或修改。这一类的信息接收活动往往是其他人无法察觉的，也就无从统计分析了。还有一种情况是有些用户在阅读词条内容的基础上尝试对词条进行编辑、修改，但未被系统审核通过，导致其工作成果无法以词条新版本的形式展现出来。在这一过程中，用户作为信息接收方阅读了词条历史版本，同时也作为信息发送方试图将自己的见解添加到词条内容中进行发布，但由于媒介的原因无法发送信息。在这种情况下，该用户既有信息接收的意向和行为，又有信息发送的意向，只是信息发送行为受阻而已。

　　在百度百科上，对于每一个词条的不同历史版本的内容建设者被称为"贡献者"。我们对每一个词条的全部历史版本及其贡献者信息进行收集和整理，将同一个词条不同版本的贡献者作为该词条内容建设者，他们对词条版本的编辑活动中既有从以往历史版本中接收信息的活动，又有对历史版本进行补充、修改、完善的信息发送活动。因此，可以将每一个词条从历史版本到最新版本的演化过程作为词条版本贡献者即内容建设者之间不断进行信息交流和信息加工的过程。本质上是词条不同版本贡献者的一种合作活动，其间通过阅读词条历史版本、不断加入自身见解、知识与信息并进行信息传播的过程。对词条内容建设者合作关系的分析，其实就是对他们信息交流活动的分析，因为这种潜在的、间接的合作关系，需要通过信息交流活动来维系，否则只能是闭门造车，导致重复劳动或者效率低下。为了提高效率，要想对词条现有版本进行编辑修改就必须阅读词条的内容及其历史版本信息，这样一来，信息交流活动就发生了。

在247个词条中，有132个词条分别是由1名网友进行编辑的；而有1379名网友对115个词条的历史版本进行了创建和编辑工作。例如，用户名为"FDSX"的网友参与编辑词条次数最多，高达441次，与用户名为"MTLSLS"的网友合作315次，与用户名为"YSYGD"的网友合作294次。用户名为"YJYXYJ"的网友参与词条建设非常积极，而且与多个网友进行了协作。用户名为"BKROBOT"的网友与用户名为"w*ou"的网友合作97次，与用户名为"cs*me"的网友共同参与了67次词条编辑工作。这些网友对词条建设工作有很高的参与热情，通过共同建设词条而进行间接或直接的信息交流活动。间接的信息交流活动主要依赖于词条历史版本的更迭，通过阅读词条历史版本内容接收信息，通过对词条的修改来发送新信息。而直接的信息交流活动有可能会发生在对同一词条内容进行编辑时，可能是以平台私发信息形式进行，这一点暂时无从考证。

与此同时，有1188名网友仅仅参与了1次词条的编辑工作，如用户"doct*dou""fhq*eym"等。有119名网友参与编辑词条2次。共有1357名网友参与词条编辑的次数均不足5次。这意味着，有的网友对于词条编辑的热情不高，有的可能是因为积极参与却未通过内容审核，而导致我们在统计时无法将其纳入其中。由此，我们发现，对于词条编辑的参与程度呈现出明显的不均衡状态，大多数人参与次数不太多，而极少数人参与次数非常高。

对于某一个普通用户而言，其参与建设的词条会共同出现在其贡献列表里面。由此，可以绘制网友参与的词条共现图。通过网友合作而产生的词条共现图中，看似无关联的词条被联系到了一起。与专家的情况相似，每个网友也有自己感兴趣或者擅长的专业领域分支。将他们建设的词条汇集起来，有助于发现词条的内在联系。因为对某个网友而言，其参与建设的词条在内容或专业领域上一般存在相关性，并且在编辑某词条时会参考其他词条内容或资料，这样一来，不同词条的不同历史版本的贡献者可能会进行不同程度的信息发送和信息接收活动，最终使词条内容不断丰富和完善。

通过把网友参与建设的词条汇集起来，这些词条内容上的关联性得以发掘。例如，词条"人工心脏"与"人工肾"共现 5 次，说明有 5 个网友既参与过词条"人工心脏"的编辑，也参与过词条"人工肾"的编辑。这说明词条内容存在关联，观察发现这两个词条的内容都属于器官组织工程与生物材料范畴。由此可以推断，基于网友贡献的词条共现情况可以反映词条内容上的关联性，同时这也为词条建设者之间的信息发送与信息接收活动提供了依据。由于词条内容上的关联性，词条内容建设者需要查阅相关词条内容及其他资料信息，经过加工处理形成新信息以词条新版本的形式进行发布。因此，基于网友贡献的词条共现图可以看作词条内容建设者之间的信息交流图。

五　基于词条参考资料的信息交流

词条中的参考资料部分类似于科学文献中的参考文献，会将参考、引用的资料的出处逐一进行标注和说明。参考资料的来源可能是书籍、可能是期刊论文、可能是专利，也可能是网页或网站。

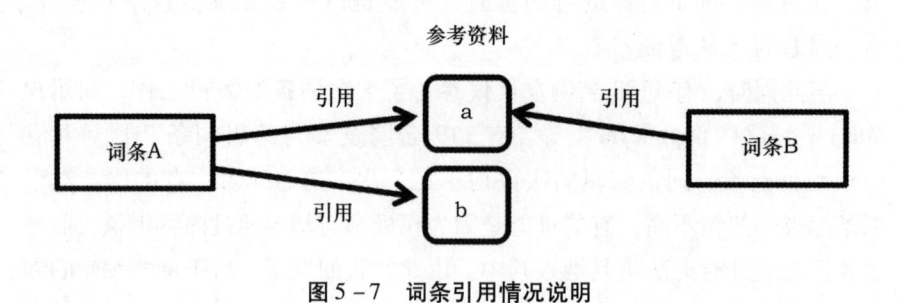

图 5-7　词条引用情况说明

词条引用情况说明如图 5-7 所示，词条 A 的参考资料里面有 a 和 b，意味着词条 A 参考、引用了资料 a 和 b 的全部或部分内容。从信息交流的角度来看，词条 A 的内容建设者作为接收方，对文献 a 和 b 的作者发送的信息进行阅读、思考和参考，然后将 a 和 b 以参考资料的形式出现在词条 A 里。此时，词条 A 的内容建设者又变成了信息发送方。

假设词条 B 的参考资料里也有 a，那么意味着词条 B 的内容建设者也阅读了资料 a 并从中获得启发而编辑词条 B，进而从信息接收方转化为信息发送方。资料 a 成为一个关键，它将看起来没有关联的词条 A 和词条 B 联系起来，此处将其称为基于参考资料 a 的词条 A 与词条 B 耦合。词条 A 和词条 B 的内容建设者都阅读和参考了同一条资料 a，都从资料 a 的作者或编辑者处接收了信息，但他们接收信息后作出的行为却不同，分别参与了词条 A 和词条 B 的编辑建设工作，也就是说，他们对信息的加工处理方式是不同的，但最终都成为了信息发送方，以词条的形式向他人发送信息。通过参考引文同一条资料 a，词条 A 和词条 B 的内容建设者有潜在的联系，他们有可能是碰巧阅读了同一条资料，也有可能是通过查阅相关词条并通过其所附的参考资料来进行追溯查找其他资料而发现了对其有价值的资料。前者是小概率事件，因为目前信息爆炸、信息过载的现象日趋严重，在信息海洋里面因为偶然而阅读并参考同一条资料的可能性比较小。后者可以被视作常态，在词条内容的建设过程中，势必要查阅、参考大量资料，包括其他相关的词条内容，这就使得词条内容建设者会根据其他词条内容及其参考资料进行进一步查证和思考，进而对词条内容进行编辑和完善。这就意味着词条 A 和 B 的内容建设者们存在潜在的信息交流，是通过参考、引证同一资料来体现的。

有 147 个词条列出了参考资料部分，涉及 1026 篇期刊论文、133 部专著或图书、45 篇会议论文、15 篇学位论文、8 份研究报告、2 项专利、18 个网页以及其他内部资料等。例如，由同济大学出版社出版的、胡耿丹所著的《运动生物力学》被 10 个词条所参考引用。Salisbury 等 1997 年在 *BioScience* 上发表的论文 "Bios – 3: Siberian Experiments in Bioregenerative Life Support" 被 2 个词条所引用。这说明，该领域的词条内容建设者查阅了大量的专业资料，其中以科学文献为主，进一步确保了词条内容的学术性。

对基于共同参考资料的词条耦合分析发现：因为相同的参考资料而建立的词条之间的关系，使得看似分散的词条汇集在一起。例如，词条"A 型超声"和词条"B 型超声"因为共同引证了黄力宇编著的《医学成像的基本原理》和康雁主编的《医学成像技术与系统》而联系到了一起。

词条内容存在相关性，都与医学成像技术有关。而编辑这两个词条的内容建设者会相互参考词条内容及其参考资料从而进一步完善词条内容，这一过程中，信息发送和信息接收活动都发生了。

六 小结

从百度百科上科学词条的结构入手，笔者分析了五个方面的信息交流活动。

（一）基于词条引证的信息交流

词条通过插入其他词条的超链接的形式，对其他词条进行引证。引证词条的内容建设者作为信息接收方查阅了其他词条内容，进而引用其他词条，以超链接的形式提供查找其他词条的路径，成为信息发送方。通过分析词条之间的引证关系，可以发现词条内容建设者之间的相互引证、参考的信息交流活动。

（二）基于词条标签的信息交流

标签被用作以简单的几个词语标识词条的主要内容与领域。词条内容建设者选取恰当的词作为标签，其他人可以看到这些标签，其他词条内容建设者也可以将其作为参考，为在建设的词条选取合适的标签词。通过分析选取同样做标签的词条，可以发现其内容建设者存在潜在的信息交流活动。

（三）基于专家合作的信息交流

当专家共同合作参与某词条的修订、审核、认证时，为了最终达成统一意见，他们之间必然存在信息交流活动。通过构建专家的合作网络，探讨专家合作时的信息交流活动，并统计分析相同专家所参与的不同词条之间的潜在联系，为分析这些词条内容建设者之间的信息交流提供新的思路。

（四）词条内容建设者（网友）之间的信息交流

通过分析各词条的历史版本的变迁及其不同版本的贡献者，将参与同一词条不同版本建设的贡献者视作围绕同一词条的合作者。他们之间的合作网络也意味着其信息交流路径。另外，针对同一网友所参与建设的词条进行共现分析，绘制其共现网络图，意味着这些相互关联的词条背后很可能是其内容建设者相互交流的路径。

（五）基于词条参考资料的信息交流

词条的参考资料是词条内容建设过程中引用、参考的除了其他词条内容以外的资料，包括书籍、期刊论文、网页等多种形式。词条内容建设者阅读这些资料其实就是接收来自这些资料作者的信息、编辑词条内容并发布的过程，也就是信息加工和信息发送的过程。通过对相同参考资料进行引证的词条的耦合分析，可以找到词条内容之间的潜在联系，同时也预示着这些词条内容建设者之间的信息交流活动。

总的来说，百度百科的科学词条的编辑、建设过程反映出了专家、网友基于词条历史版本修改、更迭的间接学术信息交流活动。

第二节 知乎

知乎用户众多，其问题多种多样。知乎官方宣布，截至 2018 年 11 月底，用户数破 2.2 亿，同比增长 102%，其问题数超过 3000 万，回答数超过 1.3 亿。① 知乎上的问题往往会有"话题"，但这些话题与其他网站上的"标签"不同，并非用户自由创建和使用。"如果话题被合理地添加到问题上，意味着根据社区的共识和使用习惯，一些可能相似的内容被联系在一起。这些基于话题的联系和分组能够帮助用户方便快速地发现关于某个主题的内容。知乎通过话题，把问题和问题所属领域的专家用户联系起来，让他们能找到并回答这些问题。"②

知乎上的话题涉及生活方式、美食、汽车、游戏、创业、健康等多个领域。本书着重研究知乎上学术信息交流活动，选取知乎上"信息管理与信息系统"话题下的所有精华问题，对问题内容、标签、回答者、评论者等进行采集。截止到 2019 年 4 月 14 日中午 12 时，该话题下共有 151 个精华问题。但发现其中混杂了诸如"如何评价王鸥明道这对银幕情侣？""如何评价电影《绑架者》？"等和信息管理与信息系统无关的问题，其内容偏重娱乐信息，没有任何学术信息。究其原因，这几个问题被其问题编辑者错误赋予话题标签"明道（团队协作工具）"。此"明道"是一款团队协作软件，而非网友们以为的演员"明道"。本书关注的是学术信息方面的交流活动，所以对这几个被错误赋予话题的问题不予考虑。因此，最终考察的问题是 145 个。在研究中综合利用了 Python 编程、

---

① 太平洋电脑网：《知乎宣布用户破2.2亿 知乎问题数超3000万》（https：//baijiahao.baidu.com/s？id=1619723770123766752&wfr=spider&for=pc），2018 年 12 月 13 日。

② 知乎小管家：《为什么要给问题添加话题?》（https：//www.zhihu.com/question/21544737），2020 年 4 月 16 日。

Ucinet、Pajek、VOSViewer 和 Gephi 来完成相关可视化效果。

一 信息交流参与者分析

（一）问题回答者角度

知乎的"信息管理与信息系统"话题下的 151 个精华问题共收到 2471 条回答，平均每个问题收到约 16.4 个回答。此外，这 2471 条回答由 2076 位知乎用户提供，平均每个回答者回答了 1.2 个问题。可以看出，有一些用户不止一次参与了问题的解答。对回答者的回答次数的分布情况进行分析发现：回答次数最多的用户是"LYyky"，其次是用户"上市吧云竹协作"。此外，仅回答过一次问题的用户最多，占到所有用户的 89.6%，这说明知乎用户的回答活动参与度是分布不均衡的。

（二）评论者与回复者

知乎的精华问题往往是用户交流比较多的地方。每个问题不仅会收到诸多回答者的解答，还有许多用户会在回答下进行评论。然后，回答者即层主和其他用户可能会回复评论的用户。在本次课题中，我们将这些评论和回复的用户都列为评论者，将接收回复的用户称为被回复者。截止到数据采集前，这些精华问题的解答共收到 5118 条首次评论和 4608 条回复，共 9726 条。对用户的评论次数分布情况进行分析发现：共有 3828 位用户提供了这些评论或回复。计算得出，每个解答大约收到了 3.9 条评论，每个评论者大约提供了 2.5 条评论。

评论次数最多的用户是"LYyky"，共计评论 18 次，其次是用户"迷 M"，共计评论 11 次。可以发现，仅评论过一次的用户有 2494 位，占到了所有用户的 79.6%，集中和离散的程度是不均匀的。

对回复次数统计情况分析发现：回复次数最多的用户是"李 Y"，共计回复 83 次；其次是用户"LYyky"，共计回复 62 次；然后是用户"XS 哥"，共计回复 49 次；接着是用户"容 Z"，共计回复 43 次。仅回复过一次的用户有 677 位，占到所有用户的 66.4%，这说明用户的参与程度是不均衡的。

（三）用户之间的交互

本研究中，定义参与学术信息交流的方式有两种：主动参与和被动参与。主动参与包括回答和评论（评论回答者或回复其他人）行为。而被动参与仅包括被回复行为。对用户参与信息交流的频次统计情况分析发现：交流频次仅 1 次的用户最多，共有 2040 位，占到了所有用户的 53.3%。最高的交流频次达到了 201 次。总的来说，用户的交流频次主要集中在 1—50 次，共计 3817 位，占到了所有交流频次的 99.7%。由此可见，用户的交流频次现状是极不均匀的。

对采集到的数据进行清洗等预处理后得到的用户共有 3828 位，定义的高频用户是参与学术信息交流超过 15 次的用户，共计 80 位，其中交流次数超过 65 次的用户如表 5-2 所示。用户"LYyky"遥遥领先，"李 Y"和"XS 哥"紧随其后。

表 5-2　　　　　　　　高频用户频次数据（部分）

序号	用户昵称	频次
1	LYyky	201
2	李 Y	190
3	XS 哥	168
4	容 Z	136
5	齐 JY	109
6	青 QY	92
7	Naomy*哈士奇	84
8	红莲 JF	69
9	KaYuk*han	67

通过设立了被回复者这一身份，使得回答者与评论者一一对应，评论者与被回复者一一对应。在采集到的数据中，它们是独立的、互不影响的。在逻辑上看，它们又是相似的。于是，我们将两种对应放在一起研究。首先由采集到的数据得到共现矩阵，而后由 Ucinet 软件的 Netdraw 组件得到用户网络可视化。然而，此时我们得到的矩阵是 3828*3828 的矩阵，得到的用户网络可视化也非常密集、杂乱。为了能够清晰明了地分析用户数据，我们作出了以下的优化：仅对高频用户作社会网络分析。高频用户交互网络如图 5-8 所示。

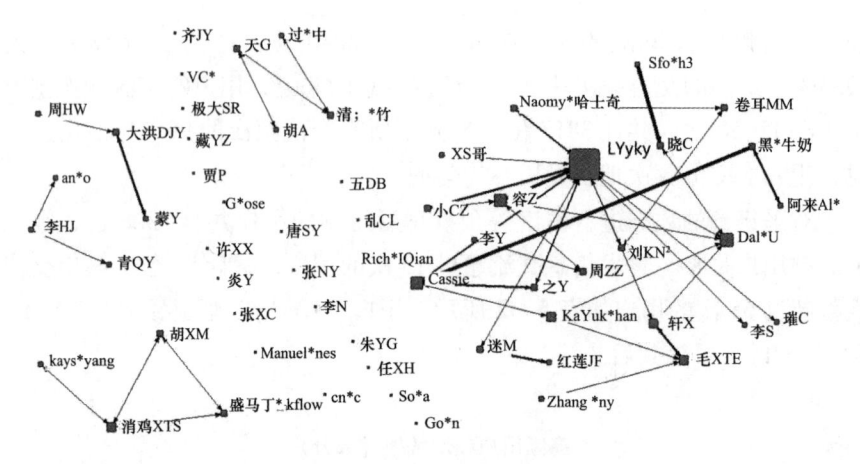

图 5-8　高频用户交互网络

在图 5-8 中，每个节点代表一个高频用户，连线代表两个用户之间存在交流，箭头方向代表着信息传递方向。可以根据节点的大小去了解用户参与学术信息交流的频次，节点越大代表频次越高。可以看出，图中最大的节点是"LYyky"，推测他是最核心的用户。此外，节点之间的连线越粗，代表着节点间的交流越频繁。

从高频用户交互网络图中，可以发现一些孤立的点，因为部分高频用户在网络中仅与非高频用户交流，未与其他高频用户连线。他们作为高频用户，其交流对象全是非高频用户，这些非高频用户参与学术信息的次数低于在本次研究中设置的阈值。随着阈值调整，网络中的孤立点也会发生变化。

网络中某点的点度中心度越高，就可以认为某点处于网络的核心，权利就越大。在本次计算中心度时，我们使用的数据是所有的用户数据，而非可视化中的高频用户数据。高频用户点度中心度如表 5-3 所示。

表 5-3　　　　　　　　　　高频用户点度中心度

编号	高频用户	绝对点度中心度	相对点度中心度	占比（%）
1	LYyky	199.000	0.400	0.018
2	李 Y	190.000	0.382	0.017
3	XS 哥	168.000	0.338	0.015

续表

编号	高频用户	绝对点度中心度	相对点度中心度	占比（%）
4	容Z	136.000	0.273	0.012
5	齐JY	107.000	0.215	0.010
6	青QY	92.000	0.185	0.008

用户"LYyky"的点度中心度最高，达到了199.000。其次是用户"李Y"，其点度中心度达到了190.000。然后是用户"XS哥"，其点度中心度为168.000。而平均的点度中心度仅为2.934。可以认为表中这几位处于用户网络的核心，在用户中拥有较大的权利。尤其是用户"LYyky"，他的点度中心度最高，刚好也验证了他在网络可视化中的核心地位。

中间中心度常用来描述行动者个体对资源的控制程度。某点中间中心度越高，说明该点对资源的控制程度就越好，也就可能位于诸多其他点之间的捷径上。高频用户中间中心度如表5-4所示。

表5-4　　　　　　　高频用户中间中心度

编号	高频用户	绝对中间中心度	相对中间中心度
1	LYyky	1312058.500	17.922
128	I*CE	831293.000	11.355
2	李Y	830059.875	11.338
61	刘KN	817932.688	11.172
9	KaYuk*han	615171.813	8.403
315	hua*ip	606056.250	8.278

用户"LYyky"的中间中心度最高，达到了1312058.500。其次是用户"I*CE"，虽然其点度中心度是128名，但其中间中心度却达到了831293.000，位列第二名。然后，用户"李Y"的中间中心度达到了830059.875，位列第三名。而平均的中间中心度仅为7813.864。可以认为，"LYyky""I*CE"和"李Y"等用户在用户网络中超过其他用户，掌握了很好的资源，可能处于核心的位置。

在用户网络中，接近中心度用来描述某一点不受其他点控制的能力,它的值是某点到网络中其余点的最短距离之和。某一点的接近中心度越大,说明该点被其他点控制的程度越高,也就越不可能是网络的核心位置。这是与其他中心度相反的特点。高频用户接近中心度如表5-5所示。

表5-5　　　　　　　　　高频用户接近中心度

编号	高频用户	绝对接近中心度	相对接近中心度
1	LYyky	4608064.000	0.083
61	刘KN	4609009.000	0.083
2	李Y	4609146.000	0.083
3	XS哥	4609212.000	0.083
315	Hua*ip	4609341.000	0.083
172	靠一股XQHZ	4609468.000	0.083
4	容Z	4609490.000	0.083
9	KaYuk*han	4609522.000	0.083

用户"LYyky"的接近中心度最小,接近中心度为4608064.000,用户"刘KN"的接近中心度次之,接近中心度为4609009.000,用户"李Y"的接近中心度再次之为4609146.000。而平均的接近中心度为7749221.500。这说明,"LYyky""刘KN"和"李Y"等用户更容易接近用户网络中的其他用户。也就是说,他们能够以最短的距离联系到其他网络用户,更可能是网络的核心。

由于三种中心度的计算方法与侧重不尽相同,使得计算结果并不统一。为了综合三种中心度的结果,取三种中心度计算结果的前50名,然后选择它们共有的用户作为最终的核心用户。这样得到的核心用户有6位:"LYyky""李Y""XS哥""容Z""Naomy*哈士奇"和"轩X"。

通过分析这6位核心用户,可以发现:核心用户往往回答过问题。核心用户解答次数如表5-6所示。在某种程度上来看,回答者更容易成为积极参与交流的用户。这是因为回答者提供解答后,若有其他用户点赞或者评论其解答,会激励其再次参与到交流中去,从而逐渐成为话题的领导者,也就是网络的核心。

表5-6 核心用户解答次数统计

用户昵称	回答问题次数
LYyky	16
李Y	1
XS哥	2
容Z	2
Naomy*哈士奇	3
KaYuk*han	1
轩X	4

核心用户一定是高频用户。从表5-6可以看出，核心用户均在高频用户中，且排名靠前。究其原因，是高频用户必然经常主动或被动参与学术信息交流，因而与其他用户的交流越来越多，最终产生一批逐渐走向网络核心的用户。

核心用户之间不一定存在联系。因为各个核心用户各自独立地在话题中参与学术信息交流。而后各自成长为积极用户，最后成长为核心用户，他们在这个过程中更有可能是互不干涉和自然转变的。

由所有用户的交互网络计算得出的网络密度仅为0.0008。这在某种程度上说明，整体的用户交流不足够丰富，还有待进一步提升。究其原因，可能有两方面。一方面，由于知乎页面往往不会一次性显示所有问题及回答，而是随着用户浏览而分次逐步展现的。这就导致一些折叠在页面尾端的精华问题往往得不到曝光，也就很少有人去浏览。最终导致很多的回答没有评论；即使有的回答有些许评论，这些评论也很少被回复。另一方面，由于本次研究采集的数据仅为精华问题的用户数据，相较于该话题全部用户的交互网络，精华问题用户的交互网络比较简单，因而导致分析的结果可能比实际的简单一些。

二 基于话题标签的信息交流

知乎上的问题都有标注"话题"，类似于标签词，这些话题可以反映问题所属的领域及其中涉及的重要术语、概念等。通过"话题"可以将一些内容有关的问题汇集到一起。对问题标注"话题"的编辑活动其实是一种信息交流过程。某个问题的创建编辑者可以通过浏览其他问题或话题而接收有关如何标注话题、话题的意义等信息，进而通过添加、删除问题的"话题"而发布有关其对问题本身的界定或理解的信息。其他用户可以通过问题的"话题"浏览、回答、评论、回复相关信息。对231个标签的出现次数分布情况分析发现：标签的出现次数非常不均匀，具体表现在：出现一次的标签最多，达到了158个，占到所有标签的68.4%；标签的出现次数主要集中在1—9次，共有223个，占到了所有标签的96.5%；该话题下共有151个精华问题，平均算下来，每个标签应该出现1.5次，但出现次数最多的标签却达到了97次。这在一定程度上说明，标签的分布是极度不均衡的。

该话题的问题标签中，"信息管理与信息系统"的出现频次最高，而其他标签出现频次远低于该标签。究其原因，可能是"信息管理与信息系统"作为话题名，与其版块名称重叠了，是讨论的重点。而其他问题标签出现较少的原因，有可能是提问者对问题的解决办法不了解，无法确定使用哪些标签。此外，知乎平台上，问题的长度往往比较短，计算得到本次研究中所有问题的平均长度仅为26.7个字。这就使得各个问题在被浏览时显得清晰简洁。而且，当用户点击某个问题打算详细了解该问题或者进行回答时，往往还会去浏览该问题的描述，这时候问题标签也就显得没有那么重要了。

问题的标签是提问者描述问题的关键及其期望讨论的焦点。仅"信息管理与信息系统"出现次数较多，而其余标签出现次数很少。而"信息管理与信息系统"作为话题名，并不具有很好的针对性。标签可能不适合代表该话题的讨论热点。究其原因，可能是因为部分用户对知乎的使用不够熟练，不明白标签的意义和重要性，在提问时只是依照系统自动生成的标签，没有修改或者增添；某些用户认为自己提出的问题比较通俗易懂，于是不看重贴标签；知乎平台没有鼓励用户养成良好的"多贴标签"的习惯，使得许多用户在提问时仅选择了一个相关的标签。

根据标签的共现情况，生成了标签的共现矩阵，然后通过Ucinet和netdraw软件完成了标签共现网络可视化（如图5-9所示）。

从前文可知，每个标签平均出现的次数为1.5次，所以在研究标签时，定义的高频标签是出现次数大于2次的标签，共46个。从图5-9可知，"信息管理与信息系统"是网络中最大的节点，处于网络的核心位

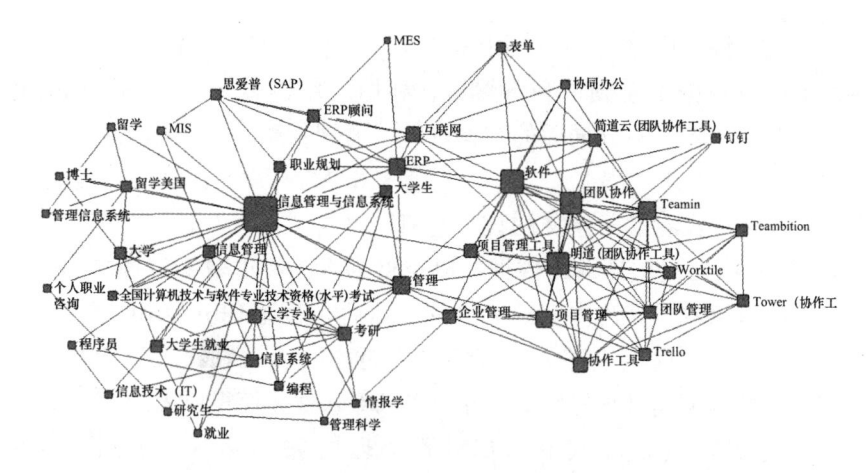

图 5-9 高频标签共现网络

置。此外还有三个较大的节点："团队协作""明道（团队协作工具）""软件"。由此，可以推断该话题当前的研究热点可能是团队协作工具的相关内容。该高频标签共现网络图还将与高频关键词共现网络图做对比，以核对有无继承情况及相似程度。

话题使得不同问题得以汇集起来，这样一来，人们有机会看到更多的相关问题及其回答，增加了相关领域中不同问题的参与者（包括问题创建编辑者、回答问题者、评论者、回复者）交流的机会，他们通过同一话题词可以找到更多相关问题及其回答，这是为他们打通信息交流通道的一种途径。因为每个人的认识不可避免地可能存在狭隘、偏差或者遗漏之处，通过话题使人们可以接收到更多的有关问题及答案信息，进而参与回答问题、讨论、回复等活动进行信息发送、信息接收活动，促进了人们之间的信息交流。

三 基于关键词的信息交流

不论是回答问题、进行评论或是给予回复，其中的语言涉及大量句法和词汇。这些内容的关键词是人们表达想法、传递信息的主要载体。问题本身、问题的回答、评论和回复内容的分析，提取其中的关键词，这些词之间的共现关系体现了人们在该领域喜欢探讨的内容侧重点。

在分析用户的交流内容时，需要对 151 条问题内容、2471 条回答内容、5118 条评论内容和 4608 条回复内容进行处理，主要完成以下工作：

首先,将"问题内容""回答内容""评论内容"和"回复内容"字段下所有数据汇总到一列。然后,利用"结巴分词"工具对内容进行了分词。接着,对分词后的数据进行了清理:第一类是标点符号,包括","、"。"、"、"、"?"、"!"、"~"、"#"、"&"、"*"等;第二类是虚词、介词、连词等没有实际意义的词,包括"的""了""吧""吗""啊""也"等;第三类是异常的数据,以空格为主。经过数据清理之后,余下的词语可以看作交流内容的关键词。然后,通过 BIBEXCEL 软件利用清理后的分词数据生成了关键词的共现矩阵(出现频次大于 300 次)。接着,将关键词的共现矩阵导入了 UCINET 软件,使得原来的 EXCEL 格式的共现矩阵变成了可由 UCINET 处理的数据格式。最后,利用 NETDRAW 软件作出了关键词网络可视化,并通过 UCINET 软件对关键词进行聚类。经过数据清理后,提取到关键词仍然有 4 万个以上。对关键词频次分布情况分析发现:出现一次的关键词最多,占到所有关键词的 63.1%;关键词的出现频次主要在 1—200 次,这类关键词占到所有关键词的 99.8%;另外,关键词出现频次的最大值在 2000 以上。这意味着,在词语使用选择上,存在着显著的不均衡现象。绝大多数关键词只出现了一次,而极少数关键词出现了几千次。

经过多次尝试,发现当设置出现频次阈值设为 300 时得到的网络图最均匀,且更符合目前的言论习惯。此时得到的高频关键词共 59 个。部分高频关键词如表 5-7 所示。频次最靠前的关键词依次是:管理、项目、专业、企业、工作、任务等。由此,可以预见讨论热点可能集中在项目管理、信管专业的就业、企业管理等。另外,还可以通过关键词聚类去推测和分析当前的谈论热点。

表 5-7　　　　　　　高频关键词频次表(部分)

序号	关键词	词频
1	管理	2441
2	项目	2317
3	专业	2162
4	企业	1818
5	工作	1718

续表

序号	关键词	词频
6	任务	1633
7	团队	1484
8	软件	1452
9	系统	1199

对高频关键词构建共现矩阵后可视化结果如图 5-10 所示。

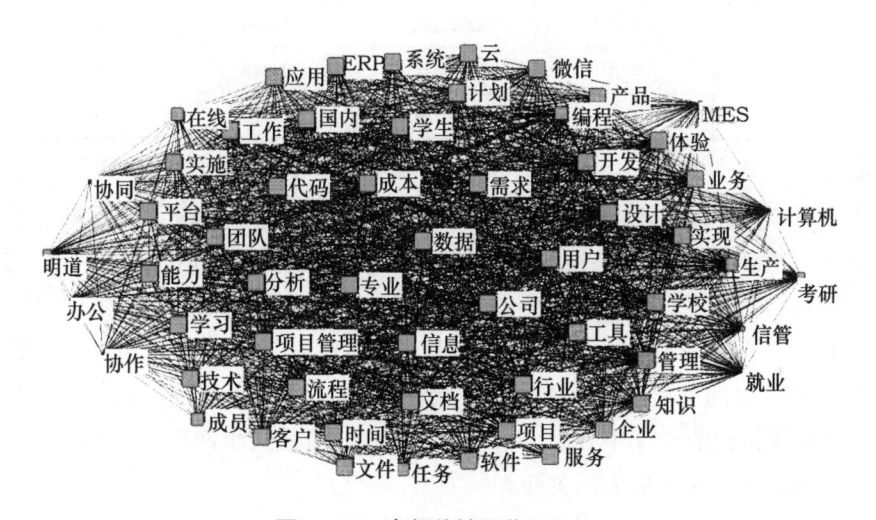

图 5-10 高频关键词共现网络

高频关键词共现网络分布均匀，节点之间联系紧密。整个网络表现出多个核心的特点。管理、公司、信息、客户等皆是网络中较大的节点，均可能是网络的核心。此外，由于该网络十分密集，暂时无法从连线的粗细程度去判断交流频次的多少。从这 59 个高频关键词来看，当前"信息管理与信息系统"话题的讨论热点既注重实践操作，又注重理论交流，包含面非常广。具体表现在：代码、编程、系统、开发、技术等词语皆是软件/系统开发中有关的词汇；客户、办公、企业、生产、业务等皆是企业管理中的相关词汇；ERP、实施、时间、产品、成本等皆是企业资源计划中的相关词汇；学习、学校、知识、考研等皆是大学学习中的相关词汇；就业、工作、企业等皆是就业中的相关问题……

通过关键词共现网络图（图 5 - 10），并不能明显发掘出网络的核心。需要通过计算中心度去认定网络的核心。高频关键词点度中心度数据如表 5 - 8 所示。

表 5 - 8　　　　　　高频关键词点度中心度数据（部分）

序号	高频关键词	绝对点度中心度	相对点度中心度	占比（%）
1	管理	7888.000	40.118	0.043
5	工作	7026.000	35.734	0.038
4	企业	6232.000	31.696	0.034
8	软件	5970.000	30.363	0.032
2	项目	5409.000	27.510	0.029

高频关键词共现网络的平均中心度为 3126.034。"管理"的点度中心度为 7888.000，处于网络的核心位置，是"信息管理与信息系统"话题下最核心的词汇。而"工作""企业""软件""项目""需求""产品""团队""公司""系统""专业""任务""信息""工具""项目管理""协作""时间""开发""数据""流程""用户""实现""文档"等 25 个高频关键词的点度中心度大于平均中心度，可能处于网络的核心或次核心，必定也受到了极大的关注。

该部分在数据处理时，参考了刘军《整体网络分析讲义：UCINET 软件实用指南》书中的处理办法（刘军，2009）。为了将关键词聚类，首先将关键词共现矩阵二值化。在数据处理时，使关键词共现超过 a 次的值转为 1，其余的值转为 0。经过多次尝试，最终确定 a 的值为 180，此时聚类的结果比较符合大众常识和言语逻辑。然后，由 Ucinet 得出了 9 个派系（如表 5 - 9 所示）。

表 5 - 9　　　　　　　　关键词聚类结果

序号	派系成员
派系 1	管理 企业 工作 软件 公司
派系 2	管理 企业 工作 软件 需求
派系 3	管理 项目 工作 团队 软件

续表

序号	派系成员
派系4	管理 项目 工作 任务 团队
派系5	管理 专业 工作
派系6	管理 企业 工作 系统
派系7	管理 企业 产品
派系8	管理 项目 软件 项目管理
派系9	管理 团队 工具

从关键词聚类的结果可以看出，每个派系均含有共同的成员"管理"，再次印证了"管理"是关键词共现网络的核心，也就是当前该话题最受关注的内容。

根据关键词聚类的结果推测出当前"信息管理与信息系统"话题的讨论热点可能为以下六个方面：

第一，企业管理的相关软件应满足的需求。当前人们对企业管理软件有着以下期望：能够帮助企业管理者提高工作效率，减轻他们的负担。流程设计相对容易，避免复杂的表单设计，等等。除了注重系统的易用性，企业管理软件应重视系统功能的完整性、流程的可控性、技术的新颖性。

第二，公司在管理企业工作中，特别是协同办公方面使用的软件。目前，企业管理的软件一般分为三类：OA（Office Automation，办公自动化）、CRM（Customer Relationship Mangement，客户关系管理）、ERP（Enterprise Resource Planning，企业资源计划）。如今，常见的企业协作平台有明道、teambition、Tower.im、Worktile、trello等。

第三，团队在项目管理工作中的任务。项目管理的目的是在有限资源被约束时，完成或超出预期的需求和期望。在项目管理过程中，需要对时间、成本、人力、风险等诸多方面进行控制。

第四，团队在项目管理工作时使用的软件。目前，项目管理软件主要有三类：轻协同、软件研发项目管理软件、甘特图。如今常用的项目管理软件有 Basecamp、Asana、Notion、禅道、redmine、Microsoft Project、Omni Plan 等。

第五，信息管理专业的就业方向。打开知乎的"信息管理与信息系统"话题，在精华版块，可以发现最前面两个精华问题皆是关于信息管理专业的就业问题。这是因为，信息管理与信息系统是综合性交叉学科，其专业课程既涉及计算机技术又涉及管理学领域知识。信息管理专业的学生实践能力和创新能力很强。其就业方向其实很广，但是学生们在学习初期或临近找工作时又难以决定适合自己的发展方向，他们倾向于在知乎提问或是浏览其他人的回答，从而明确发展方向。

第六，软件产品管理。产品管理系统应该涉及产品的整个生命周期，产品前期开发，中期维护，后期跟踪，在这个过程中要注意需求管理、数据管理和安全管理。该工作主要由产品经理负责。

四 基于引文的信息交流

在问题的回答、评论和回复内容中，除了阐述各自的看法之外，有时会引用其他资料作为论据或是内容补充说明。这类引文主要来自两个方面：一方面，来自知乎平台上其他用户的主页、其他问题的答案等；另一方面，来自知乎以外平台的内容的超链接，其链接到的内容有的是百度百科，有的是视频，还有的是公司或产品主页等。

基于引文的信息交流过程如下：问题的内容建设者作为信息接收方，查找、阅读了大量相关资料，进行信息加工处理后，以回答问题、进行评论或者回复的形式来发布关于某问题看法的相关信息，成为信息发送方。他们发送的信息除了对问题的见解和看法之外，其内容中所标注出来的引文，往往是以超链接的形式进行展现，为阅读者提供了查找资料的线索和途径，这也是一种重要的信息发送方式。阅读者可以通过引文信息进行进一步信息搜索、阅读，可能扩展搜索范围，获得更多相关信息与知识。因此，引文是知乎平台上信息发送与信息接收的一种媒介。通过这种形式，为他人提供进一步获取信息的线索，同时也为其论据的充分性、合理性提供了参考。

通过 Python 脚本识别链接并采集相应数据，知乎的"信息管理与信息系统"话题下有 151 个精华问题，共计收到了 2785 条回答，其中有 523 条回答存在引用行为（也就是回答中存在指向其他网络内容的链接）。

含有引用的回答比例达到了 18.78%。此外，这 523 条引用仅有少数是引用了知乎的内部回答或文章。究其原因，可能是知乎上的内容还不够全面。此外，也可能是引用知乎外部的链接可以方便地分享其他平台的内容。值得注意的是，被引用的内部的回答或文章往往是知乎平台上点赞量比较高的精华回答或者精华文章。可以看出，知乎用户善于利用引用努力传播高水平内容。

另外，统计得到各个链接被引次数发现：被引次数为1次的链接最多，有425条。而被引次数在2—6次的链接都比较少，链接的被引用次数分布不均衡。

被引次数在3次以上的链接，分析其性质与内容如表5-10所示。

表5-10　　　　　　　　　　高频链接分析

链接指向	是否内链	内容
tower. im	否	团队协作平台tower首页
mp. weixin. qq. com/s/5YCdGKh_ ISV0jp5kdId6UQ	否	Teambition企业专业版推文
xz. yzsaas. cn	否	团队协作平台云竹协作首页
oa. vlcms. com	否	在线办公平台溪谷OA首页
www. timer-mail. com	否	项目提醒工具哎哟提醒首页
worktile. com	否	企业协作平台worktile首页

这六个链接都与在线协作平台有关。其中，有5个链接指向了相应的平台官网首页，1个链接指向了其宣传推文。由此可知，在线协作可能是当前话题的讨论热点，在话题内受到较多关注，而且多指向官方网站链接或宣传推文。该话题下的问题回答中有可能存在广告或软文营销的内容。

五　小结

本书采集了知乎平台上"信息管理与信息系统"话题的精华问题的相关数据，经过数据清理和计算，得出该话题精华问题的回答情况：平均每个问题收到16.4条回答，平均每个回答者提供了1.2条回答。仅回答过1次问题的用户最多，占到所有用户的89.6%。回答最积极的用户是"LYyky"，共计提供了16条回答。

同样，我们可以得出该话题精华问题的评论和回复情况。每个解答大约收到了3.9条评论，每个评论者大约提供了2.5条评论。仅评论过1次的用户有2494位，占到了所有用户的79.6%。评论最积极的用户是"LYyky"，共计提供了11条评论。

回复者群体中，仅回复过1次的用户有677位，占到所有用户的

66.4%。回复次数最多的用户是"李Y",共计回复83次;其次是用户"LYyky",共计回复62次;然后是用户"XS哥",共计回复49次;接着是用户"容Z",共计回复43次。

在整个用户交互网络中,交流频次仅1次的用户最多,共有2040位,占到了所有用户的53.3%。用户的交流频次主要集中在1—50次,共计3817位,占到了所有交流频次的99.7%。

通过用户交互网络可视化,可以发现用户"LYyky"是网络中最大的节点,推测他可能是网络的核心。而后,通过归纳三种中心度排名前50位的用户中的共同用户,确定了6位核心用户依次为:"LYyky""李Y""XS哥""容Z""Naomy*哈士奇"和"轩X"。而"LYyky""李Y""XS哥""容Z"均是回答或评论中比较积极的用户,而"Naomy*哈士奇"和"轩X"也是交流频次较高的用户。可见,核心用户往往从高频用户或积极用户中产生,因为这些用户在多次主动或被动地参与信息交流后,在网络中的地位越来越高,越靠近网络的核心。

通过计算网络密度值,得出由所有用户构成的交互网络的网络密度仅为0.0008,整体的用户交流不够丰富,用户们在回答、评论、回复行为乃至整个学术信息交流过程中分布不均匀。

在本书中,采集了相关问题的所有标签,统计了各个标签出现的频次,发现出现一次的标签最多,出现次数最多的标签是"信息管理与信息系统",也就是话题名。而其他标签出现的频次远低于该标签的原因可能与用户认知、问题长度、平台设定有关。通过标签共现网络发现,"信息管理与信息系统"是网络中最大的节点,此外,还有三个较大的节点是"团队协作""明道(团队协作工具)""软件"。推断该话题当前的研究热点可能与团队协作工具相关。

本书统计了关键词的频次。发现出现一次的关键词最多,频次最靠前的关键词依次是:管理、项目、专业、企业、工作、任务等。讨论热点可能集中在项目管理、信管专业的就业、企业管理等。该话题的讨论热点既注重实践操作,又注重理论交流,包含面非常广。关键词共现网络分布均匀,由关键词聚类推断出6个讨论热点:企业管理的相关软件应满足的需求、公司在管理企业工作中使用的软件、团队在项目管理工作中的任务、团队在项目管理工作时使用的软件、信息管理专业的就业方向、软件产品管理。

第三节 小木虫

随着网络技术的飞快发展，由科研工作者组成的学术交流社区为广大科研工作者提供了公开便捷的交流平台，使得各种新颖的、重要的思想得以交换，实现知识共享，促进学科发展。小木虫论坛是一个聚集众多科研工作者的互动交流社区，以各大高校、科研院所的硕博士、研究人员为主要会员群体，进行线上学术话题讨论交流。该论坛存在学科研究热点、学科前沿等主题帖讨论，具有研究价值。

小木虫，全称是小木虫学术科研互动社区，创建于2001年，其初始域名为emuch.net，2016年改为muchong.com。小木虫是一个学术科研类论坛，主要有科研生活区、学术交流区、出国留学区、化学化工区等16个大区131个版块（如表5-11所示）。

表5-11　　　　　　　　　小木虫版块分布情况

大区	版块
网络生活区	休闲灌水；虫友互识；文学芳草园；育儿交流；竞技体育；有奖起名；有奖问答；健康生活
科研生活区	硕博家园；教师之家；博后之家；English Cafe；职场人生；专业外语；外语学习；导师招生；找工作；招聘信息布告栏；考研；考博；公务员考试
学术交流区	论文投稿；SCI期刊点评；中文期刊点评；论文道贺祈福；论文翻译；基金申请；学术会议；会议与征稿布告栏
出国留学区	留学生活；公派出国；访问学者；海外博后；留学DIY；签证指南；出国考试；海外院所点评；海外校友录；海归之家
化学化工区	有机交流；有机资源；高分子；无机/物化；分析；催化；工艺技术；化工设备；石油化工；精细化工；电化学；环境；SciFinder/Reaxys
材料区	材料综合；材料工程；微米和纳米；晶体；金属；无机非金属；生物材料；功能材料；复合材料
计算模拟区	第一性原理；量子化学；计算模拟；分子模拟；仿真模拟；程序语言
生物医药区	新药研发；药学；药品生产；分子生物；微生物；动植物；生物科学；医学
人文经济区	金融投资；人文社科；管理学；经济学
专业学科区	数理科学综合；机械；物理；数学；农林；食品；地学；能源；信息科学；土木建筑；航空航天；转基因

续表

大区	版块
注册执考区	化环类执考；医药类考试；土建类考试；经管类考试；其他类执考
文献求助区	文献求助；外文书籍求助；标准与专利；检索知识；代理 Proxy 资源
资源共享区	电脑软件；手机资源；科研工具；科研资料；课件资源；试题资源；资源求助；电脑使用
科研市场区	课堂列表；综合广告；试剂耗材抗体；仪器设备；测试定制合成；技术服务；留学服务；教育培训；个人求购专版；个人转让专版；QQ 群/公众号专版；手机红包；金币购物
论坛事务区	木虫讲堂；论坛更新日志；论坛公告发布；我来提意见；版主交流；规章制度；论坛使用帮助（只读）；我与小木虫的故事
版块孵化区	版块工场

选取小木虫专业学科区里的能源版块中的"新能源"子版块，从 2015 年 12 月 14 日到 2017 年 4 月 19 日主题帖，使用八爪鱼采集器进行爬取并辅以 Python 代码，收集了包含标题、发帖人、发帖时间、最近回复时间、链接信息等。筛选并以该数据中的主题帖链接数据作为索引，运用八爪鱼中的 URL 爬取结构进行爬取，收集最后回复时间从 2016 年 1 月 4 日开始（即 2016 年有参与回复）到 2017 年 4 月 19 日的 573 个问题，其中有效问题 544 个，收集其回复数据，包括用户名，回复内容，楼层，页面标题 [不包括简短回复（站内一种速回格式）]。

本节对收集的数据处理主要运用 Excel、BICOMB2.0 和 Ucinet。根据爬取到的数据可以直接获取发帖人和回复人信息。观察数据发现，如果存在引用回帖情况，在该行回复内容数据中，会有"引用回帖：xx 楼：Originally posted by xx at 20xx – xx – xx xx：xx：xx"这样的结构。被引用的回帖的回复人 ID 会出现在该字段内。通过 Excel 的查找定位以及函数等操作提取出回复内容中的被引用部分及被引回帖的回复人 ID。从而得到"发帖人—被引回帖回复人（若有）—回复人"的人物网络关系。

其中，存在两种冗余数据。第一种是每个主题帖的一楼是发帖人，不应算在回复关系中；第二种是部分回帖人空白数据，由于小木虫论坛中回帖时可使用快速回复，是不同于普通回复的一种回复方式，通常无实际内容，网页结构也与普通回复不同。手动筛掉这两类数据。把"回复人—被引回复作者"和"回复人—发帖人"（无引用回复情况下）分别看作一次直接回复关系，共找到6981条一对一的直接回复关系。

一 提问者与回答者的交流

在小木虫的专业学科区里，交流的内容有的是以提问与回答的方式进行，而有的是资源分享，展开讨论等模式。提问的人是信息发送者，发布了自己的疑问，向他人请教、求助；看到问题的人是信息接收者，可以作为信息发送者来回答问题，也可以不回答问题而开始新的讨论。对于发布资源共享、发起讨论的人来说，他们是信息发送者，同时在与其他人讨论的过程中，信息发送和信息接收行为并存并且自然转换。在这种模式中，信息得以交流、共享，知识得以深化、积累，从而有可能产生新信息、激发知识创新。不论是哪一种形式，都是信息发送、信息接收，同时也离不开信息加工处理的过程。与知乎相比，小木虫上的交流更偏重专业领域知识。

可以把这种提问者与回答者的关系视作他们共同对某一问题展开探讨。尤其对于问题的回答者而言，他们分别从各自的角度对问题进行了回答，但他们在提问者的角度来看，都是以文字或图片或图文并茂的方式在发送各种信息、观点甚至知识。同时，这些回答者往往是在阅读了其他人的回答后提出各自的想法。因此，这些问题的回答者又作为信息接收者从其他用户的回答中获得信息甚至启发，进而对问题的解决提出补充或者截然不同的想法。在提出问题和回答问题的过程中，由于大家对同一问题的共同兴趣而自发地聚集到一起，针对问题展开讨论甚至争论、辩驳，从多个角度提出解决问题的方案或思路。这是一种潜在的合作活动，他们共同努力以期对某些问题进行探讨从而形成更深入的认识。问题的提出者最初发送了相关疑问信息，进而引发其他用户的"围观"，有的用户会阅读他人提供的答案进而解决类似或者相同的问题，成为典型的信息接收者；有的用户不仅查看他人的回答，而且提出自己的见解，既接收了一些信息，又发送了一些信息。信息交流活动使得提问者、回答者和其他阅读者对某些问题有了多角度的看法。

经统计，总共有4838个用户参与回复，其中被回复和回复出现次数最多的前10名用户如表5-12所示。

表 5-12　　信息交流活动高频参与者（前 10 名）

序号	关键字段	出现频次	百分比（%）
1	罗 ST 茶	2102	15.0551
2	shaoh * bin	867	6.2097
3	风 DQ 能	196	1.4038
4	菩提 SD 回忆	114	0.8165
5	59 * 297 * 83	96	0.6876
6	jam * ing	85	0.6088
7	山 ZQ 缘	81	0.5801
8	新手 YS 路	79	0.5658
9	H * Ddie * el	76	0.5443
10	小鱼儿 * 6 * 3	63	0.4512

由于客观因素所限，我们无法找到那些阅读了问题及其答案却没有发言或者标注的用户。在统计分析提问者和回答者的基础上，我们绘制了他们围绕问题而展开的合作关系图（如图 5-11 所示）。运用 Netdraw 对该矩阵进行可视化并进行中心度分析，按照点度中心度调整节点的大小。由于节点过多，所以隐藏了大部分标签，只显示了最大的五个节点的标签，这五个节点是该网络中中心度最大的五个节点。根据该图可以观

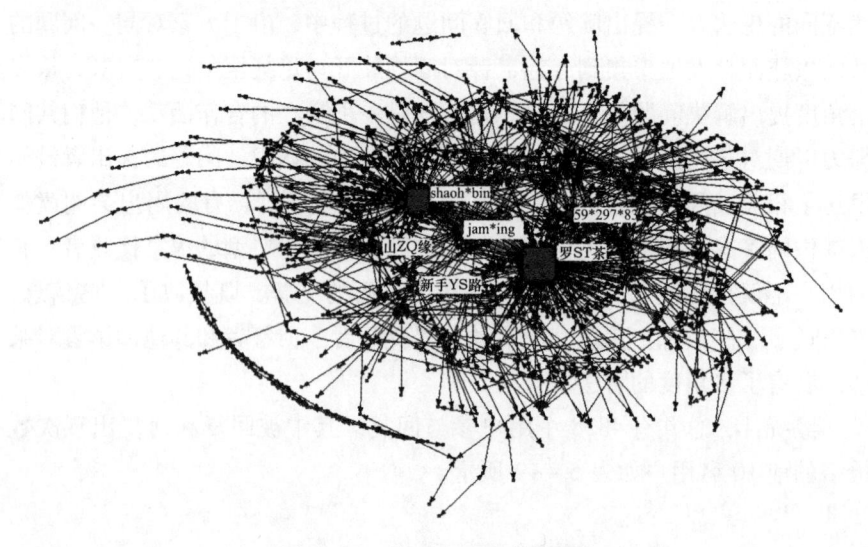

图 5-11　信息交流者合作网络

察该网络集中于几个较大的节点周围,网络中心密度较大,而边缘密度较小。

由于该网络节点较多网络比较分散,另提取了出现频次≥7次的节点,生成了一个232*232的共现矩阵,运用Netdraw对该矩阵进行可视化并进行中心度分析,然后选择按照中心度调整节点大小,频次大于7的信息交流者合作网络如图5-12所示。

图5-12 频次大于7的信息交流者合作网络

由图5-12可以看出该网络中最中间的节点,即中心度最高的节点为"罗ST茶",次大的节点为"shaoh*bin"。较多节点以他们为中心相互联系,同时也有部分节点两两相连,散落在边缘。用户"罗ST茶"是该版块中最积极的参与者,其参与了132次问题回答活动,与94名用户共同参与了问题的提问回答活动。其中与"Lyr*c_Dr*am"和"ya*gs*ra"分别共同参与了5次和4次问题回答活动,与"hu*hua公Z""yh*un0*19""br*an_s*ng"等5名用户共同参与了3次问题回答。但"罗ST茶"与"一XL修""奇YE典zcy""黄H旗0*23"等66个用户仅仅共同参与了1次问题回答。用户"jam*ing"与140名用户共同参与了问题回答活动,其中,与"wm*yx"一起合作了6次,与"新手YS路""hy*zp""sh*fu*i"分别合作了5次,与"舟ZX不""20*4我YS研""hs*Esper*nto"等89名用户仅仅共同参与了一次问题回答。"罗ST茶"和"jam*ing"合作了两次,而他们存在72个相同的合作者如"don*lucun1*63""sq*l*l""早起DMMC"等,从而形成了途中两个巨大的簇群。

(一) 合作网络中心度

参与人物较多较为分散,许多用户只出现过 1—2 次,因此选取出现频次大于 3 次的人物共 772 个,通过 BICOMB 工具生成共现矩阵,并运用 UCINET 进行中心度分析,信息交流者合作网络中部分节点的点度中心度如表 5-13 所示。

表 5-13　　　信息交流者合作网络中部分节点的点度中心度

序号	用户 ID	绝对点度中心度	相对点度中心度
1	罗 ST 茶	447.000	3.221
2	shaoh * bin	178.000	1.283
6	jam * ing	70.000	0.504
7	山 ZQ 缘	53.000	0.382
5	59 * 297 * 83	53.000	0.382
10	小鱼儿 * 6 * 3	45.000	0.324
4	菩提 SD 回忆	43.000	0.310
21	仁 Z	38.000	0.274
11	ZY - P * n	37.000	0.267
25	kit * lyl * ke	34.000	0.245
16	李 JZ	34.000	0.245
……	……	……	……
541	何 J 福	0.000	0.000
313	ji * wen * 0	0.000	0.000
218	p * s * 6	0.000	0.000

网络中心度 = 3.19%　　异质性 = 1.27%　　归化 = 1.14%

由此可以看出,点度中心度排名靠前的是 1 号节点"罗 ST 茶"、2 号节点"shaoh * bin"、6 号节点"jam * ing"、7 号节点"山 ZQ 缘"、5 号节点"59 * 297 * 83"、10 号节点"小鱼儿 * 6 * 3"、4 号节点"菩提 SD 回忆"、21 号节点"仁 Z",结果说明这些用户在小木虫论坛"新能源"

版块该时间段的交流讨论中与其他用户交流联系较为密切。

信息交流者合作网络中部分节点的中间中心度如表 5-14 所示。

表 5-14　　信息交流者合作网络中部分节点的中间中心度

序号	用户 ID	绝对中间中心度	相对中间中心度
1	罗 ST 茶	130775.039	44.056
2	shaoh * bin	83801.805	28.232
6	jam * ing	20272.852	6.830
5	59 * 297 * 83	15126.192	5.096
8	新手 YS 路	10472.866	3.528
3	风 DQ 能	9220.194	3.106
16	李 JZ	8513.708	2.868
7	山 ZQ 缘	8240.214	2.776
12	s * gz	6890.138	2.321
112	假 DK	6736.991	2.270
18	TOT * 710	5972.600	2.012
11	ZY - P * n	5141.094	1.732
32	no * o2 * 09	5086.971	1.714
……	……	……	……
577	Ga * qia * gty	0.000	0.000
771	战 XN	0.000	0.000
772	B * ul * m	0.000	0.000

网络中心度 = 43.81%

用户"罗 ST 茶""shanh * bin""jam * ing""59 * 297 * 83""新手 YS 路""风 DQ 能"等中间中心度处于较高位置，说明这些用户在该社会网络中起着较为关键的联系作用，掌握较多研究资源，其他用户的交流较为依赖这些节点。而中间中心度为 0 的一些节点，不能控制网络中任何其他节点，说明他们处于网络的边缘。同时我们发现：用户"罗 ST 茶""shanh * bin""jam * ing""59 * 297 * 83""山 ZQ 缘"的绝对中心度和中间中心度都处于较高位置，说明这些用户是该网络中的核心。

(二) 核心用户与意见领袖识别

运用 UCINET 进行核心—边缘结构分析,得到信息交流者合作网络相关系数为 0.168,核心区域包含 19 个节点,分别是"罗 ST 茶""shaoh * bin""风 DQ 能""菩提 SD 回忆""59 * 297 * 83""jam * ing""山 ZQ 缘""新手 YS 路""小鱼儿 * 6 * 3""仁 Z""kit * lylake""qq67 * 22 * 3""295 * 10 * 81""63 * 61 * 36""li * na0 * 29""mik * dlz * ang""y * hu * p""l * ha * ge""he * rt8 * 98"。这些用户是该网络中处于核心位置的用户,拥有较多资源,对网络起着关键作用。

同时,核心用户与网络的点度中心度排名靠前的用户较为吻合,比如"罗 ST 茶""shaoh * bin""59 * 297 * 83""jam * ing""山 ZQ 缘"等有着较高中心度的用户也是网络的核心用户。说明对于该版块的用户讨论网络来说,交流圈有着集中化的发展趋势。

边缘区域包含剩下的 753 个节点。这些处于网络边缘的用户参与讨论较少,与网络中其他用户联系少,他们或是偏向于浏览网页内容,或是表达观点却难以引起广泛关注,对于信息传播起到的作用较弱。在中心度位置和结构洞位置通常存在意见领袖 (陈远、刘欣宇, 2015)。在论坛中,意见领袖通常具有发帖多、发帖质量高或论坛中身份为版主等特征。处于中心度位置的意见领袖通常具有较高的发帖量和发帖质量,他们掌握着网络的资源,向其他用户传播信息,具有较高的影响力并凭借影响力巩固其意见领袖的位置;而位于结构洞位置的意见领袖通常具有论坛的管理员或版主等身份,借助其位置影响力来引导舆论。

在信息交流者合作网络中,处于该网络中心度位置的意见领袖有"罗 ST 茶""shaoh * bin""jam * ing"等,他们具有较高的中心度,影响力较大,同时处于结构洞位置的意见领袖也有"罗 ST 茶""jam * ing""no * o2 * 09"等。经过查证发现,"罗 ST 茶"在论坛中的身份为专家顾问,"no * o2 * 09"在论坛中的身份为超级版主。

根据点度中心度计算的结果对点度中心度高的用户进行排序,具有较高中心度的用户通常也具有较高的出现频次 (频次占比大于 0.1432% 即为出现 20 次及以上的用户),但具有较高出现频次的用户点度中心度不一定高。这些用户所属专业大多是能源相关专业,其中有 4 位用户标注的专业为"能源化工","工程热物理"方向也出现较多,同时存在不相关专业用户,如用户"小鱼儿 * 6 * 3"所属"科学社会学"和用户

"TOT * 710" 所属 "宏观经济学"。

排名第一的用户"罗 ST 茶"的身份是专家顾问,对回复关系数据进行查找统计发现,该用户参与发帖或回复的次数为 98 次,而被回复的次数为 2004 次。而排名第二的用户"shaoh * bin"发帖或回复的次数为 4 次,被回复的次数为 863 次。可以注意到该版块的置顶帖是一个交流帖,内容为"你认为最可能成为能源主角的是哪种新能源",有 1167 条回复,是该版块该时段内回复最多的主题帖,由用户"shaoh * bin"所发。排名第三的用户"jam * ing"参与发帖或回复的次数为 51 次,而被回复的次数为 34 次。排名前三的用户级别都较高,但发帖数量与中心度没有明显的正相关。

中间中心度较高的用户与点度中心度较高的前二十名用户重合。中间中心度高的用户不一定具有较高的点度中心度或出现频次,如用户"假 DK"、用户"hy * zp"和用户"liu * hiy * ng44"总共出现频次分别为 12 次、12 次和 8 次。其中用户"liu * hiy * ng44"的 EPI 较高,在网页中可以发现其 EPI 来自文献应助类。而"假 DK"和"hy * zp"两位用户的发帖量、听众数、红花数等指标都较高,经分析可能的原因是,部分用户总体较为活跃,累计发帖和影响力较大,但在本书收集的数据时间段内在该子版块的发帖较少。

(三)信息交流者合作网络密度与派系分析

运用 UCINET 计算整体网络密度为 0.0079,该网络密度较低,说明整个网络较为松散,各个节点之间连接都较为稀疏,没有密切的、普遍的关系。

由于网络较为稀疏,参与人物较多且分散,因此选取出现频次大于 7 次的人物共 232 个,通过 BICOMB 工具生成共现矩阵。运用 UCINET 对共现矩阵进行派系分析,共得到 40 个派系,结果如图 5 - 13 所示。形成的派系分别为 {罗 ST 茶,风 DQ 能,套 Z 人 c * y}、{罗 ST 茶,风 DQ 能,sq * l * l}、{罗 ST 茶,59 * 297 * 83,假 DK} 等。

派系层次聚类分析矩阵(Hierarchical Clustering of Overlap Matrix)如图 5 - 14 所示,是对派系共享成员进行聚类分析的结果,可以看出,当相似性为 1.000 时,40 个派系聚集成 10 个大类,分别为 {30, 31},{12, 13, 14, 15, 16, 17, 23, 24},{18, 19, 20, 21, 28},{22, 29},{33, 34},{25, 26},{1, 2, 3, 4, 7, 11},{5, 6, 10, 36},{8, 9, 39},{38, 40}。

```
Minimum Set Size:     3
Input dataset:        E:高频人物关系
WARNING: Valued graph. All values > 0 treated as 1
40 cliques found.
 1:  罗ST茶 风DQ能 套Z人c*y
 2:  罗ST茶 风DQ能 sq*l*1
 3:  罗ST茶 59*297*83 假DK
 4:  罗ST茶 s*gz hu*hua公Z
 5:  罗ST茶 c*zj*c 成L
 6:  罗ST茶 c*zj*c tm*k129*28
 7:  罗ST茶 cq*zc wj*ou*0
 8:  罗ST茶 w*1201*11723 3*24*3
 9:  罗ST茶 w*1201*11723 sa*gut*duo
10:  罗ST茶 y*sun*819 成L
11:  罗ST茶 so*rb*ll 瓦L
12:  shaoh*bin jam*ing 小鱼儿*6*3
13:  shaoh*bin 小鱼儿*6*3 kit*lyl*ke
14:  shaoh*bin 小鱼儿*6*3 yy*cn*e
15:  shaoh*bin 小鱼儿*6*3 ju*it*er
16:  shaoh*bin 小鱼儿*6*3 li*na0*29
17:  shaoh*bin 小鱼儿*6*3 xia*huan*mao
18:  shaoh*bin jam*ing 李JZ
19:  shaoh*bin 李JZ 陶JX
20:  shaoh*bin 李JZ hy*zp
21:  shaoh*bin 李JZ hui7279
22:  shaoh*bin 街JS屋 ad*ir-k*ng
23:  shaoh*bin 连翘20134 xiaohsu2006
24:  shaoh*bin 连翘20134 hy*zp
25:  风DQ能 菩提SD回忆 套Z人c*y
26:  菩提SD回忆 套Z人c*y 63*619*6
27:   山ZQ缘 仁Z qq67*22*3
28:  李JZ 陶JX 小XHF船
29:  街JS屋 71*14*139 ad*ir-k*ng
30:  hu*nn*n hh*03*1 zx*19*9
31:  hu*nn*n hh*03*1 sh*jia*bin
32:  fearwarm yxyp 张100730227
33:  59*297*83 No*h_P*n sb*k
34:  59*297*83 No*h_P*n Si*on*wo
35:  wan*yiy*nyan hu*t*z xg*6709*7373
36:   c*zj*c mel*dyhu*89 成L
37:  94*781*57 hy*zp J*J-*ng
38:  张开CBD鱼 长江XDY ed*e0*9
39:  wy12*131*723 fx*um*n 3*24*3
40:  s*gz 长江XDY ed*e0*9
```

图 5-13 信息交流者合作网络凝聚子群结果

第五章 基于社交媒体的学术信息交流的实证　121

```
       2 3 3 3 1 1 1 1 1 2 2 1 2 2 1 2 2 2 3 3 2 2         1   1 3      3 3 4
Level  7 1 0 2 5 4 3 6 5 2 7 3 4 9 1 0 8 8 9 2 7 4 3 6 5 2 1 3 4 7 1 5 6 0 6 9 8 9 8 0
-----
2.000  .  XXX  .   .  XXXXXXXXXXX  XXX  XXXXXXX  .  XXX  .  XXX  XXX  XXX  .  .  .  .  XXX  .  .  XXX  .  XXX
1.500  .  XXX  .   .  XXXXXXXXXXX  XXX  XXXXXXX  .  XXX  .  XXX  XXX  XXX  .  .  .  .  XXXXX  .  XXXXX  XXX
1.333  .  XXX  .   .  XXXXXXXXXXX  XXX  XXXXXXX  .  XXX  .  XXX  XXX  XXX  .  .  .  .  XXXXX  .  XXXXX  XXX
1.250  .  XXX  .   .  XXXXXXXXXXXXXXX  XXXXXXX  .  XXX  .  XXX  XXX  XXX  .  .  .  .  XXXXX  .  XXXXX  XXX
1.000  .  XXX  .   .  XXXXXXXXXXXXXXXXXXXXXXXXXXXXXXXXXXXXXXXXXXX  XXXXX  .  XXXXX  XXX
0.850  .  XXX  .   .  XXXXXXXXXXXXXXXXXXXXXXXXXXXXXXXXXXXXXXXXXXXXXXXXXX  XXXXX  XXX
0.750  .  XXX  .   .  XXXXXXXXXXXXXXXXXXXXXXXXXXXXXXXXXXXXXXXXXXXXXXXXXX  XXXXX  XXX
0.600  .  XXX  .   .  XXXXXXXXXXXXXXXXXXXXXXXXXXXXXXXXXXXXXXXXXXXXXXXXXXXXXXX  XXX
0.462  .  XXX  .   .  XXXXXXXXXXXXXXXXXXXXXXXXXXXXXXXXXXXXXXXXXXXXXXXXXXXXXXX  XXX
0.154  .  XXX  .   .  XXXXXXXXXXXXXXXXXXXXXXXXXXXXXXXXXXXXXXXXXXXXXXXXXXXXXXXXXXX
0.133  .  XXX  .   .  XXXXXXXXXXXXXXXXXXXXXXXXXXXXXXXXXXXXXXXXXXXXXXXXXXXXXXXXXXX
0.067  .  XXX  .   XXXXXXXXXXXXXXXXXXXXXXXXXXXXXXXXXXXXXXXXXXXXXXXXXXXXXXXXXXXXX
0.029  .  XXX  .  XXXXXXXXXXXXXXXXXXXXXXXXXXXXXXXXXXXXXXXXXXXXXXXXXXXXXXXXXXXXXX
0.000  XXXXXXXXXXXXXXXXXXXXXXXXXXXXXXXXXXXXXXXXXXXXXXXXXXXXXXXXXXXXXXXXXXXXXXXXX
```

图 5-14　信息交流者合作网络派系层次聚类矩阵

信息交流者合作网络派系共享成员矩阵如图 5-15 所示。

```
              1 1 1 1 1 1 1 1 1 1 2 2 2 2 2 2 2 2 2 2 3 3 3 3 3 3 3 3 3 3 4
     1 2 3 4 5 6 7 8 9 0 1 2 3 4 5 6 7 8 9 0 1 2 3 4 5 6 7 8 9 0 1 2 3 4 5 6 7 8 9 0
     -----------------------------------------------------------------------
 1   3 2 1 1 1 1 1 1 1 1 0 0 0 0 0 0 0 0 0 0 0 2 1 0 0 0 0 0 0 0 0 0 0 0 0 0 0 0 0 0
 2   2 3 1 1 1 1 1 1 1 1 0 0 0 0 0 0 0 0 0 0 0 1 0 0 0 0 0 0 0 0 0 0 0 0 0 0 0 0 0 0
 3   1 1 3 1 1 1 1 1 1 1 0 0 0 0 0 0 0 0 0 0 0 0 0 0 0 0 0 0 0 1 1 0 0 0 0 0 0 0 0 0
 4   1 1 1 3 1 1 1 1 1 1 0 0 0 0 0 0 0 0 0 0 0 0 0 0 0 0 0 0 0 0 0 0 0 0 0 0 0 0 0 1
 5   1 1 1 1 3 2 1 1 1 2 0 0 0 0 0 0 0 0 0 0 0 0 0 0 0 0 0 0 0 0 0 0 2 0 0 0 0 0 0 1
 6   1 1 1 1 2 3 1 1 1 1 0 0 0 0 0 0 0 0 0 0 0 0 0 0 0 0 0 0 0 0 0 0 0 1 0 0 0 0 0 0
 7   1 1 1 1 1 1 3 1 1 1 0 0 0 0 0 0 0 0 0 0 0 0 0 0 0 0 0 0 0 0 0 0 0 0 0 0 0 0 0 0
 8   1 1 1 1 1 1 1 3 2 1 0 0 0 0 0 0 0 0 0 0 0 0 0 0 0 0 0 0 0 0 0 0 0 0 0 0 0 2 0 0
 9   1 1 1 1 1 1 1 2 3 1 1 0 0 0 0 0 0 0 0 0 0 0 0 0 0 0 0 0 0 0 0 0 0 0 0 0 0 1 0 0
10   1 1 1 1 2 1 1 1 1 3 1 0 0 0 0 0 0 0 0 0 0 0 0 0 0 0 0 0 0 0 0 0 0 0 0 0 1 0 0 0
11   1 1 1 1 1 1 1 1 1 1 3 0 0 0 0 0 0 0 0 0 0 0 0 0 0 0 0 0 0 0 0 0 0 0 0 0 0 0 0 0
12   0 0 0 0 0 0 0 0 0 0 0 3 2 2 2 2 2 2 1 1 1 1 1 1 0 0 0 0 0 0 0 0 0 0 0 0 0 0 0 0
13   0 0 0 0 0 0 0 0 0 0 0 2 3 2 2 2 2 1 1 1 1 1 1 1 0 0 0 0 0 0 0 0 0 0 0 0 0 0 0 0
14   0 0 0 0 0 0 0 0 0 0 0 2 2 3 2 2 2 1 1 1 1 1 1 1 0 0 0 0 0 0 0 0 0 0 0 0 0 0 0 0
15   0 0 0 0 0 0 0 0 0 0 0 2 2 2 3 2 2 1 1 1 1 1 1 1 0 0 0 0 0 0 0 0 0 0 0 0 0 0 0 0
16   0 0 0 0 0 0 0 0 0 0 0 2 2 2 2 3 2 1 1 1 1 1 1 1 0 0 0 0 0 0 0 0 0 0 0 0 0 0 0 0
17   0 0 0 0 0 0 0 0 0 0 0 2 2 2 2 2 3 1 1 1 1 1 1 1 0 0 0 0 0 0 0 0 0 0 0 0 0 0 0 0
18   0 0 0 0 0 0 0 0 0 0 0 2 1 1 1 1 1 3 2 2 2 1 1 1 0 0 0 1 0 0 0 0 0 0 0 0 0 0 0 0
19   0 0 0 0 0 0 0 0 0 0 0 1 1 1 1 1 1 2 3 2 2 1 1 1 0 0 0 0 0 0 0 0 0 0 0 0 0 0 0 0
20   0 0 0 0 0 0 0 0 0 0 0 1 1 1 1 1 1 2 2 3 2 1 1 1 2 0 0 0 0 0 0 0 0 0 0 0 0 0 1 0
21   0 0 0 0 0 0 0 0 0 0 0 1 1 1 1 1 1 2 2 2 3 1 1 1 0 0 0 1 0 0 0 0 0 0 0 0 0 0 1 0
22   0 0 0 0 0 0 0 0 0 0 0 1 1 1 1 1 1 1 1 1 1 3 1 1 0 0 0 0 2 0 0 0 0 0 0 0 0 0 0 0
23   0 0 0 0 0 0 0 0 0 0 0 1 1 1 1 1 1 1 1 1 1 1 3 2 0 0 0 0 0 0 0 0 0 0 0 0 0 0 0 0
24   0 0 0 0 0 0 0 0 0 0 0 1 1 1 1 1 1 1 1 1 1 2 1 2 3 0 0 0 0 0 0 0 0 0 0 0 1 0 0 0
25   2 1 0 0 0 0 0 0 0 0 0 0 0 0 0 0 0 0 0 0 0 0 0 0 3 2 0 0 0 0 0 0 0 0 0 0 0 0 0 0
26   1 0 0 0 0 0 0 0 0 0 0 0 0 0 0 0 0 0 0 0 0 0 0 0 2 3 0 0 0 0 0 0 0 0 0 0 0 0 0 0
27   0 0 0 0 0 0 0 0 0 0 0 0 0 0 0 0 0 0 0 0 0 0 0 0 0 0 3 0 0 0 0 0 0 0 0 0 0 0 0 0
28   0 0 0 0 0 0 0 0 0 0 0 0 0 0 0 0 0 1 2 1 1 0 0 0 0 0 0 3 0 0 0 0 0 0 0 0 0 0 0 0
29   0 0 0 0 0 0 0 0 0 0 0 0 0 0 0 0 0 0 0 0 0 2 0 0 0 0 0 0 3 0 0 0 0 0 0 0 0 0 0 0
30   0 0 0 0 0 0 0 0 0 0 0 0 0 0 0 0 0 0 0 0 0 0 0 0 0 0 0 0 0 3 2 0 0 0 0 0 0 0 0 0
31   0 0 0 0 0 0 0 0 0 0 0 0 0 0 0 0 0 0 0 0 0 0 0 0 0 0 0 0 0 2 3 0 0 0 0 0 0 0 0 0
32   0 0 0 0 0 0 0 0 0 0 0 0 0 0 0 0 0 0 0 0 0 0 0 0 0 0 0 0 0 0 0 3 0 0 0 0 0 0 0 0
33   0 0 1 0 0 0 0 0 0 0 0 0 0 0 0 0 0 0 0 0 0 0 0 0 0 0 0 0 0 0 0 0 3 2 0 0 0 0 0 0
34   0 0 1 0 0 0 0 0 0 0 0 0 0 0 0 0 0 0 0 0 0 0 0 0 0 0 0 0 0 0 0 0 2 3 0 0 0 0 0 0
35   0 0 0 0 0 1 0 0 0 0 0 0 0 0 0 0 0 0 0 0 0 0 0 0 0 0 0 0 0 0 0 0 0 0 3 0 0 0 0 0
36   0 0 0 2 1 0 0 0 0 0 0 0 0 0 0 0 0 0 0 1 0 0 0 0 0 0 0 0 0 0 0 0 0 0 0 3 0 0 0 0
37   0 0 0 0 0 0 0 0 0 1 0 0 0 0 0 0 0 0 0 0 0 0 0 1 0 0 0 0 0 0 0 0 0 0 0 0 3 0 0 0
38   0 0 0 0 0 0 0 2 1 0 0 0 0 0 0 0 0 0 0 0 0 0 0 0 0 0 0 0 0 0 0 0 0 0 0 0 0 3 0 2
39   0 0 0 0 0 0 0 0 0 0 0 0 0 0 0 0 0 0 0 1 1 0 0 0 0 0 0 0 0 0 0 0 0 0 0 0 0 0 3 0
40   0 0 0 1 0 0 0 0 0 0 0 0 0 0 0 0 0 0 0 0 0 0 0 0 0 0 0 0 0 0 0 0 0 0 0 0 0 2 0 3
```

图 5-15　信息交流者合作网络派系共享成员矩阵

派系共享成员矩阵中的值即共享成员的数量，值越大说明这两个派系共享成员越多，两个派系就越相似，根据结果可以看出，派系1和派系2、派系5和派系6、派系8和派系9、派系5和派系10、派系1和派系25等较为相似。同时，可以根据派系相似度将整个表分为 {1，2，3，4，5，6，7，8，9，10，11} 和 {12，13，14，15，16，17，18，19，20，21，22，23，24} 两个大类，而这两个大类之间不共享任何成员，所以不存在任何相似性。

根据派系分析结果可以看出，该网络有较多派系，说明在论坛该领域该时间段内的学术交流网络较为分散。

运用 UCINET 计算该网络的聚类系数得 $C = 0.355$；计算网络的平均路径得 $L = 3.923$。

根据小世界理论，L 一般小于10，该网络的 L 为 3.923，表示任意两个成员之间最短距离为 3.923，也就是通过 3.923 个人就可以把两个成员联系起来，说明该交流网络符合小世界理论。该网络中的成员有着较好较高效的信息交流渠道。

通过对问题回答与讨论活动，对某些问题共同感兴趣的人跨越了时空限制聚集到了一起。他们围绕某个兴趣点展开讨论，相互交流、学习。其中，用户"ha*pyp*ter"和用户"cq*zc"共同参与了8个问题的讨论，通过分析他们共同参与的问题的描述，发现：他们都对风力发电技术感兴趣，主要涉及风力发电机建模、动力学研究、风力发电齿轮箱、风力发电机组等问题。

二　基于关键词的信息交流

对于小木虫论坛的"新能源"版块进行整理，得到有效主题帖共544个。观察数据可以发现主题帖分为两类："求助"和"交流"，运用 EXCEL 中的 VLOOKUP 函数将回复数据表格与主题数据表格进行匹配，提取主题帖内容中的求助或交流标签，并运用数据透视表功能对回复数据表格进行整理统计，得到每个主题对应的回复数量。

将主题帖标题提取出来，编写 Python 代码对标题进行分词。将置顶帖"你认为最可能成为能源主角的是哪种新能源"所有回复数据进行处理，筛除无效、格式字段，筛除回复中的被引用字段（若有）。

对544个主题帖标题进行分词并统计，删除"的""在"等无实意的词语后，得到出现频次最高的20个关键词，如表5–15所示。

表 5-15　　　　主题帖标题中的高频关键词（前 20 位）

关键词	频次	关键词	频次
电池	93	生物	16
太阳能	82	纤维素	16
方向	27	测试	14
生物质	26	论文	14
材料	21	薄膜	13
发电	20	能源	13
光伏	20	曲线	12
燃料电池	18	生物质能	12
软件	18	制备	12
新能源	17	方法	11

在该版块主题帖标题中最常出现的是"电池"，其后是"太阳能""方向""生物质""材料"等。这说明，在该版块通常讨论的问题围绕太阳能电池、生物质能源、燃料电池、光伏发电等主题，完全切合"新能源"版块的主题。

该版块置顶帖"你认为最可能成为能源主角的是哪种新能源"是版块内实意回复最多的讨论帖，回复数共 1167 条，对该帖所有文字回复运用 Jieba 分词包（https：//github.com/fxsjy/jieba）进行分词。

将分词结果进行统计，去除标点符号，共 4860 个词语。根据 Dono Hue 在 1973 年提出的高频词低频词语阈值计算公式：$T = (1 + \sqrt{1 + 8 * I_1}) - 2$（T 为高频关键词数，$I_1$ 为出现频次为 1 的关键词数）进行计算，出现次数为 1 的词语数目为 2707 个，因此高频词为 145 个。去除高频词中部分"的""是"等虚词或无意义的词后，出现频次最高的 19 个词如表 5-16 所示。

可以看出，在新能源发展前景问题中，"太阳能""核能""生物质能""风能""氢能""核聚变"的出现频次较高，说明其目前处于该问题的探讨热点，同时，"发电""效率""电池""成本"等词语也有较高频次。

表 5-16　　回复最多的讨论帖的高频关键词（前 19 位）

关键词	频次	关键词	频次
太阳能	767	发电	129
能源	499	目前	120
核能	415	效率	105
未来	173	风能	93
利用	173	氢能	92
技术	163	新能源	84
能量	155	核聚变	80
发展	154	电池	73
生物质能	147	成本	72
现在	132		

对关键词共现情况分析发现：出现频率最高的词是"太阳能"，其次是"电池"，这两个词分别出现了 144 次和 124 次。"问题""方向""生物质"均出现 30 次以上。"燃料电池""软件""材料""论文""锂电池""光伏"等 12 个词均出现了 20 次以上。有 132 个词出现次数不低于 5 次而不足 20 次，如"风电""纤维素""生物质能"都出现了 13 次。有 1370 个词出现次数不足 5 次，其中，"硅材料""光合作用""蒸镀仪"等 568 个词分别出现了 2 次。"绝缘强度""塑料裂解油""有机朗肯循环""Ieee Transactions on Energy Conversion"等 623 个词仅仅出现了 1 次，但是，我们发现其中涉及期刊 *Ieee Transactions on Energy Conversion*、*Bioresource Technology* 和一些国际会议。这说明，该版块的讨论不仅仅局限于新能源技术应用，还涉及相关学术期刊投稿、国际会议等交流活动。同时，该版块提问时对词语的选择呈现不均衡的现象，更加倾向于使用"太阳能""电池""生物质"等词语，同时涉及相关软件、论文、期刊、会议、学习资料等内容。

三　学科之间的信息交流

与知乎不同，小木虫的用户在注册时绝大部分会标注自己的专业领域或研究方向，以便更好地与同行进行交流。因此，分析参与交流者的专业领域，将有助于了解信息是如何在学科之间流动的。

我们对参与问题讨论的用户在小木虫注册时填写的公开的专业领域进行一一查询，但仍有少量用户未填写专业，例如，有的用户的专业一栏是空白的，有的用户的专业填写的是"0000"。这类不明确专业领域的用户暂不包含在统计结果之中。需要说明的是，这与《中华人民共和国学科分类与代码国家标准》（GB/T 13745—2009）存在一定差异。小木虫上的"研究方向"分为三个层次，最上层的学科大类分为"数理科学""化学科学""生命科学""地球科学""工程与材料""信息科学""管理综合""医药科学"和"人文社科"。其中，"数理科学"下分为"数学""力学""天文学""物理学Ⅰ"和"物理学Ⅱ"，其中的"物理学Ⅰ"下设专业"凝聚态物性Ⅰ：结构、力学和热学性质""凝聚态物性Ⅱ：电子结构、电学、磁学和光学性质""原子和分子物理""光学"和"声学"；"物理学Ⅱ"下设专业"基础物理学""粒子物理学和场论""核物理""核技术及其应用""粒子物理与核物理试验方法与技术""等离子体物理"和"同步辐射技术及其应用"。

通过查询和统计分析，我们发现每个用户的专业领域只能写一个，在"新能源"版块中参与问题讨论的用户来自551个专业，其中"可再生与替代能源利用中的工程热物理问题"高居榜首，其次是"能源化工""工程热物理相关交叉领域""半导体材料""工程热物理与能源利用"等专业。这些专业与能源领域有紧密联系。同时，也有一些貌似与能源领域关联不太大的专业的用户参与，例如，有的用户的专业是"临床细胞学和血液学检验""普通语言学"，甚至"中药药代动力学""军事史""果树学"等。出现这种情况的原因可能有四种：一是小木虫上有些用户的兴趣广泛，除了其自身擅长的专业领域之外，也喜欢参与其他领域的问题探讨活动；二是有些用户由于对环境保护、新能源领域的关注而乐于参与新能源版块的问题讨论；三是由于系统限制，每个用户只能填写一个专业，而现实情况是有些用户可能有跨专业、转专业的经历，却无法填写所有专业领域而只能写其中一个专业；四是不排除有的用户随意地填写其专业的可能性。

为了研究在小木虫的"新能源"版块中，参与讨论的用户的信息是如何在不同学科领域之间进行流动的，我们以用户在小木虫系统填写并公开展示的专业为准进行收集整理，将参与问题讨论即发帖、回答行为视作来自不同专业领域的信息交流活动。

我们利用小木虫平台上公开的用户专业信息，对提问者和回答者的专业进行逐一查询和记录，发现有的用户没有填写专业信息，如用户"zho∗yun∗218""陌上QX""咩（∗—∗）"等192名用户。在查询时，发现有307名用户的主页显示"用户已被封禁"，例如，"kit∗lylake""wus∗uo2∗6""vn∗az∗43"等。在排除上述无法查证其专业的用户后，绘制了参与提问或回答活动的用户专业共现网络。需要说明的是，用户在小木虫平台上的"专业"是其自行填报的，用户有可能填写的是自己感兴趣的专业领域名称而非其自身的专业，也有可能用户存在跨专业深造的情况而小木虫平台上仅仅允许每位用户填写一个专业名称，导致用户填写专业时有所取舍。但是，小木虫上的用户专业填写是以下拉框选择的方式进行，这在一定程度上避免了完全由用户自己填空而造成的专业名称不规范的情况，但是我们也发现极少数用户填写了下拉框选择以外的专业名称。总的来说，从问题参与者（包括提问者与回答者）的个人主页上显示的专业信息，有助于我们了解他们所属的专业领域或者感兴趣的学科专业。而这恰恰是他们参与问题讨论的出发点，为了提升专业知识或是对感兴趣的专业领域有更深入的了解或学习而积极地参与到小木虫相关版块的讨论活动中。

在小木虫"新能源"版块，如果提问者与回答者共同参与了某个问题的讨论活动，可以通过抽取其专业领域来发现专业领域的交流活动。

经过统计发现，这其中涉及551个专业。名称"可再生与替代能源利用中的工程热物理问题"这一专业出现次数最多，高达774次，其次是"能源化工"出现405次，"工程热物理相关交叉领域"和"半导体材料"刚刚超过300次；"工程热物理与能源利用"和"电化学"分别出现283次和269次；"传热传质学""环境工程""无机非金属类光电信息与功能材料""燃烧学""催化化学""电力系统""机械动力学"和"工程物理"均出现100次以上而不足200次。"风险管理技术与方法""无机非金属材料工程""系统科学与系统工程"等134个专业领域仅仅出现了1次。总共有319个专业领域出现的次数均不超过5次，占总体的57.89%；有218个专业领域出现的次数不少于6次而不足100次；有14个专业领域出现的次数均在100次以上，占专业总体的2.54%。这说明，小木虫"新能源"版块的讨论参与者的专业具有倾向性，同时也吸引了其他专业的用户参与讨论。来自"可再生与替代能源利用中的工程热物理问题"专业和"能源化工"专业的用户互动频次最高,高达75次,来自"工程热物理与能源利用"专业和"可再生与替代能源利用中的工程热物理问题"专业的用户交互58次。这些专业与能源、新能源领域密切相关。

四 小结

对小木虫论坛的"新能源"版块的信息交流者与信息交流内容进行分析,研究结论如下:

(一)信息交流参与者网络较为松散,网络规模较大,密度较小

在该时段内参与讨论的用户较多,但大多数用户参与讨论次数不多,参与讨论较积极的是少部分用户,参与讨论的用户总共4838位,但出现频次大于等于20次的用户只有53位,仅占总人数的1.1%,累计参与发帖或回帖人次为37.07%;出现频次大于等于10次的用户有153位,累计参与发帖或回复人次为46.45%。网络密度较低,值为0.0079,说明该网络较为松散,各节点之间联系不紧密,没有明显普遍的关系。

(二)信息交流参与者网络连通性整体较好,最短路径较小

该网络的聚类系数较大,而平均路径较小,值为3.923,符合小世界理论,说明该网络连通性较好,信息传递通畅,信息传播效率较高。

(三)信息交流内容贴合版块主题

对该版块主题帖的标题和参与人数最多的讨论帖进行分析发现,信息交流的内容主要围绕"太阳能""风能""核能""生物质能"等多种新能源的理论、研发、运用、技术问题等方面展开讨论,与版块主题相契合。这说明,小木虫论坛的"新能源"版块中的信息交流偏学术性。

第四节 经管之家

网络学术论坛在学术交流中发挥着无可替代的作用,已经成为资料分享、信息发布、话题讨论、课程推广等多功能的综合平台。综合性学术论坛有小木虫论坛、CNKI(China National Knowledge Infrastructure)学术论坛、诺贝尔学术资源网等,专业性学术论坛有经管之家、丁香园论坛、北大中文论坛等。

"经管之家"原名"人大经济论坛",是成立于2003年的有关经济、管理、金融、统计类的在线教育社区。"经管之家"是一个非常活跃的网

上社区，其论坛 BBS 主要分为以下十二个大区："提问、悬赏、求职、新闻、读书、功能""经济学人""经济学论坛""新商科论坛（原工商管理论坛）""计量经济学与统计论坛""金融投资论坛""会计与财务管理论坛""世界经济与国际贸易""考研 & 考博 & 留学""网络课堂""站务区""休闲区"。在论坛首页下拉菜单里面出现了"数据科学与人工智能"，其分为"数据分析与数据科学""大数据分析""人工智能"和"IT 基础"四个部分。"数据科学与人工智能"虽然没有作为一个大区，但是其包含的版块往往来自上述几个大区，可能由于目前数据科学与人工智能的热潮，其相关版块访问量巨大，故论坛将其放在首页与大区并列展示。这说明，该领域受到论坛用户的广泛关注。"数据科学与人工智能"大版块的构成情况如表 5-17 所示。

表 5-17　　　　　"数据科学与人工智能"大版块的组成

组成部分	构成版块
数据分析与数据科学	数据分析与数据挖掘；SPSS 论坛；python 论坛；SAS 专版；数据可视化；SAS 上传下载区；SQL 及关系型数据库数据分析；R 语言论坛；Excel；MATLAB 等数学软件专版；JMP 论坛；数据分析师（CDA）专版
大数据分析	Hadoop 论坛；Oracle 数据库及大数据解决方案；mahout 论坛；数据仓库技术；spark 高速集群计算平台；nosql 论坛；openstack 云平台；storm 实时数据分析平台；行业应用案例；比特币与区块链
人工智能	自然语言处理；机器学习；语音识别；深度学习；智能设备与机器人；人工智能论文版
IT 基础	Scala 及其他 JVM 语言；Linux 操作系统；C 与 C++ 编程；JAVA 语言开发

我们着重对其中的"数据分析与数据挖掘"版块展开研究。此版块内容被论坛管理者划分为以下几方面内容：数据挖掘理论与案例、数据、Weka 及其他、数据挖掘新闻、数据挖掘工具、数据挖掘论文、数据挖掘会议、数据挖掘书籍、作业、问题等。2019 年 4 月 24 日至 5 月 10 日，利用八爪鱼数据采集器对经管之家论坛"数据挖掘与数据分析"版块进行数据采集，共计 10778 条帖子。下文中综合利用了 Python 编程、Ucinet、Pajek、VOSViewer 和 Gephi 来完成相关可视化效果。

一 帖子参与者交流

作为国内活跃的经管类知识交流平台,"经管之家"论坛 BBS 上,有大量用户进行发帖、回复评论参与交流活动。"经管之家"论坛 BBS 上有一整套完整的论坛激励机制,以论坛币(论坛会员也常称之为金币)作为会员资料互换的交易媒介。

(一)发帖人分析

发帖的目的一般有三个:一是关于某些信息或资源的求助;二是围绕某些特定信息的学习经验或资源的分享;三是关于某些特定问题引发相关讨论活动。由此可见,发帖行为实际上是一种信息发送行为,不论是向他人传递求助信息,还是告诉他人相关资源如何获得或者相关知识如何习得(包括学习心得体会、心路历程、课程、学习资源等),或是针对特定问题想找其他人进行讨论,都是在通过发帖这一活动向有可能看到的其他用户发送信息。

对字段发帖者网名的数据进行统计,总计有 5688 名发帖人,以及每名发帖者的发帖数量。部分高频发帖者如表 5-18 所示。

表 5-18 高频发帖者(前 16 位)

序号	发帖者	帖子数量(个)	序号	发帖者	帖子数量(个)
1	wid * WDSJ	169	9	葛 C	66
2	数 JF * CTX	120	10	chi * a_ c * ol	62
3	飞 TX * 6	117	11	she * ly5 * 8	60
4	liu * g9 * 99	103	12	浪 ZY 青	57
5	w * qq * r	90	13	ed * ard * 32	55
6	To * ot * mi	79	14	阿 * V *	54
7	love * y_ w * lf	76	15	劲 LX 兔 8 * 8	54
8	42 * 948 * 92	73	16	ad * 8 * k	52

数据显示,发帖者"wid * WDSJ"发帖量遥遥领先其他发帖者,高达 169 个帖子。对该发帖者的公开用户信息进行查询发现,"wid * WDSJ"的论坛身份是运营管理员,他总计发帖 7839 篇,学术水平、热心指数等个人数据信息都远远高于普通用户。发帖超过 100 个帖子的发帖者只有 4

个；发帖量在50到100个的发帖者有13个；发帖量在20到50个的发帖者有19个；发帖量在5到20个的发帖者有225个；发帖量低于5个的发帖者有5427个。共计5688名发帖者发布10778个帖子。紧随其后的是用户"数JF∗CTX"发帖120个，用户"飞TX∗6"发帖117个，用户"liu∗g9∗99"发帖103个。其他用户的发帖数均未超过100个。发帖数量小于10个的用户有5595个。这说明，每个用户发帖数量分布很不均衡，绝大多数发帖人的发帖数量比较小，例如，仅仅发布1个帖子的发帖者数量高达4280个。

（二）回复与评论者分析

在有人发帖的基础上，其他用户（即论坛会员）阅读了相关帖子内容，进行回复或者评价活动，这意味着他们或多或少地接收了帖子中蕴含的信息内容。不论他们表达的态度是赞同、反对或者是中立的，都说明他们看过了帖子内容后结合其自身的经历或知识背景作出判断与评价。

"经管之家"论坛BBS是一个基于兴趣的主题交流社区，将有共同兴趣的人聚集到一起，通过发帖、阅读帖子内容、回复评论等活动，与他人互动交流，从中获得新信息、新知识，甚至创造出新知识。发帖、回复评论是非常典型的信息交流活动。当然，还存在一些难以察觉的信息交流活动，例如，有的人是注册用户，登录后会浏览查看其感兴趣的版块中帖子的内容，但不一定会回复或者评论帖子内容。而事实上，他们确实接收了一些信息。另外，还有的人是非注册用户，即论坛的"游客"，也许是偶尔到访，也可能是经常浏览查看。这类人一般只是浏览而没有发帖需求，否则他们会注册用户并登录。他们的浏览过程也是在接收帖子内容信息的过程。但我们无法得知有多少这样的用户，他们到底点击了哪些链接、浏览了哪些内容。因此，出于隐私保护和技术问题，我们暂不对这两类信息接收活动进行研究。

收集处理了论坛"数据挖掘与数据分析"版块全部帖子的所有评论，共126858条数据，通过Excel对评论者数量统计和频次统计，总计得到46322个评论参与者，其中前16位的高频评论者如表5-19所示。他们都曾经浏览或阅读帖子内容，接收帖子蕴含的信息后以回复帖子的形式来表达自己的观点或态度。其中，用户"Cr∗k∗7"是最积极的回帖者，其回复了362次帖子，其次是用户"42∗948∗92"和"kua∗gs∗r6"，回复帖子次数分别为343次和321次。用户"阿∗V∗""jgch∗n19∗6" "fr∗nky_ s∗s""s∗y""peng∗iz∗en"和"ed∗ch∗ng"等6个用户回复帖子次数均在200次以上、300次以下。有21个用户,每个用户回复帖子数量在100次以上、200次以下。有40826个用户,其回复帖子数量均不足5个,其中,有27838个用户仅回帖1次。这说明,每个用户回帖积极性是不同的,也许是因为各人兴趣点不同,也有可能是有些用户从帖子内容接收了一些信息但没有进行回帖行为。

表5–19　　　　　　　　高频评论者(前16位)

序号	评论者	频数	序号	评论者	频数
1	Cr∗k∗7	362	9	ed∗ch∗ng	203
2	42∗948∗92	343	10	h∗12∗0	194
3	kua∗gs∗r6	321	11	wj∗09∗3	179
4	阿∗V∗	289	12	y∗cl∗9	178
5	jgch∗n19∗6	279	13	hy∗see∗er	176
6	fr∗nky_ s∗s	244	14	水TYSD∗Y	168
7	s∗y	225	15	aib∗eli73∗001	168
8	peng∗iz∗en	208	16	zyk200∗29∗4	164

根据全部评论参与者的评论频次数据发现,评论次数大于300次的有3个评论者;评论次数在200—300次之间的有6个评论者;评论次数在100—200次之间的有21个评论者;评论次数在50—100次之间的有93个评论者;评论次数在20—50次之间的有491个评论者;评论次数在10—20次之间的有1318个评论者;评论次数在2—10次之间的有16548个评论者;评论次数仅1次的有27838个评论者;发现超过一半的评论者评论次数只有1次。

提取出评论者和被回复者2个字段,用Excel对数据进行筛选,删除被回复者为空的数据,把评论者重命名为回复者,获取到4561条数据,将两单元格及数据合并,总共提取出3770个交流参与者。分别对回复者与被回复者统计,得到2283名回复者与2358名被回复者,部分参与者担任回复者和被回复者两个身份,部分高频回复者和高频被回复者分别见表5–20和表5–21。

表 5-20　　　　　　　　高频回复者（前 16 位）

序号	回复者	频数	序号	回复者	频数
1	kua * gs * r6	70	9	hjt * h	27
2	Cr * k * 7	63	10	珞珈 SDHS 狼	25
3	阿 * V *	56	11	资 L * R	25
4	ol * e * p	48	12	liu * g9 * 99	24
5	wh * clem * nt	47	13	蛟 HG 客	22
6	sz * 8802 * 8	34	14	lj * 1992 * 005	21
7	Smart * in * ng 挖掘	33	15	水 TYSD * Y	21
8	St * ll *	28	16	w * p19 * 7	21

表 5-21　　　　　　　高频被回复者（前 16 位）

序号	被回复者	频数	序号	被回复者	频数
1	Cr * k * 7	108	9	42 * 948 * 92	27
2	kua * gs * r6	98	10	y * ngb * nfa	24
3	阿 * V *	92	11	Smart * in * ng 挖掘	24
4	曲 G * 9	35	12	luo * ongj * n	24
5	wh * clem * nt	33	13	lee * inj * ng	23
6	da * ran12 * 457	29	14	w * qq * r	22
7	s * y	28	15	飞 TX * 6	21
8	水 TYSD * Y	27	16	zh * nghuan4 * 9	21

在回复者频数表中，回复者频数大于 50 次的回复者有 3 个；回复者频数在 20—50 次的回复者有 15 个；回复者频数在 10—20 次的回复者有 26 个；回复者频数在 5—10 次的回复者有 96 个；回复者频数在 2—4 次的回复者有 558 个；回复者频数为 1 的多达 1585 个。

在被回复者频数表中，被回复者频数大于 50 次的参与者有 3 个；被回复者频数在 20—50 次的参与者有 16 个；被回复者频数在 10—20 次的参与者有 21 个；被回复者频数在 2—10 次的参与者有 668 个；被回复者频数为 1 的多达 1651 个。

综合上述数据分析,对发帖者发帖数量、评论者频数、回复者频数和被回复者频数的统计发现,高频数的用户占极少一部分,绝大多数用户在发帖量、评论量、回复量、被回复量的频数中为1,因此这些频数都十分不均衡,有极少数用户在发帖、评论、回复活动中十分活跃,例如用户"阿 * V *",他的发帖量排在 14 名,共有 54 个发帖量;评论频数 289 次,排在第 4 位;回复频数 56 次,排名第 3 位;被回复者频数 92 次,排名第 3 位。"42 * 948 * 92"也是如此。还有极少部分用户发帖量不高,但是评论量、回复量和被回复量都很高,用户"Cr * k * 7"发帖量不高,但评论量排第一,362 次评论;回复量排第二,63 次回复;被回复量排第一,108 次被回复。"kua * gs * r6""wh * clem * nt""s * y"等用户也存在相同现象。用户"42 * 948 * 92""Cr * k * 7""kua * gs * r6"为"数据分析与数据挖掘"版块版主。

(三) 高频参与者分析

对收集数据中回复者和被回复者字段进行统计后,总共提取出 3770 个交流参与者,4561 次回复,经过观察发现频数高于 20 次的参与者数量较少,没有统计意义,而频数高于 10 次的参与者数量为 3124 个,将其定义为高频参与者,并根据参与者身份生成高频参与者的共现矩阵,将已生成的高频参与者共现矩阵导入 Ucinet 软件中,对参与者网络结构关系进行分析发现:较为突出的 3 个参与者分别是"Cr * k * 7""kua * gs * r6"和"s * y",针对他们 3 人,进入个人空间统计了他们的积分、经验、好友量、发帖数量、学术水平、热心指数,如表 5-22 所示。

表 5-22　　　　　　表现突出的三位参与者的特征数据

参与者	积分	经验	好友量	发帖数量	学术水平	热心指数
Cr * k * 7	20242	132274	174	49	685	860
kua * gs * r6	14228	113815	171	146	229	355
s * y	13580	14737	20	71	42	64

积分、经验、学术水平、热心指数通过发帖、评论、回复等形式发布质量高的资料、解决他人问题、好的意见建议等有利于论坛学术交流

活动的增加。根据表5-22中的数据特征发现，这几个用户的各项数据值都达到一定的数量，表明他们在论坛有很强的活跃度，验证了他们在社会网络分析中展示出的高活跃度。他们是周围参与者的中心，网络结构都呈现出一种发散式的类似星形网状结构，而他们周围的节点之间基本没有直接关系。"St*ll*"与"luo*ongj*n"仅仅互相之间有关联，虽然其频次较高，但与其他高频参与者无关联。

综上所述，在"数据分析与数据挖掘"版块论坛用户参与度很高，保持整体较高的活跃度，但是高频参与者较少，高频参与者之间交流也较少，大多数参与者只是参与1到2次的单向交流过程，参与者交流不均衡，参与者网络较为零散。

为了揭示其参与者在网络结构中的地位，以中心度分析方法对其展开研究，主要用到点度中心度、接近中心度及中间中心度。

1. 点度中心度分析

点度中心度表示与该点直接相连的点的个数，用来定量展现各个节点在网络中的位置。部分参与者的点度中心度如表5-23所示。

表5-23　　　　　　　参与者点度中心度数据（部分）

回复频数排名	参与者	绝对点度中心度	相对点度中心度	占比（%）
2	kua*gs*r6	31.000	3.726	0.097
1	Cr*k*7	23.000	2.764	0.072
9	s*y	22.000	2.644	0.069
63	马T	13.000	1.563	0.041
20	hjt*h	12.000	1.442	0.038

从表5-23中可以知道"kua*gs*r6"的点度中心度为31.000，说明该参与者在网络中处于核心位置。根据平均中心度为4.923，"Cr*k*7""s*y""马T""hjt*h"等16个参与者点度中心度大于平均中心度，表明这些参与者在网络中地位较高，交流活跃，在网络中处于中心位置或者次中心位置。

2. 接近中心度分析

接近中心度计算的是一个点到其他所有点的距离的总和，这个总和越小就说明这个点到其他所有点的路径越短,也就说明这个点距离其他所有点越近。部分参与者的接近中心度如表5-24所示。

表5-24　　　　　参与者接近中心度数据(部分)

回复频数排名	参与者	绝对接近中心度	相对接近中心度
1	Cr*k*7	1056.000	6.061
9	s*y	1057.000	6.055
21	飞TX*6	1058.000	6.049
10	liu*g9*99	1065.000	6.009
28	y*ngb*nfa	1067.000	5.998

参与者"Cr*k*7"的接近中心度最小,表明该点到其他点的距离越近。"s*y""飞TX*6""liu*g9*99"和"y*ngb*nfa"等参与者的接近中心度与最小接近中心度相差很小,在关系网络中占有重要地位。

3. 中间中心度分析

中间中心度是某个节点的中心度为任意两个节点之间最短路径经过该点的数目。所以节点中间中心度越大,即表明该节点越重要。部分参与者的中间中心度如表5-25所示。

表5-25　　　　　参与者的中间中心度(部分)

回复频数排名	参与者	绝对中间中心度	相对中间中心度
2	kua*gs*r6	475.279	23.575
1	Cr*k*7	471.286	23.377
9	s*y	465.688	23.100
23	s*nglin*l	267.969	13.292
10	liu*g9*99	220.976	10.961

"kua*gs*r6"的中间中心度的值最大为475.279,表明网络中任意两个节点的最短路径通过"kua*gs*r6"次数最多。即"kua*gs*r6"

为起到一个中间人的作用。参与者"kua∗gs∗r6""Cr∗k∗7""s∗y"的中间中心度排在前3位，与社会网络关系图直观结论相似。这三位参与者是网络中的核心参与成员。

通过对网络参与者点度中心度、接近中心度、中间中心度的分析，发现"Cr∗k∗7"拥有最小的接近中心度，能以最短的路径与其他参与者连接，"kua∗gs∗r6"拥有最高的点度中心度和中间中心度，说明其有控制其他两个参与者交流的能力。用户"s∗y"和"Cr∗k∗7"在三种分析方法中都处于前3名。综上所述，"kua∗gs∗r6""s∗y""Cr∗k∗7"为核心参与者，在网络中拥有重要位置。

无向关系网络密度公式：m/（n（n-1）/2），m为实际包含的关系数，n为行动者数量。使用Ucinet计算出高频参与者社会网络图的密度，得到平均密度0.0769，发现该网络密度很小。其原因可能是数据量不够，只收集了"数据分析与数据挖掘"版块数据，也有可能只是对高频参与者分析而筛选掉了其他参与者造成的。

二 帖子标签分析

"经管之家"论坛BBS上"数据分析与数据挖掘"模块精华帖中的大多数都标注有"关键词"，它们以超链接形式进行展示，点击某一个"关键词"后可以将论坛上所有标注了此"关键词"的帖子全部展示出来。其实，这些"关键词"是用于标注帖子主要内容的标签，不同于对帖子全部内容进行分析后提取的关键词。这些标签一般是由发帖人进行设置的，可以通过点击"自动获取"按钮对发帖内容进行分析得到，也可以选择标签，抑或是手动输入标签（用逗号或空格隔开多个标签）。"数据分析与数据挖掘"模块的10778条精华帖中，只有475个未标注标签。有2篇帖子显示"作者被禁止或删除、内容自动屏蔽"而无法提取其帖子标签。而其他10301个帖子均标注了标签。

对这些帖子的标签进行整理后发现，有15028个词作为帖子标签，标签词的出现频率不均衡。13970个词分别出现的次数少于10次。同时，有75个词分别出现的次数在100次以上，其中，有5个词分别出现500次以上。"数据挖掘"一词出现次数最高，达到2182次；其次是"数据"，次数达到1284次；之后是"挖掘""数据分析""大数据"，它们出现的次数依次为951次、761次和525次。这是可以理解的，因为我们分析的就是"经管之家"论坛 BBS 上"数据分析与数据挖掘"模块的帖子，其内容多与数据挖掘、数据分析、大数据处理有关。

由于这些标签有的是发帖人自己赋予，有的是系统自动扫描帖子内容而生成，有些标签显得不太合适，例如"cannot""not""非常感谢"等。我们对出现 5 次以上的标签进行了统计，分析高频标签共现情况发现：标签"数据挖掘"与"数据""挖掘"分别共现 870 次和 865 次。"matla"与"MATLAB"共现 174 次，"matla"是系统对包含 MATLAB 内容进行提取时形成的不准确标签。"数据分析"与"数据处理"共现 152 次，说明在讨论数据分析时往往涉及数据处理的方法、公示、模型等。"模型"与 524 个标签有共现关系，其中，与"数据挖掘"共现 48 次，与"神经网络"共现 14 次，与"时间序列"和"结构方程"均共现 10 次，这说明，该版块上探讨了有关数据挖掘、数据分析与处理的各种模型的使用方法、推导、解释以及应用。同时，标签里面出现了"因子分析法""主成分分析""多元回归分析"等多种统计学方法，还涉及 SAS、SPSS、MATLAB、CLEMENTINE 等多种软件及其相关课程、数据库。虽然各标签出现的频次呈现不均衡分布的现象，但是，从整体来看，该论坛中的标签反映出论坛讨论参与者的信息交流内容不仅包括数据挖掘、数据分析的理论、工具、模型，还涉及其应用如对 Facebook、Twitter、搜狐微博等社交媒体的分析实践，相关学习课程、课件、文献、数据库等多种资源。

对标签进行小团体分析，依据标签关系网络大致可将论坛"数据挖掘与数据分析"版块帖子内容分为四大类：第一类是数据分析与数据挖掘类，包括数据分析、数据挖掘、数据分析方法、数据分析软件等标签；第二类是资源分享类，包括课件、软件、下载、中文版、英文版等标签；第三类是相关论文文献类，包含论文、应用、神经网络统计年鉴等标签；第四类是学习讨论类，包含大数据、经典、learning、机器学习等标签。其中第一类占有较大比例，占有着重要的地位，而其他三类，占较小的一部分。

节点"数据挖掘"的点度中心度最大，其次是数据、挖掘、数据分析、数据处理、数据分析方法、数据分析报告、数据分析软件、项目数据分析、excel 数据分析、数据分析专题、面板数据分析，它们的点度中心度都超过 1000。而平均点度中心度是 473.042，说明这些数据分析与数据挖掘类标签都是论坛"数据分析与数据挖掘"版块发帖者关注和研究的热点。

节点"数据挖掘"的接近中心度值为 47，接近中心度排前 10 位的后 9 个标签是挖掘、数据分析、数据、资料、模型、统计、软件、SPSS 和统计学。平均接近中心度为 63，资料、模型、统计、软件、SPSS 和统计学等标签点中心度虽然低于平均值，但它们的接近中心度低于平均值，说明这些标签与其他标签有着紧密联系。所以这些标签也为论坛当前热点。

节点"数据挖掘"的中间中心度最大，表明它的中介性越强，对其他标签中间中心度统计，依次是挖掘、数据分析、数据、资料、统计、EXCEL、大数据、软件、模型等，对比接近中心度发现 EXCEL、大数据标签突显。

通过分析网络节点中心度发现，"数据挖掘"是"数据分析与数据挖掘"版块交流内容的热点讨论内容，相较于数据分析，用户们更注重于对数据挖掘相关研究的交流。同时参与者在论坛中获取行业数据、相关资料的意愿较强。论坛管理比较规范，没有出现与版块不相关的内容，保证了论坛的学术性和实用性，吸引大量参与者加入，提高了论坛学术交流的活跃度，用户更愿意去参与学术交流。

三　帖子关键词分析

"经管之家"BBS 的"数据分析与数据挖掘"版块的 10778 个帖子涉及 2775 个词，其中高频关键词的共现网络如图 5-16 所示。"分享"一词出现次数最多，高达 14665 次；其次是"学习"出现了近 7000 次，"资料"一词出现了 2158 次，"数据挖掘"被提及 2016 次，"软件"被提及 1233 次，共有 8 个词分别出现 1000 次以上。

对关键词进行小团体分析，图中左下方及中间位置节点占据几乎一半的网络位置，包含"数据""数据挖掘""数据分析"等高频关键词，在图中右上方位置的节点中"分享"为中心位置，图中右侧节点中包括"论坛""论文""资料"等关键词，有一些节点在网络边缘，包括"论坛币""注册""回帖"和"收藏"等关键词，发现这些关键词并不是与学科领域研究相关的关键词。

帖子关键词共现网络中，点度中心度由大到小的前 10 个关键词分别是"数据""学习""数据分析""数据挖掘""分析""分享""据分析

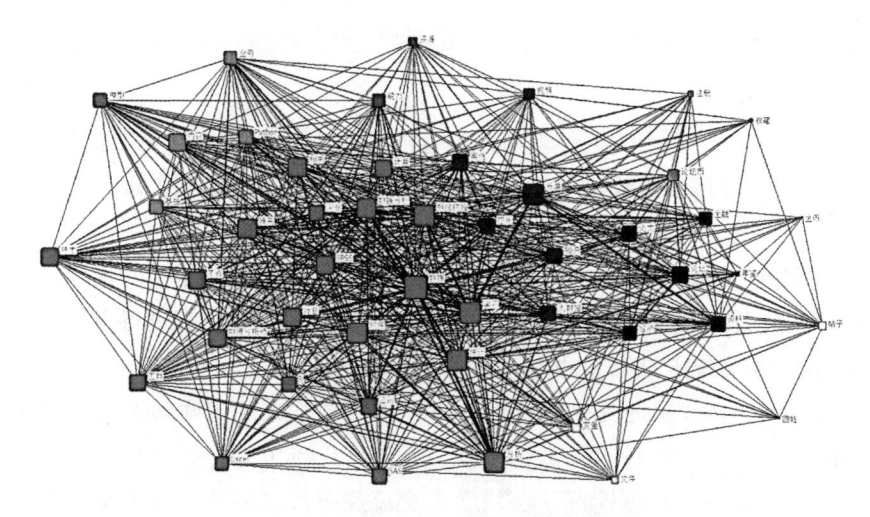

图 5-16　帖子关键词的共现网络

师""统计""软件"和"资料",其中"学习""分享"和"资料"三个关键词与其他关键词不是同一类,且在网络中占有较高的地位。说明参与者中有一大部分评论内容中包含学习、分享和资料,这也是进行学术信息交流的一部分。

帖子关键词共现网络中,关键词"数据"的接近中心度最小,接着分别为"学习""分享""分析""统计""数据挖掘""软件""数据分析""研究"和"相关"等 9 个关键词。这些关键词与点度中心度分析前 10 个关键词基本相同,不同的是"学习"和"分享"关键词排的更靠前,而数据分析、数据挖掘版块核心内容排在相对较后的位置,与点度中心度分析的结论相呼应,"学习"和"分享"在网络中占有较高的位置。

综合前文,再对比标签分析与关键词分析结果。归纳发现,标签分析得到的核心标签内容为数据挖掘、挖掘、数据分析等与"数据分析与数据挖掘"版块主题密切相关,说明论坛管理合理规范,不存在杂乱无章的发帖。对关键词分析发现数据挖掘、数据分析不再是网络中心位置,核心位置是数据、学习、分享,这种结果可能与学科领域存在一定的关系,也有可能与中文分词处理过程有关,最可能的原因是版块存在许多分享资源类的帖子。对比结果会发现,标签体现了版块当前研究的热门方向。从信息交流内容来看,这个版块"学习""分享""资料"等关键词出现非常频繁,意味着人们借助这个论坛进行了学术方面的学习与交流活动。

四 小结

对经管之家论坛数据科学与人工智能区域中"数据分析与数据挖掘"版块的交流过程、交流参与者、交流内容展开了研究，得到了以下结论：

（一）经管之家论坛拥有比较成熟的运营管理模式和完善的管理制度

对交流主体用户拥有严格的等级制度，对于违反规章制度的用户，也有严厉的惩罚，发帖者发布帖子前需要经论坛管理员对内容进行审核，内容不符合相关规定该帖无法发布。

（二）"数据分析与数据挖掘"版块上，信息交流活动的参与程度不均衡

"数据分析与数据挖掘"版块学术交流拥有较高的活跃度，参与者数量庞大，但发帖者、评论者、回复者的发帖量、评论量、回复量不均衡分布，极少数的发帖者发布了大多数帖子。大部分发帖者只发过一次帖，一半以上的评论者和回复者只评论过一次，高频参与者相对较少。这意味着在此版块上，信息交流活动的参与程度存在不均衡的现象。

（三）"数据挖掘"是比较热门的信息交流内容

"数据分析与数据挖掘"版块中的"数据挖掘"是最热门的研究方向，其次是数据分析。用户更加青睐数据挖掘，评论内容中存在部分非学术内容。通过对标签分析和评论关键词分析，分别使用三种中心度分析个体网络特征和小团体分析整体网结构。发现标签与版块主题相契合，评论内容关键词中"学习""分享""资料"等关键词占有较为核心位置。

（四）帖子内容建设参与者

帖子内容建设参与者包括发帖人和回帖人，他们是信息交流活动的主体。通过分析发现，极少数用户非常积极地参与论坛讨论活动，而大多数用户只是偶尔参与其中。也许存在更多的用户只是浏览而不回复或者评论，这部分用户暂时无法统计。至少，从当前的研究结果来看，用户参与的频次分布是不均衡的。

（五）帖子标签

该论坛上的标签生成方式有两种，一种是系统根据问题描述自动生成；另一种是发帖人自行设置。对帖子标签进行了共现分析，发现系统生成标签会存在一些错误，同时，标签用词的频率存在不均衡分布的现象。

（六）帖子标题

发帖人会选择什么词汇作为帖子标题，这与帖子内容、个人的语言使用习惯有关。研究发现，帖子标题使用词的频率存在显著差异，大多数词仅仅被使用几次，而少数词如"数据分析""经典""教材"等被使用多次。这预示着该版块帖子侧重于资料分析、学习与讨论活动。

（七）帖子内容分析

通过对帖子内容的分词和关键词提取，发现"数据""数据挖掘""统计""R""PHYTHON""模型"等词出现多次，说明该版块帖子内容侧重于理论探讨与实际应用。

通过以上几个方面的研究，我们发现，"经管之家"论坛上的信息交流主要是学术性的，涉及相关理论、模型、方法、工具、技术，以及关注其发展前沿问题与趋势。总的来说，"经管之家"论坛上的学术信息交流活动中，存在少数非常乐于分享信息的用户，同时也存在大量乐于学习、接收新信息与知识的用户，学习、交流氛围浓厚。

第五节　科学网博客

Batts、Anthis 和 Smith（2008）认为，科学博客已经成为一种在线科学群体的聚集地，可以讨论最新研究成果，促进科学合作并且影响公众对科学的认识。Bik 和 Goldstein（2013）指出，博客可以通过搜索引擎访问，博主持续发文有助于在虚拟空间建立学术名声。Brian Trench（2012）认为科学博客尤其是科学家的博客主要专注于特定学科的具体问题，同时也是开放存取和向公众普及科学知识的一种个人化的表达方式。科学博客上有很多学术性、专业性内容。[1] 科学博客不仅仅传播信息，而且有信息创新的过程，会产生更好的效果。[2]

科学网由中国科学院、中国工程院、国家自然科学基金委员会和中国科学技术协会主管，由中国科学报社主办，其口号是"构建全球华人科学社区"，旨在面向华人科学家展开学术交流、促进科技创新。

科学网博客的博主主要是各领域的专家学者。科学网将博主名录按照

---

[1] 袁玥：《科学博客：不断增长的影响力》，《科学新闻》2010 年第 8 期。
[2] 韩天琪：《在博客阅读中传递科学价值》，《中国科学报》2018 年 7 月 9 日第 7 版。

学科领域划分为八个领域,即生命科学、医学科学、化学科学、工程材料、信息科学、地球科学、数理科学和管理综合。这些领域中再分学科,例如,"管理综合"被分为"管理科学与工程""工商管理""宏观管理与政策""管理学""经济学"、"社会学"、"图书馆、情报与文献学""体育学"和"统计学"等22个学科。其中,"图书馆、情报与文献学"又被分为"图书馆学""文献学""情报学""档案学""博物馆学"和"图书情报文献学其他"六个子学科。我们选择科学网上的"情报学"博客展开研究,因为该学科注册的实名制博主高达634位,博文总数为24773篇,博客内容丰富,参与的用户人数众多。2019年4月10日至4月13日,采用八爪鱼采集器采集了"情报学"357位博主的26129条博文,综合利用Python编程、Ucinet、Pajek、VOSViewer和Gephi来完成相关可视化效果。

对博主的发布博文数量进行统计发现,博主的发文情况极度不均衡,有的博主从未发博文,而有的博主发博文很频繁,博文数量非常庞大。有239名博主虽然开通了博客,但未发布博文。有2名博主进行了隐私设置,不能访问其博客内容,其发布博文情况不得而知。有23名博主分别只发布了1篇博文。仅仅有40名博主,他们分别发布的博文数量在10篇以上。其中,博主"XPY*NG"发布博文17789篇,遥遥领先于该学科领域的其他博主。紧随其后的是博主"ZM*I"(发布博文768篇)和博主"LGF*NG"(发布博文613篇)。有4位博主("HBL*N""LJI*NG""ZC*HI"和"JL*N"),其分别发布博文数量在200—300篇之间。有2位博主("XWJ*E"和"LLCH*NG")分别发布了一百多篇博文。这九位博主发布的博文数量达到20414篇,占统计总量的93.94%。这表明,博主们发布博文的数量呈现两极分化。另外,需要说明的是我们采集到的博文并非357位博主的全部博文,因为有的博主进行了隐私设置而无法阅读博文,还有的博文内容未通过审核而隐藏。换而言之,我们将这些博主能查阅的全部博文进行了数据采集。

一 好友关系分析

博主在博客平台添加"好友"后,博主可以看到其"好友"新发布的博文内容以及以往的博文。这其实是一种潜在的交流途径。人们通过添加"好友",而可以浏览来自"好友"的博文推送和提醒,可以更加方便地查看其博文内容。这种形式有点像日常生活中的收藏并且追踪信息的功能，可以让好友之间很方便地获得对方发布的最新博文进而展开交流活动。"好友"关系的建立为更加方便的交流信息奠定了基础，博主们为了持续查看某个博主的新博文而不用重复搜索某一博主的用户名。同时，这种"好友"关系使得博主可以很方便地查阅"好友"的空间和博文，能够很快对其博文作出反应。尽管建立"好友"关系并非直接进行了信息交流活动，但是这种关系的建立却为之后的浏览、评论以及进一步地私信沟通提供了便捷的渠道。

在科学网博客"情报学"领域的357位博主中，有354位博主的博客可以访问并采集好友信息，其他3位由于隐私设置而无法查询。对所有能采集到好友信息的"情报学"博主的好友进行统计分析发现，共计4395个博客好友，其中有465人未开通博客，不能算是科学网博客的博主，而只能算作科学网用户。因此，在分析科学网博客的博主之间好友关系时，暂且忽略这些尚未开通博客的用户。

经过统计发现，科学网上"情报学"领域博主的好友数量呈现分布不均衡的现象。有的博主拥有的好友数量非常庞大，例如，用户"XPY∗NG"的好友数量接近1400个，高居榜首，紧随其后的是"ZM∗I"，其好友数量接近1000个。"LGF∗NG"和"GWJI∗O"的好友数量超过500人，"ZC∗HI"的博客好友人数分别超过400人，"HBL∗N""Z∗U"分别有300多个好友……同时，有些博主的好友人数很少。例如，"FL∗I""TEQ∗N"等72个博主分别只有一个好友，"TLJU∗N""WHXI∗O"等40个博主分别有2个好友，拥有3个好友的博主数量是24个。

经调查发现，XPY∗NG为中国医学科学院、北京协和医学院某研究所、图书馆主任、研究员、硕士生导师，担任全国医学文献检索教学研究会理事。可见在情报学领域很有经验和地位。ZM∗I也一直从事图书情报教育工作和情报咨询工作，现就职于浙江某大学图书馆参考咨询部。有多篇论文被收入《中国"八五"科技成果选》和《中国"九五"科技成果选》及中国人民大学复印报刊资料等多种文集，可见在学术领域有较大影响。

另外，科学网博客"情报学"领域的博主添加的好友分布也是不均衡的。例如，"WYSH∗N"被作为好友161次，"CFK∗DM"117次。与此同时，有些博主作为我们考察的博主的好友仅1次，例如，"ZJW∗I"

仅被博主"GWJI*O"作为好友,"ZXD*NG"只是作为博主"ZLP*NG"的好友。有2446个博主被"情报学"领域博主作为好友仅1次,有619个博主成为我们统计博主中两位的好友。

用 Ucinet 算整体网中整体网络的距离,发现:"情报学"好友网络中节点的平均距离为3.940,这个数据说明了任意两个用户之间平均通过4个人就可以相互建立联系。本社区的凝聚力指数(Distance-based cohesion)为0.337。建立在"距离"基础上的凝聚力指数越大,代表这个网络的凝聚力越强,0.337 说明各成员之间的关系较为紧密,联系较密切。

"情报学"好友网络的点度中心度的部分结果如表5-26所示。

表5-26　　　　　　　点度中心度分析结果(部分)

博主	绝对点度中心度	相对点度中心度	占比(%)
XPY*NG	1524.000	34.010	0.073
ZM*I	1026.000	22.897	0.049
GWJI*O	584.000	13.033	0.028
LGF*NG	498.000	11.114	0.024
ZC*HI	427.000	9.529	0.020
Z*U	395.000	8.815	0.019
HBL*N	395.000	8.815	0.019
ZCL*I	281.000	6.271	0.013
SJ*E	276.000	6.159	0.013
LL*I	235.000	5.244	0.011
ZJ*NG	230.000	5.133	0.011
WS*I	228.000	5.088	0.011

科学网"情报学"博客社区的点度中心势指数(Network Centralization)为33.92%。这说明整个社区成员之间的沟通是相对完整和密切的。

另外,好友网络中每个用户的点度中心度呈现从高到低的相对均匀的差异分布。排名从高到低靠前的5位博主分别是:XPY*NG

(1524.000)、ZM*I（1026.000）、GWJI*O（584.000）、LGF*NG（498.000）、ZC*HI（427.000），这五个用户与其他用户有很多联系，这表明在虚拟社区的学术交流中，这些博主与其他博主有着密切的关系，是虚拟社区的核心对象。这些核心对象通常是"情报学"领域的专家，并且是该领域的学科带头人。通过对上述博主信息的进一步调查，我们发现：GWJI*O 为北京协和医学院硕士毕业生，2011 年加入科学网博客，有 599 位好友，好友关系众多。LGF*NG 从 2011 年至 2019 年所发论文数高达 80 篇，活跃在学术领域，2018 年荣获第六届江苏省图书馆学情报学学术成果论文类二等奖。ZC*HI 为南京理工大学经济管理学院教授，博士生导师，研究领域主要包括信息组织、信息检索、文本挖掘及自然语言处理等，是图书情报学领域的专家，发表学术论文 60 余篇，出版著作 3 部。由此可见，这些博主长期在情报学领域，有一定的成果基础和专业背景，他们的核心地位与点度中心度分析结果是相吻合的。

好友网络的中间中心度如表 5-27 所示。XPY*NG（42.657）、ZM*I（22.983）、GWJI*O（15.640）、LGF*NG（9.533）、Z*U（9.323）均具有较高的中间中心度。此结果说明以上几个博主处于网络中其他博客关联的"中间"位置，对整个网络具有很高的资源控制力和互通连接功能。XPY*NG、ZM*I、GWJI*O 和 LGF*NG 已在上文中介绍，他们都是在情报学领域卓有成就也很有影响力的一些博主，他们有更好的资源沟通渠道，有能力充当网络中枢纽的角色。这与我们中间中心度的分析结果一致。

表 5-27　　好友网络的中间中心度分析表（部分）

博主	绝对中间中心度	相对中间中心度
XPY*NG	4281707.500	42.657
ZM*I	2306871.000	22.983
GWJI*O	1569858.625	15.640
LGF*NG	956827.938	9.533
Z*U	935799.625	9.323
ZC*HI	702618.063	7.000
LL*I	549868.125	5.478
SJ*E	529433.688	5.275

续表

博主	绝对中间中心度	相对中间中心度
HBL*N	522969.938	5.210
WS*I	520865.031	5.189
ZJ*NG	435263.313	4.336
ZCL*I	366780.188	3.654
WYSH*N	274606.781	2.736
CFK*DM	202143.563	2.014
YGC*N	198474.766	1.977
LJI*NG	196289.406	1.956
WXW*N	193557.688	1.928
DJI*N	182114.547	1.814
XHY*N	178769.266	1.781
HXY*NG	156337.078	1.558

对好友网络的中间中心度分析发现：科学网博客"情报学"虚拟社区网络标准化中心势（Network Centralization Index）为42.62%，表明网络的大多数成员之间的通信相对容易，并且可以在不使用桥梁节点的情况下获取信息。

但在整体分析中，平均中间中心度（Mean）是4539.255，这表明博客相对独立，没有个人对信息、资源和知识的垄断，这充分说明科学网"情报学"虚拟社区是一个平等而自由的学术交流平台。

XPY*NG、ZM*I、GWJI*O、LGF*NG、Z*U同时具有很高的点度中心度和中间中心度。原因可能是用户可以与其他明星博主联系并将其添加为好友，然后促进更广泛的学术活动和好友推荐。由此可以看出，该网络中可能存在着马太效应，越是有成就的博主越容易积累资源，越是有影响力的博主，越能不断扩充自己的网络影响力，越是出名的博主，越能通过博客被更多人知晓。而这些博主能够加快整个网络的信息流动和知识分享活动，对学科的进步起促进作用。

好友网络的接近中心度如表5-28所示。

表 5-28　　　　科学网博客好友网络的接近中心度（部分）

博主	绝对接近中心度	相对接近中心度	博主	绝对接近中心度	相对接近中心度
XPY*NG	34858.000	12.855	WG*NG	36633.000	12.232
LGF*NG	35713.000	12.547	YZW*I	36667.000	12.221
HBL*N	36021.000	12.440	ZYLI*NG	36671.000	12.219
ZM*I	36047.000	12.431	WF*NG	36696.000	12.211
WYSH*N	36059.000	12.427	ZT*O	36727.000	12.201
CFK*DM	36213.000	12.374	YLP*NG	36752.000	12.193
LJ*E	36301.00	12.344	CC*NG	36809.000	12.174
WFT*O	36395.000	12.312	ZBF*NG	36810.000	12.173
DJI*N	36414.00	12.306	SXJ*N	36824.000	12.169
HCS*NG	36458.000	12.291	Z*U	36857.000	12.158

例如，XPY*NG、LGF*NG、HBL*N、ZM*I 和 WYSH*N 接近中心度较低，分别是 34858.000、35713.000、36021.000、36047.000 和 36059.000，它表明这些博主是整个网络的核心，拥有强大的权力，与其他节点有更多的联系，并且可以控制其他人之间的交互，同时不依赖于其他成员节点。在信息资源、权力、声望和影响力方面，对他人的控制程度最强。该结果与点度中心和中间中心度结果一致。

通过进一步收集资料可知，WYSH*N 是情报学领域的知名专家学者，是中国科学技术发展战略研究院研究员，2007 年加入科学网博客，算是很早利用博客进行信息交流的学者，拥有 2894 位好友，说明在博客中的影响力非常大，受到很多人的关注，这也印证了通过数据得出的结论，他在网络中与其他节点联系较多，不依赖其他成员，处于网络的核心地位。

分析"情报学"虚拟社区的派系情况，在 Ucinet 中设置 Minimum Size 时，经过反复试验，选定将其设置为 9 时，结果展现的效果最好，表示人为规定这个派系中最少成员是 9 个。因此得到 12 个派系，即好友关系网络中成员最多的 12 个派系，如表 5-29 所示。

表 5-29　科学网博客好友网络中的派系成员列表

派系数编号	派系成员
Cliques 1	LGF * NG DJI * N HBL * N WYSH * N XPY * NG GJT * O WG * NG ZM * I ZJN * N
Cliques 2	LGF * NG DJI * N HBL * N ZBF * NG XPY * NG GJT * O WG * NG ZM * I ZJN * N
Cliques 3	LGF * NG DJI * N HBL * N CFK * DM XPY * NG GJT * O WG * NG ZM * I ZJN * N
Cliques 4	LGF * NG DJI * N HBL * N XPY * NG LYXI * N GJT * O WG * NG ZM * I ZJN * N
Cliques 5	YZW * I LGF * NG DJI * N HBL * N XPY * NG GJT * O WG * NG ZM * I ZJN * N
Cliques 6	LGF * NG DJI * N HBL * N WYSH * N CYP * NG XPY * NG GJT * O WG * NG ZM * I
Cliques 7	LGF * NG DJI * N HBL * N ZBF * NG ZCL * I GJT * O WG * NG ZM * I ZJN * N
Cliques 8	YZW * I LGF * NG DJI * N HBL * N ZCL * I GJT * O WG * NG ZM * I ZJN * N
Cliques 9	LGF * NG DJI * N HBL * N ZCL * I LYXI * N GJT * O WG * NG ZM * I ZJN * N
Cliques 10	LGF * NG DJI * N HBL * N CFK * DM ZCL * I GJT * O WG * NG ZM * I ZJN * N
Cliques 11	LGF * NG DJI * N HBL * N WYSH * N ZCL * I GJT * O WG * NG ZM * I ZJN * N
Cliques 12	LGF * NG DJI * N HBL * N WYSH * N CYP * NG ZCL * I GJT * O WG * NG ZM * I

"情报学"虚拟社区中有 12 个派系，派系之间高度重叠，出现在派系中的博主共 15 人，包括 LGF * NG、DJI * N、HBL * N、WYSH * N、XPY * NG、GJT * O、WG * NG、ZM * I、ZJN * N 等，相对于本次样本数据 634 位，只是 2.37% 的比例。剩下的 619 人不隶属于任何派系，他们是孤立者。这明显体现出该网络中资源和信息沟通的不均衡性，少数核心博主掌握着网络中最完备的关系，绝大多数边缘成员在网络中的信息交流活动有一定的局限性。

观察每个派系中的成员，发现 12 个派系的交叠程度较高，成了一个高度整合的跨越多个子群的核心组织。LGF * NG、DJI * N、HBL * N、GJT * O、WG * NG、ZM * I 出现在所有 12 个派系中。

对这 6 位博主的基本信息进行调查，结果如表 5-30 所示。

表 5-30　科学网博客好友网络中的核心博主基本信息

博主	好友数量	博文数量	被推荐次数	入驻博客时间
LGF * NG	998	614	828	2009 年
DJI * N	336	282	109	2011 年
HBL * N	704	444	311	2008 年
GJT * O	148	84	49	2010 年

续表

博主	好友数量	博文数量	被推荐次数	入驻博客时间
WG * NG	266	204	48	2012 年
ZM * I	2054	2310	12627	2011 年

通过对比点度中心度、接近中心度和中间中心度的数据，可以发现这些人的数据都是很高的，例如 LGF * NG 这三个指标的结果，每一项指标都在被分析成员中排前 5 位。由此也从侧面印证出他在每个派系中的核心地位，以及在整个核心网络中发挥了重要作用。

在学术交流过程中，他们可以利用自己的核心地位和在各派系及核心网络中的重要影响力，进行发表博文、评论、推荐等互动行为，更广泛地传播知识，分享经验，促进该领域学科知识交流，同时也能帮助其他学者获得一个更有效的知识获取渠道。

在 Ucinet 中，进行分块操作得到了该网络的子群密度矩阵，如表 5-31 所示。

表 5-31　　　　　　　　好友关系网络子群密度矩阵

	1	2	3	4	5	6	7	8
1	1	0.076	0.011	0.026	0.027	0.009	0.034	0.006
2	0.076	1	0.001	0.001	0.002	0.001	0.004	0.000
3	0.011	0.001	1	0.000	0.000	0.000	0.002	0.001
4	0.026	0.01	0.000	1	0.000	0.000	0.002	0.000
5	0.027	0.002	0.000	0.000	1	0.000	0.000	0.000
6	0.009	0.001	0.000	0.000	0.000	1	0.000	0.000
7	0.034	0.004	0.002	0.002	0.001	0.000	1	0.000
8	0.006	0.000	0.001	0.000	0.000	0.000	0.000	1

该矩阵为对称矩阵，矩阵中的数值代表行、列两个子群之间的密度，例如第一行第二列数据 0.076，代表子群 1 与子群 2 之间交流的密度为 0.076。

从不同子群之间关系的密度对比来看，子群 1 与其他各个子群之间的密度在所有子群中都是最大的，分别为 0.076、0.011、0.026、0.027、

0.009、0.034、0.006，说明其他子群都与子群1的联系最紧密。

查看子群1的成员，发现有XPY*NG、ZM*I、ZCL*I等核心成员，他们之间进行学术交流活动频繁，具有很强的凝聚性。可以通过他们，带动整个"情报学"虚拟社区的信息交流活动。XPY*NG和ZM*I在前文介绍过，ZCL*I现任郑州大学信息管理学院硕士生导师，是《图书情报工作》《图书情报知识》等期刊审稿人，主持完成了国家社科青年基金项目"学术授信评价及其在学术博客评价中的应用"，在情报学领域有一定的成就和地位。2009年加入科学网博客"情报学"领域，有284位好友，也是该领域的核心成员。

科学网博客好友网络中子群内部好友交流密度如表5–32所示。

表5–32　　　　科学网博客好友网络中子群内部好友交流密度

子群	1	2	3	4	5	6	7	8
密度	0.354	0.007	0.000	0.000	0.000	0.000	0.000	0.000

子群1的密度最大，为0.354，说明子群1的内部成员之间经常进行信息交流活动，他们的关系密切。而子群3到子群8的密度都为0，说明这些子群内部的成员之间联系不够紧密，信息交流活动比较少，分析发现这些子群中大多是边缘成员，而由上节分析得出的结论可以推测，产生这种明显差异的原因可能在于这些子群都依赖于子群1，导致他们内部的交流活动较稀疏。

二　评论关系分析

博客平台的评论行为，其实是评论者浏览或阅读相关博文内容后，发表意见、表达态度的一种活动。其前提是，博主发布博文来对某一问题进行描述、探讨、介绍、发表意见，这是一种典型的信息发送活动，通过博客向他人传递信息。当然，这些信息有可能是博主原创的，也有可能是博主转载其他信息源的资料，还有可能是转发了一部分的资料再进行整理组织、加工以及加入自己的看法的混合体。而评论者的评论行为发生的前提是阅读了博文内容，经过思考和判断之后，通过评论的方式来表达意见。另外，评论的内容有的是针对博主发布的博文的，也有的是针对其他评论者的评论意见而展开的讨论。因此，评论活动为我们提供了观察评论者、博文发布者（博主）之间信息交流的一种途径。

对科学网博客"情报学"领域的博主的博文及其评论进行统计分析发现：有 2238 个用户参与了评论活动，产生了 12526 条评论，平均每个用户发表评论 5—6 条评论。培扬、ZM∗I 和 LGF∗NG 为评论网络的核心人物，掌握这个网络最多的评论，说明他们的博文被关注得最多，也从侧面反映了由他们传播的知识会对该群体中的其他成员产生更大的影响。而通过评论这一互动方式，也使得话题能够开展更深刻的交流，同时也能使博主与评论者之间产生一定的凝聚力，避免因群体中各成员间的吸引力不足而导致的网络结构的疏松。

有 1802 条评论是博主自己对博文的评论内容，而这些评论内容是由 25 个博主进行自我评论的结果。博主"XPY∗NG"对自己的博文评论了 1733 次，遥遥领先。其他博主对自己博文的评论次数远远少于博主"XPY∗NG"。博主"LJI∗NG"对自己发布博文评论了 9 次，虽然自我评论次数位居第二，但与榜首的博主"XPY∗NG"相比，自我评论次数相差甚远。

科学网博客"情报学"评论网络中，被评论博主的中心度排序结果如表 5-33 所示。

表 5-33　　科学网博客用户评论网络中部分博主中心度

博主	点度中心度	接近中心度	中间中心度
XPY∗NG	0.777	0.696	0.898
ZM∗I	0.222	0.394	0.202
LGF∗NG	0.074	0.355	0.067
ZC∗HI	0.037	0.345	0.050
HBL∗N	0.038	0.346	0.049
ZCL∗I	0.027	0.343	0.029
XWJ∗E	0.020	0.340	0.02
XCXI∗NG	0.010	0.337	0.009
ZY∗NG	0.008	0.325	0.004
GCM∗I	0.008	0.337	0.009
WH∗HI	0.004	0.333	0
HXY∗NG	0.006	0.310	0.006
MTC∗N	0.005	0.327	0.002

续表

博主	点度中心度	接近中心度	中间中心度
QB*IANG	0.002	0.314	0
DJ*A	0.002	0.313	0.001
SX*E	0.002	0.207	0.002
CMH*NG	0.001	0.1687	0
LD*N	0.001	0.293	0.001

在评论网络中，点度中心度最高的是 XPY*NG，其值为 0.777；点度中心度最低者是 CMH*NG 和 LD*N。在这些博主中，XPY*NG 的接近中心度和中间中心度也是最高的，有绝对性的优势，这说明 XPY*NG 在网络中拥有较高影响力，成为网络的核心人物，对信息资源的流动起着控制作用，同时表明其在科学网博客平台的思想交流活动中比较活跃，有更广泛的影响力和话语权。

点度中心度和中间中心度的分布不均匀，从 LGF*NG 开始锐减，说明 XPY*NG 和 ZM*I 掌握着评论网络绝大多数的比重，是最受关注的两位博主。

该平台上，博主与未开通博客的用户均可评论。评论者的中心度排序部分结果如表 5-34 所示。

表 5-34　　　　评论网络评论者的中心度（部分）

博主及用户	点度中心度	接近中心度	中间中心度
XPY*NG	0.278	0.942	0.007
shen*oe*ue	0.111	0.884	0.001
HC*A	0.167	0.894	0.002
L*I	0.167	0.91	0.002
YZ*ING	0.222	0.913	0.003
WYC*I	0.167	0.91	0.002
LG*NG	0.278	0.858	0.006
CXN*NG	0.111	0.836	0.001
HR*IN	0.056	0.812	0
Sys*li*rray	0.056	0.812	0

续表

博主及用户	点度中心度	接近中心度	中间中心度
JYH * A	0.222	0.925	0.004
JD * E	0.056	0.812	0
WGQ * NG	0.111	0.884	0.001
gao * anna * ai	0.111	0.884	0.001
dsp * 8	0.056	0.812	0
LX * U	0.111	0.814	0
WKL * NG	0.111	0.884	0.001
LJ * N	0.167	0.91	0.002
bi * ans	0.111	0.884	0.001
CKH * N	0.111	0.884	0.001

由表5-34可知，XPY * NG 的点度中心度、接近中心度和中间中心度都最高，与其他评论者相比，XPY * NG 处于评论者群体中的核心位置，其行为相对比较活跃，可能会在与其他用户进行讨论的过程中找到共同的兴趣爱好，并进行深入交流。

三 推荐关系分析

在科学网博客上，如果博主发布了博文，而其他人看后觉得内容有价值，会点击"推荐"，当推荐人数很多的时候，该博文有可能被推送到博客首页让更多人看到。之所以会"推荐"，可能是因为赞同博文内容及观点，也可能是对博文内容很感兴趣，希望其他人也可以看到。"推荐"的行为是其他博主对某个博主所发布博文的一种欣赏、肯定、赞同态度的表达方式。总的来说，"推荐"关系的分析为我们观察博主之间的信息交流活动提供了一个角度。

有111位博主所发布的博文获得过"推荐"。博主的被推荐次数存在明显的差异。只有两名博主的博文被推荐次数超过了10000次。博主"XPY * NG"的博文被推荐19624次，其次是博主"ZM * I"，其博文被推荐12627次。XPY * NG 和 ZM * I 的推荐者呈现明显优势，在网络中有绝大多数的支持者。科学网博客推荐关系图中还有一部分相当聚集的节点，他们之间的推荐关系错综复杂，该网络的信息交流有很强的凝聚性，互动较为频繁。因此,可以通过备受关注的 XPY∗NG 和 ZM∗I,利用他们在科学网博客"情报学"领域中的影响力,拓宽知识的传播渠道。

另外,有 19 位博主的博文分别被推荐 1 次。有 9 位博主的博文分别被推荐了 2 次。有 70 名博主的博文被推荐次数分别不足 20 次。这说明,博主获得推荐的频次分布是不均衡的。

有 1374 名博主或用户曾经对科学网博客"情报学"领域的博文进行了推荐。只有两位的推荐次数接近 2000 次,博主"YZ∗ING"和"HC∗A"分别推荐了 1833 次和 1824 次。通过查询科学网博客发现,前者的研究领域是电气科学与工程中的电力系统,后者的研究领域是马克思主义哲学。有 1022 位博主或用户推荐次数均只有一次,有 341 位博主或用户推荐次数分别为 2 次……这反映出,参与推荐活动的频次分布是极度不均衡的。大多数用户只推荐了 1—2 次,极少数用户推荐了几千次。

研究发现,XPY∗NG 与 WYSH∗N、ZX∗NG 之间的共同推荐数量最多,都是 27 次。说明他们之间存在显著的兴趣共同点。共推荐数量不少于 11 篇的共有 53 人,数量较多,可见,科学网博客中"情报学"领域是一个具有高凝聚性、互动较频繁的网络。通过共同推荐关系,可以加速信息在社区群体中的传播速度和效率。

四 博文内容分析

对于科学网博客上的博文内容,采用 TF-idf 算法和 TextRank 算法相结合,并调用 Jieba 分词(https://github.com/fxsjy/jieba)对相关内容进行切分和提取关键词。在此基础上,人工检查并再次挑选,最终确定了 25486 个关键词,对出现 6 次以上的 1180 个关键词的共现网络分析发现:"信息""数据""系统""方法""信息检索"出现频率非常高。"论文""期刊""文献计量""科研动态"出现频次也很高。"二次文献""字段标识""自引率"等 2713 个词分别在博文中被提及 2 次。出现次数不足 5 次的关键词占关键词总数的 90% 以上。这说明,博文中的关键词分布不均衡,极少数词高频率出现,而绝大多数词分别出现的次数很低。

整个网络中关键词的分布较均匀,说明科学网博客中"情报学"领域内的交流内容广泛。不仅仅涉及情报学、图书馆学、计算机科学等领域的内容,而且包含了博主分享的各种知识甚至生活中的感悟。但是,包含与信息科学、数据分析、情报有关词汇的博文往往能引起广泛关注与讨论，从而引发信息交流活动。

科学网博文中部分关键词的点度中心度如表 5-35 所示。

表 5-35　　科学网博文中关键词网络点度中心度分析（部分）

关键词	绝对点度中心度	相对点度中心度	占比（%）
信息	3309.000	3.294	0.010
技术	3279.000	3.264	0.010
方法	2714.000	2.701	0.008
数据	2703.000	2.690	0.008
系统	2377.000	2.366	0.007
学习	2364.000	2.353	0.007
相关	2335.000	2.324	0.007
分析	2244.000	2.234	0.007
用户	2071.000	2.061	0.006
信息检索	2055.000	2.045	0.006
计算	2019.000	2.010	0.006
包括	1855.000	1.846	0.005
网络	1816.000	1.808	0.005
语言	1738.000	1.730	0.005
基础	1676.000	1.668	0.005
搜索	1660.000	1.652	0.005
教授	1660.000	1.652	0.005
知识	1643.000	1.635	0.005
利用	1642.000	1.634	0.005

"信息""技术""方法""数据""系统"等词汇在科学网博文关键词共现网络中的点度中心度较高，这些词在网络中很重要。同时也说明在科学网博客上，情报学领域博文关注点侧重于信息技术与方法等方面。

经计算，关键词的点度中心势指数为 3.08%。这个数值很小，说明关键词总体之间关系较为松散，联系较为稀疏。"图书馆""信息可视化""自然语言处理""大数据"等词的出现频率也比较高。这说明，在科学网博客上的"情报学"博主所发布的博文中，主要是学术性内容，而且与"情报学"领域密切相关。科学网博客"情报学"领域的博文内容很丰富，博主们分享的除了情报学领域的信息与知识，还涉及其他相关领域甚至生活感悟等方面，其信息交流内容宽泛却又不乏深度。

五 小结

对科学网博客上"情报学"领域博主的博文从以下几个方面研究其信息交流活动。

（一）博主好友分析

博客上的"好友"意味着会持续关注其发布的博文，换句话说，就是关注其发布信息的内容，以便及时阅读。这是一种典型的信息交流活动方式。统计研究发现，博主的好友数量呈现不均衡分布的现象。对于好友数量非常多的博主，其接收到的主动推送博文信息会比好友数量少的博主要多得多。也就是说，除了日常浏览之外，好友越多的博主会收到更多的来自好友的推送信息，他们能够更快更多地接收来自好友发布的信息资源。

（二）博文评论关系分析

在科学网博客上，不论是实名制的博主还是访客、未开通博客的科学网用户都可以在浏览博文后进行评论留言，这样一来，原本不是"好友"关系的"素不相识"的人们可以通过评论留言的方式来进行信息交流。博主发布博文是信息发送行为，他人浏览是信息接收行为，进行留言评论则变成了信息发送活动，让其他人看到，进而又有人回复……如此一来，在留言评论过程中，人们由于评论某一博文而聚集到一起，进行了信息交流活动，或表达态度，或进一步咨询，或进行学术讨论与争鸣。统计研究发现，对博文评论活动的参与度也存在不均衡分布的现象。

（三）博文推荐关系分析

当博主们阅读到了感觉有价值的博文会点击"推荐"按钮，进而让更多人可以看到该博文。在这个过程中，发布博文的行为是信息发送行为，而阅读后进行思考是信息接收行为，进而推介给他人，这其实是在发送一种信息，即认为所推荐的博文内容很有价值，或者表达对博主的赞同感或精神支持等。研究发现，博主们对于推荐活动的参与程度是不均衡的，而且往往发布博文数量庞大的博主，例如博主"XPY * NG"更容易获得更多的"推荐"。这与博文基数有一定关系，更重要的是其发布的博文多是围绕信息计量学、知识发现、信息检索等情报学主题的实践活动与论文推介，因此，受到了广泛关注，并且收获了大量"推荐"。"推荐"其实也是一种对发布博文的博主的认同，这将激励博主发布更多有价值的博文，以便促进信息交流与知识传播。

（四）博文内容分析

通过对博文内容进行关键词提取，发现科学网博客的"情报学"领域博主发布的博文绝大多数紧扣学科主题，如"信息检索""文献计量""知识发现"等，具有浓厚的学术氛围。博文所用的词汇的分布是不均衡的，情报学领域的术语被高频率地提及，同时来自其他学科如药物学、农业工程、咨询等领域的词语也在博文中出现，只是频率不太高。但这从某种程度上说明"情报学"的应用领域有扩大的趋势。

总的来说，科学网博客上的博主实行了实名制，其博文大多数与其专业研究领域密切相关。这种科学博客有助于发布传播相关学科信息与知识，不仅仅是一些来自期刊论文、专著、研究报告的理论研究，还包括各种课程、学术会议、讲座信息、应用案例等，使得学术信息交流活动内容丰富多彩，同时注重理论联系实际。

第六节　新浪微博

微博作为近几年快速发展的社交软件之一，充分利用现有的信息传播技术和通信技术，为用户提供了可随时随地发布想法、更新动态和分享感受的便捷途径。过去几年中，微博的使用量一直在增长，它在非正式学习方面有很大的潜力，已经有很多的专家博主多次尝试将学习活动带入在线社交世界，从而促进非正式学习。

新浪微博官方网站宣称："微博是帮助人们创作、传播和发现中文内容的领先社交媒体平台。微博基于公开平台架构，提供简单、前所未有的方式使用户能够公开实时发表内容，与他人互动并与世界紧密相连。"[1]中国互联网络信息中心的《第45次中国互联网络发展状况统计报告》显示，截止到2020年3月，微博使用率达到42.5%。[2] 作为典型的中文社

---

[1] 新浪：《新浪简介》（http://ir.sina.com.cn/business_overview.shtml），2019年12月1日。

[2] 中国互联网络信息中心：《第45次中国互联网络发展状况统计报告》（https://cnnic.cn/hlwfzyj/hlwxzbg/hlwtjbg/202004/P020200428399188064169.pdf），2020年5月1日。

交媒体，微博为用户提供社交互动的平台，以便用户可以进行实时公开的自我表达。微博上的用户可能是不对称的，用户可以自由关注其他用户，也可以自由发表评论。"微博简单、不对称和分发式的特点使原创微博能演化为快速传播、多方参与并实时更新的话题流。"[1]

由于新浪微博拥有广泛的用户群体，微博内容包含方方面面，可以视作社会的缩影。正因为微博上博文内容的丰富性、包容性，导致微博上的学术信息交流显得非常零散。在询问翻译学相关学者之后，决定从微博上选取一些有代表性的翻译领域的知名专家博主。在剔除长期不更新博客和内容涉及翻译内容太少的博主后，最终选取了 22 名博主展开研究。由于微博数据量巨大，我们于 2019 年 1 月爬取了这些博主 2018 年 1 月 1 日 0 时至 2018 年 12 月 31 日 24 时的博文 11559 条。我们综合利用了 Python 编程、Ucinet、Pajek、VOSViewer 和 Gephi 来完成相关数据挖掘与可视化效果。

一 交流参与者分析

在新浪微博上信息交流参与者的行为有以下几种：

➢ 发布微博：用户通过文字、图片、视频等多种形式及其融合方式来发布动态消息、表达观点态度。早期的微博会有 140 字的字数控制，2016 年初改变了这个字数限制，将上限提高至 2000 字，对全体用户都适用。

➢ 点赞、屏蔽与投诉行为。当用户在微博浏览过程中，发现了喜欢的内容，可以点击"大拇指"形状的图标给予赞许，表达欣赏、喜爱之情或是赞同的态度。当用户不想看有些微博内容时可以屏蔽它们，不再显示在当前用户视图里面。当有些微博包含暴力、黄色等垃圾信息、虚假信息、侵犯他人或组织合法权益的不良信息、不文明用语等内容时，用户可以选择投诉举报，以便净化微博语言环境。

➢ 关注他人的微博：对某个用户的微博感兴趣而想继续追看其新微博，从而关注其微博，以便收到系统及时推送的最新微博。

➢ 收藏：当用户在浏览过程中觉得某些微博内容有帮助还想再看看

---

[1] 新浪：《新浪产品与服务》（http: ir. sina. com/cn/products_ services. shtml），2019 年 12 月 3 日。

时，可以收藏微博，以便重复阅读，避免了在海量微博中费力去查找看过的感兴趣的内容。

➢ 评论：用户可以对自己发的微博进行评论或是补充说明，也可以对他人的微博表达意见和看法。有时，用户会利用评论来进一步询问或探讨某些问题。

➢ 转发：用户可以将看到的微博内容转发出去，分享给更多的人，这样会使某些微博内容传播范围更加广泛。

➢ @（艾特）：用户在发布微博、评论微博或者转发微博的同时，可以艾特其他微博博主，有的时候是为了提醒其阅读浏览，有的时候是标注引用其微博内容。

需要说明的是，对于用户的屏蔽、投诉行为，由于隐私保护，除了系统后台以外，难以获取其相关数据。而其他行为基本是通过浏览微博博主的主页及其微博内容可以发现。

（一）交流参与者的点赞

博主点赞关系如图 5-17 所示。当博主 A 对博主 B 的某一微博内容点赞行为发生时，一般来说，不会有无缘无故的点赞行为。点赞行为发生的前提是，博主 A 阅读了博主 B 的微博内容，从中获取了信息。因此，点赞行为可以视作博主 B 发送信息，而博主 A 接收了信息并作出回应，表达赞同、欣赏、喜爱等感情的一种表现形式。

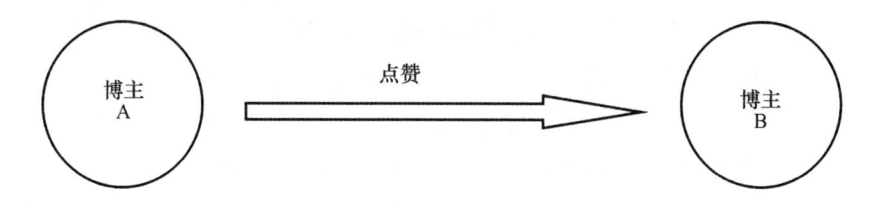

图 5-17 博主点赞关系示意图

各位博主相关博文下的点赞者数量参差不齐（如图 5-18 所示），少则几位，多则几百位（当时数据清理的时候已经去掉了重复的点赞者），出现了很明显的不均衡性，极少数人获得了 400 人以上的点赞量，大多数人点赞数没有超过 100 人。

点赞者人数

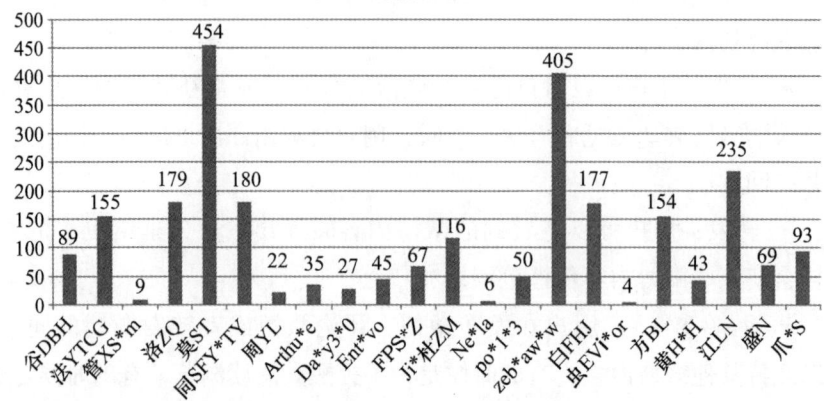

图 5-18　新浪微博博主收获点赞情况

但整个社会网数据仍很庞大，足有 2314 个节点，对新浪微博上翻译类博主的点赞关系分析发现：博主"莫 ST"收到的点赞最多，高达 454 次，其次是"江 LN"收到点赞 235 次。"同 SFY * TY""洛 ZQ""白 FHJ""法 YTCG""方 BL""Ji * y 杜 ZM"和"zeb * aw * w"分别获得点赞次数均高于 100 次而不足 200 次，其中"同 SFY * TY"获得 180 次点赞。"爪 * S""谷 DBH""盛 N"等 9 位博主获得的点赞高于 20 次而不足 100 次，其中"爪 * S"获赞 92 次。而同时，"管 XS * m""Ne * la"和"虫 EVi * or"获赞数均不足 10 次，其中"虫 EVi * or"获赞数最少，仅有 4 次。可以发现，博主获赞数量的分布是不均衡的。

这些博主的点赞次数相差不太大。其中博主"Da * y3 * 0"点赞次数最多，达到 4 次；有 9 位博主分别点赞 3 次。分别点赞 2 次的博主有 48 位，有 2186 位博主均点赞 1 次。"Da * y3 * 0""zeb * aw * w""po * 1 * 3"这 3 位博主较为活跃，之间联系较为密切，经观察得知，三人都互相关注，因而他们彼此对其他两个人的博文发布内容比较关注，点赞频率比一般人高。

（二）交流参与者的关注关系

在微博平台上，博主之间可以进行"关注"，一旦设置"关注"，就可以自动收到来自关注博主的博文推送、动态信息等。因此，"关注"行为为更及时的信息交流活动奠定了基础，为博主尽快接收来自关注博主的信息、浏览信息利用平台做了技术上的准备。另外，"关注"行为反映了博主的兴趣爱好。一般而言，人们只会对感兴趣的博主进行"关注"，因为对博主的喜爱、关心而想要及时得到博主的最新博文推送、了解其动态。很多时候，在虚拟的网络空间里，人们因为共同的兴趣、爱好、认同感而聚集到一起，通过"关注"的方式保持联系，以免其关注的内容淹没在过多的网上信息之中。由于网络空间信息内容的多元化和包容性，人们在其中形成了各种各样的兴趣团体。而"关注"恰恰是维系这种持续联系的纽带。此外，在微博上"关注"其他博主也被称为变成某个博主的"粉丝"。这里的"粉丝"既不是日常生活中的食品，也不是疯狂追星族的代名词，而是指具有关注关系的博主。

在微博平台上，"关注"有两种情况（如图 5 - 19 所示）。一种是单方面关注，另一种是相互关注。在博主关注示意图中，博主 B 关注了博主 A，但博主 A 未关注博主 B。当博主 A 发布微博时，博主 B 能及时收到推送，可以及时查看阅读其微博内容。也就是说，博主 B 作为博主 A 的粉丝，可以及时接收到来自博主 A 的信息，而博主 A 不是博主 B 的粉丝，其接收到的可能来自其他博主的微博，也可能接收到来自博主 B 的评论信息。博主 B 关注博主 C，成为博主 C 的粉丝，同时，博主 C 对博主 B 进行了关注，成为了博主 B 的粉丝。这意味着博主 B 与博主 C 相互关注，双方都可以及时获得来自对方的信息，也有机会及时对对方的微博内容作出回应，比如点赞、评论、转发等。

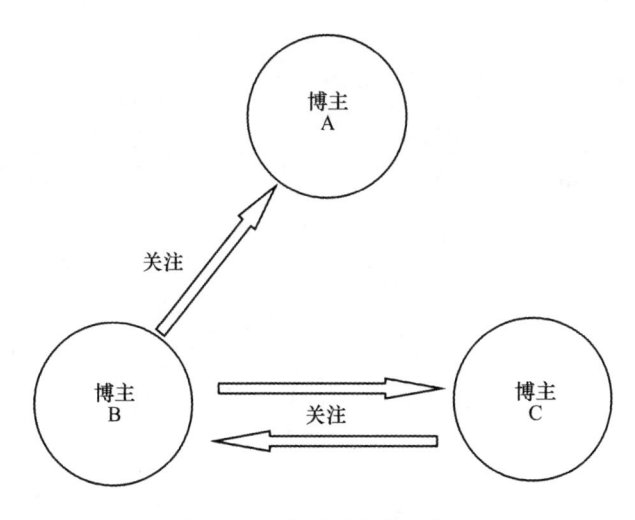

图 5 - 19　微博博主关注情况

在研究微博上博主的关注关系时，着重研究博主互相关注的情形。因为发现很多博主关注的博主数量动辄几百，有的已经上万了。如果只是单方面关注其他博主，其实从所关注的博主那里获得微博内容推送后，两者的信息交流也许并不频繁，被关注的博主有可能有众多关注者，而不会对每个关注者都一一回应。可以说，这种关注关系比较疏离，被关注的博主发布微博，关注者收到并查看，是存在信息交流活动的，但主要是一方发送一方接收的形式为主。而相互关注则不同，意味着双方都能收到系统推送的对方的微博信息，双方既是信息发送者也是信息接收者。考虑到在微博平台上，由于人们的兴趣广泛，所关注的博主可能来自各个领域，包括学术的、生活的、娱乐的等，这意味着考虑单方面的关注活动可能会冲淡对学术信息交流的研究，毕竟在微博上存在大量影响力很强的"大V"博主，他们的关注者数量非常庞大，而我们关注的翻译领域博主有可能关注来自娱乐界、旅游界、电竞界等多个领域的非学术博主。因此，我们暂且主要考虑所研究的22位博主之间的关注关系。博主之间的关注关系如图5-20所示。箭头指向被关注用户，同时根据被关注数量多寡显示节点大小，被关注数量越多，则节点越大，江LN被关注最多，有18人关注他，在翻译圈中处于核心地位，微博更具影响力。22个人中每个人都存在相互关注，其中14人之间交流密切，关注与被关注频率4次及其以上（22位专家博主之间关注与被关注频率都有3次）。

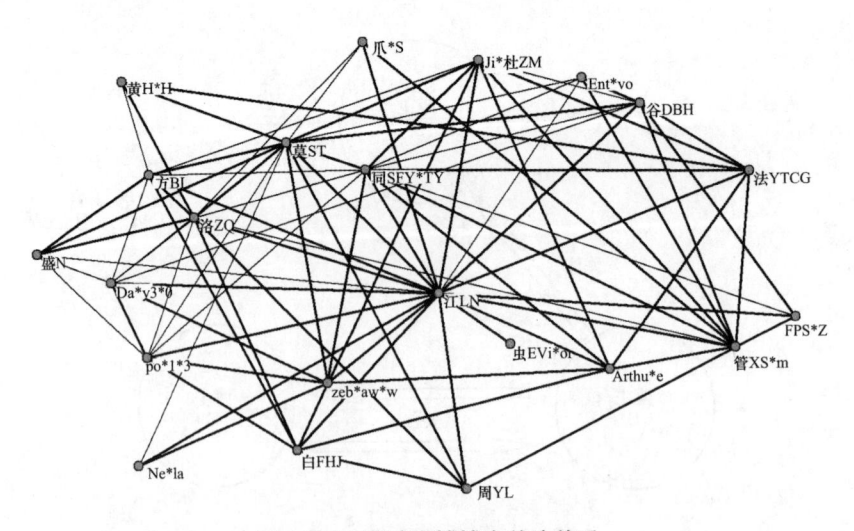

图5-20 新浪微博博主关注关系

这 22 位博主都从事翻译相关领域工作，并且具有十分密切的交流关系。这与传统的学术交流模式不同。传统的学术信息交流主要发生在高等院校、科研所以及各种学术会议上，通过纸质文献等方式进行出版和传播，交流也仅限于学者之间。但是随着互联网时代的来临，学术交流更多地出现在各种开放式的在线空间中，这些博主以微博作为沟通交流的媒介，致力于新知识的协同创造和学术信息的共享传播，促进了非正式学习。通过查阅博主的公开用户信息发现，很多博主并非从事翻译学的教师或是专职研究人员，而是翻译从业者，他们更注重翻译理论与技巧的实际运用而非翻译理论学研究，热衷于分享网络热词、最新官方术语的翻译方式与技巧。在某种程度上，微博把学术交流的范围扩大了，把专业学术圈变成了更广义的泛学术圈，更能激发创作灵感。

博主之间的关注数量分布是不均衡的。例如，博主"江 LN"关注了"Da*y3*0""po*1*3""法 YTCG"等 20 位博主，同时被"洛 ZQ""同 SFY*TY""管 XS*m"等 18 位博主所关注。博主"黄 H*H"只关注了"法 YTCG""莫 ST"和"洛 ZQ"，且对方也关注她，此外"法 YTCG"关注了"黄 H*H"。博主"虫 EVi*or"只关注了"江 LN"，且被"江 LN"所关注。博主之间的关注关系在一定程度上反映出其兴趣是否相近，为信息交流活动打下基础。

知名博主具有强大的传播力（如表 5-36 所示），排名前十的博主都有超过 4 万的关注者（即粉丝），"谷 DBH"关注数高达 1200 万，表明微博上知名博主同明星一样有强大的影响力和传播力，且在专业领域内的传播层面更广。

表 5-36　　　　　新浪微博翻译类博主受关注情况

排名	博主	受关注数
1	谷 DBH	12 044 613
2	Ent*vo	3 804 868
3	管 XS*m	721 028
4	法 YTCG	293 986
5	洛 ZQ	213 232
6	江 LN	139 265
7	莫 ST	117 357

续表

排名	博主	受关注数
8	FPS*Z	66 418
9	同SFY*TY	54 241
10	周YL	46 959
11	Ji*y杜ZM	42 895
12	盛N	32 394
13	Arthu*e	25 385
14	方BL	22 834
15	白FHJ	15 488
16	zeb*aw*w	11 832
17	黄H*H	11 423
18	爪*S	10 509
19	虫EVi*or	7 584
20	Ne*la	5 490
21	po*1*3	2 521
22	Da*y3*0	1 453

（三）交流参与者的评论关系

在微博平台上，不论博主发微博是为了抒发情感，还是陈述或描述某个事件，抑或是为了表达对某个事物的看法，这种发布微博的行为都是在向其他人发送信息，只是信息的内容各有侧重，信息的形式也丰富多样，有的是纯文字，有的是图片、视频，还有的是多种媒体融合的产物，比如直播活动等。博主发布微博后，"关注"该博主的人会立即收到系统的推送微博，从而可以在第一时间进行阅读浏览，从中获得某些信息，这是典型的信息接收过程。在这个过程中，由于微博内容对阅读者产生的刺激，阅读者一般会在阅读过程中进行思考，联系专业背景、以往的实践经验甚至看过、听过的信息内容，从而对接收到的信息进行判断、评价。有时，由于网络上信息过载，阅读微博者会一看而过，继而浏览其他微博。有时，微博的阅读者会通过评论的方式对微博内容进行反馈。评论的内容可能是表情包、文字，也可能是超链接，还可能是多种形式信息的融合体。此时，微博的阅读者通过评论这种活动，在向微博发布者以及其他人发送信息，其内容主要是反映对此微博的观点、意见或者建议，有时会带有浓厚的感情色彩，例如表达赞同之情，也可能是反对；有可能是表达支持，也可能是反驳其观点……正是在这种自由、开放兼具包容性的空间里，人们可以在遵守各项法规的前提下自由表达意见。通过微博上评论关系的研究，在一定程度上可以发现通过微博进行交流的人们是如何发送、接收信息的。

有368位博主进行了评论，产生了445条评论。对微博博主的评论关系分析发现：各个专家博主被评论的次数都多于其他普通用户，其中以谷DBH被评论的次数最多，这说明在话题传播过程中，专家博主相比普通用户会接收到更多的评论。普通用户之间的交流很少，没有很明显的小团体现象，这说明学术信息交流的主动权掌握在知名博主手上。

其中，博主"谷DBH"遥遥领先，其评论89次，紧随其后的是博主"方BL"，评论了68次。有3位博主评论次数分别超过20次而不足50次，其中，博主"zeb*aw*w"评论了45次，博主"Arthu*e"和"po*1*3"分别评论了23次和21次。有8位博主评论次数超过10次而不足20次，其中，博主"法YTCG"和"Da*y3*0"分别评论了18次，而博主"Ji*y杜ZM""莫ST""同SFY*TY""江LN"均评论了17次，博主"洛ZQ""管XS*m""白FHJ"分别评论16次、15次和13次。

博主收到的评论数量存在差异。博主"谷DBH"收到的评论最多，主要来自"看DWMFJ*QBS""手JY*XTC""仙J*ZD*QXD"等88名博主的评论。其次是博主"方BL"收到了来自"爱YYJY*ydia*S""西FBXS*5""Mich*lL*e"等61名博主的评论。博主"zeb*aw*w"收到了来自"Da*y3*0""白*LKev*n""Glo*ou*dmund"等24名博主的评论。博主"Arthu*e""法YTCG""莫ST""江LN""洛ZQ""同SFY*TY""po*1*3""管XS*m""Ji*y杜ZM"和"白FHJ"等10名博主收到的评论数均在10次以上而不足20次。而"A*ure*tic""Ethan*he*etaster""Paul*0380*41"等73名博主仅仅收到1次评论。"爪*S""Ent*vo""Sw*ft*s"等10名博主分别收到2次评论。这说明，博主的评论数量分布呈现不均衡的现象。

（四）交流参与者的转发关系

在微博上，博主发布微博后，其他人阅读后不仅可以进行评论，还可以进行转发，或者转发同时进行评论。一般来说，阅读微博内容是转发的前提。当人们阅读了微博内容，觉得感兴趣或是想将其给更多人看到时，会进行转发活动。这意味着，当博主发布微博时实际上是在发送信息，而转发微博者显然先作为信息接收方，查看了微博内容，进而作为信息发送方将微博传递到更大的范围，可能在转发的同时附上自己的评价、言论以表明自己的态度。值得注意的是，转发某条微博并不等同于转发微博者完全赞同其内容，有可能是赞同、支持，也有可能是批判、反驳，转发的目的是让更多人看到进而表达支持或反对意见。也就是说，在微博平台上，由于每个用户均可采用转发活动来扩大某条微博的传播范围，通过转发有可能形成舆论浪潮，有的是以赞扬、弘扬为主，有的是以批评、评判为主，也有的是多种意见的交锋。转发活动在无形中扩展了某条微博的传播范围，通过人际交互活动，将微博传递给更多人看到，进而有可能形成舆论，甚至热点事件或热门人物。

有1608位博主涉及的转发活动共计1681次，对微博博主的转发关系分析发现：博主的转发次数差异不大，转发次数最多的博主是"po∗1∗3""马TS∗ZXJ"和"网SB∗K"，其转发次数均为4次。博主"_Trombe""Ji∗y杜ZM""Ol∗iaL∗ra""方BL""谷DBH""湖S∗""洗JCDN∗0"和"左Z∗右∗Z"等8位博主转发次数均为3次。有48位博主分别转发了2次，例如，博主"am∗ga∗y""墨∗L∗P"等。而有1549位博主的转发次数均为1次，如博主"葱JSH∗X∗X""归L∗L"等。

有139位博主的微博被转发了，分析博主们的被转发次数发现分布非常不均衡。博主"谷DBH"遥遥领先，其微博被转发了536次。"同SFY∗TY""莫ST""方BL""洛ZQ""法YTCG""白FHJ"等博主被转发次数也较多。此外，还有一些像"英Y∗C""喷TW∗C""忆X∗M∗X""无∗X""翻YL∗T""墨∗L∗P"等普通用户，这些用户虽然没有上述博主的被转发次数多，但是相较于其他用户被转发次数还是较多的，他们发挥了桥梁的作用，将上述知名博主与其他用户进行了很好的连接。

我们发现，转发网络比评论网络具有更多的节点。这说明，相比较评论行为，用户更愿意做较为省力的转发行为，当用户对博文发布内容具有更大兴趣时，才会发生评论行为；转发网络中除了形成以博主为中心的团体外，还有很多以普通用户为中心的小团体，并且转发网络中所存在的小团体的规模较评论网络的规模大得多，并且用户之间有更好的连通和交互。

二 交流内容分析

(一) 微博内容关键词

对翻译相关博主的微博进行爬取超过 11 万条,由于博主的兴趣广泛,所发微博的内容涉及生活点滴、娱乐、心情等多个方面。由于本书着重研究学术方面的信息交流活动,课题组成员逐一阅读微博内容,把其中跟翻译有关的微博手工挑选出来进行分析,得到 2467 条微博。对于科学网博客上的博文内容,采用 TF-idf 算法和 TextRank 算法相结合,并调用 Jieba 分词 (https://github.com/fxsjy/jieba) 对相关内容进行切分和提取关键词。在此基础上,人工检查并再次挑选,最终确定了 3817 个关键词,其中,有 2517 个关键词都仅仅出现了 1 次,如"后现代小说""详注"等。"搭配词""意向词"等 595 个关键词分别出现了 2 次。有 227 个关键词分别出现了 3 次,如"文学青年""表述方式""语法化"等。共有 3552 个关键词出现的次数分别不超过 5 次。而与之形成鲜明对比的是,有 4 个关键词分别出现的次数超过 100 次,其中,出现次数最多的是"翻译",共计 572 次;"学习"紧随其后,出现了 163 次;"英文"出现 196 次,而"法语"出现了 132 次。有 8 个关键词分别出现的次数均超过 50 次而不足 100 次,其中"中译英"出现了 97 次,"释例"出现 89 次。这意味着,在这些微博使用的词语的次数出现不均衡的现象。

"翻译"与 1099 个词存在共现关系,其中,"翻译"与"英语""英文"共现次数达到 102 次;与"学习"一词共同出现在博文里 92 次,与"法语"共现 63 次;与"中文""中译英""时政用语""释例"共现次数均超过 40 次而不足 50 次。"翻译"与 287 个词仅仅共现 1 次,如"知识产权""《射雕英雄传》""公文体"等。这说明,这些博主的博文多侧重于英文翻译、法语翻译,并涉及学习翻译的一些技巧和心得体会。同时,在翻译过程中会考虑知识产权问题、对公文进行翻译的注意事项以及对时政要闻或中文小说的翻译问题。另外,微博中还提到了"语境""搭配""译前准备""西班牙语""原文""政府工作报告"等词汇。由此可见,这些微博中提到了翻译要注意的语境问题、词语搭配、固定搭配问题,以及如何尊重原文力求翻译效果达到信达雅的境界。此外,还涉及小语种的翻译问题,同时注重翻译技巧的运用和翻译工作的实施准备,将理论联系实际。

（二）微博话题

在微博上，话题一般用两个"#"之间的文字来表示大家都关注的内容。所统计的学术内容的微博中包含了96个话题，其中，有68个话题分别被提及1次，如"#石黑一雄#""#中文字幕#""#新书速递#"等。"#见缝插针学法语#""#《射雕英雄传》英译#""#双语学习#"等14个话题分别被提及2次。话题"#Bluce学英语#""#活动预告#""#上海译文新书#"分别被微博提及3次。有7个话题被提及的次数在3次以上而不足10次，如"#2018俄罗斯世界杯#"和"#Quotes#"分别被提及8次。通过分析微博内容发现，在2018年俄罗斯世界杯期间，有博主围绕现场赛事进行英语、法语与中文的翻译，从中积累一些专有名词。有博主喜欢在微博里发布一些名人名言、谚语等内容的翻译实例，多使用话题"#Quotes#"。话题"#时事政务翻译#""#译事杂谈#""#译事点滴#""#中译英#""#译文对比大家谈#"被提及比较频繁，说明该领域的微博主要侧重于翻译的实际运用技法，同时也侧重交流学习译文，联系时事、注意积累。被提及次数最多的是话题"#时政用语中译英释例#"，高达79次，反映出翻译学博主关注时政方面的中文与英文翻译的释例积累。其次是话题"#中国翻译研究院原创#"达到42次，这是一类原创性的微博。话题"#西中英翻译#"被提及13次，说明该领域博主不仅仅关注中文与英文之间的翻译问题，还关注西班牙语、中文、英语之间的互译问题。

博主"Ji*y杜ZM"提及19个话题共计141次，其中提到话题"#时政用语中译英释例#"79次，"#西中英翻译#"13次，"#翻译#"11次，"#时事政务翻译#"7次，"#中译英#"5次。而对"#CATTI考试#""#出国#""#考试季#""#千字二百四#""#听力#""#语言服务#"等6个话题仅仅提及1次，说明其兴趣点侧重于时政用语和时事政务的翻译。博主"po*1*3"的博文提到6个话题共计55次，其中，提到话题"#中国翻译研究院原创#"42次，"#2018俄罗斯世界杯#"8次，"#出师表#"2次，"#全国两会#""#中式英文addoil进牛津词典#"和"#云养猫#"各1次，其博文内容多以原创为主，有的是以古文翻译为主，例如探讨《念奴娇·赤壁怀古》《观沧海》的英译问题；有的讨论某个具体的词的翻译，例如"云养猫""躺枪"；有的探讨双关语的翻译；还有的注重热点事件相关内容的翻译，例如，在2018年俄罗斯世界杯期间对其主题曲歌名翻译进行辨析，其博文内容多侧重于实际工作、生活中的翻译技巧的讨论。博主"洛 ZQ""Arthu∗e""zeb∗aw∗w""法 YTCG"分别提及话题 26 次、21 次、19 次和 11 次。"爪∗S""Da∗y3∗0"等 8 位博主的博文提及话题次数均不超过 5 次,其中有两个博主分别提到一个话题,"Ent∗vo"提到一个话题"#首例免疫艾滋病基因编辑婴儿#",其围绕艾滋病基因编辑婴儿事件,翻译《输血的故事》;"Ne∗la"提到的唯一话题是"#微天下·深读#",认为其中有关白宫的新闻翻译有误。通过分析发现,博主对于话题引用的频次分布是不均衡的,有的多次引用话题,不断讨论、建设话题内容,而有的只是偶尔提及。这与各位博主的兴趣密切相关。

(三)艾特(@)分析

博主在其微博中的艾特(@)行为,有时是为了回复,而有时是为了引用其微博内容。这种行为反映了博主浏览、回复或评论他人微博的过程,包含了信息接收和信息发布两个方面的活动。我们研究的博主艾特了 478 个博主共计 1750 次。

博主"Ji∗y 杜 ZM"被艾特最多,高达 144 次,只有这一个博主被艾特次数超过了 100 次,其他博主被艾特次数均不足 30 次。有 255 位博主均被艾特 1 次,如博主"咱∗S""悦 Y∗S""一 M∗B∗S"等。有 101 位博主分别被艾特 2 次,如"弗 L∗YD∗DC""梨∗P""小 C∗M∗D"等。总共有 414 个博主分别被艾特的次数均不足 10 次,这些博主占被艾特的博主总数的比例超过 95.61%。这说明,博主被艾特的次数分布是不均衡的。

不论是谁艾特谁,都可以视作他们之间存在交流活动。博主"Ji∗y 杜 ZM"参与次数最多,高达 306 次,其次是"洛 ZQ"58 次,"方 BL"53 次;"同 SFY∗TY""黄 H∗H""法 YTCG""po∗1∗3"参与次数均在 40 次以上。有 19 名博主参与艾特活动次数均不小于 10 次而不足 40 次,其中"伦 D∗Y"和"管 XS∗m"都是 29 次,区别在于"伦 D∗Y"都是被艾特,而"管 XS∗m"主动艾特 23 次,被艾特 6 次。

通过博主之间的相互艾特活动,可以在一定程度上发现他们之间的交互,例如博主"Ji∗y 杜 ZM"与 149 名博主发生了 306 次交互活动,其中与"伦 D∗Y"之间的艾特次数高达 27 次,与"翻 Y∗D"互动达到 23 次,这说明他们非常关注对方的博文并及时作出回应。"Ji∗y 杜 ZM"与"麦 T∗Xc""栗 Z∗Cl∗ver""小 Y∗E∗o"等 84 名博主仅仅互动一次。

"同 SFY ∗ TY"与"詹 ∗ j ∗ ne""M ∗ laF ∗ a""C ∗ CO ∗ a"等 41 名博主仅仅交互 1 次。"最 M ∗ T""A ∗ 4en ∗ l""FR ∗ ST ∗ Y"等 297 名博主仅仅参与 1 次互动,都是被艾特。这说明,博主参与以艾特为载体的信息交流活动的频次分布是不均衡的,有的用户非常频繁,而有的却是偶尔为之,这与我们的统计范围有一定关系,同时,也与博主的关注好友数量及其好友的发文数量、他们的兴趣点有密切联系。

三 小结

对新浪微博上翻译类的博主的博文,从以下几个方面研究其信息交流活动:

(1) 信息交流参与者之间的关系分析,从点赞、关注、评论和转发行为的角度,对博主的博文中抽取博主之间的交流路径。不论点赞、评论还是转发,其发生的前提都是阅读了博文,然后采取的行动,而这些行为其实在向他人发送新的信息,或是表明其态度,或是向更多人推荐阅读,或是与发布博文的博主进行讨论活动。从关注的行为来看,一方面有可能是因为前期阅读了某个博主的博文,非常感兴趣,从而想持续关注并及时接收到来自他们的博文推送;另一方面可能是找到了共同的兴趣点,从而期待未来更好的交流。不论哪一种,都为信息交流活动奠定了基础。

(2) 信息交流内容分析,从博主发布博文的关键词的角度,尝试找到他们的信息交流主题,发现大多数博文比较侧重于翻译技巧的实际运用,对于翻译理论的探讨却不太多。从博文中涉及的话题角度出发,查看博主对于话题的参与程度,发现其参与程度存在显著差异,这与个人的兴趣有关。从博文中艾特的博主角度,探讨博主之间的互动关系,发现博主参与互动的频次各不相同,有的积极参与话题讨论、艾特他人,而有的却鲜有这类行为,这可能与博主的性格、兴趣点、使用微博的习惯等有关。

总的来说,新浪微博上博文的学术性程度不算高,关于翻译方面的博主比较侧重于具体的翻译实例讨论,例如,对古诗文、小说、时政新闻等材料的翻译技巧的探讨,而对翻译理论、句法、修辞等方面的理论探究比较少。但是,微博上丰富的内容和多样的互动形式,未来有可能成为学术信息交流活动的新阵地。

第七节 本章小结

本章利用信息计量学方法与技术对社交媒体上的学术信息交流活动展开研究，其中运用到的有 Ucinet、Gephi、VOSviewer、Pajek 和 Python 编程，调用 Jieba 分词。对以下国内典型的社交媒体上学术信息交流活动展开分析。

一 百度百科

从词条引证、词条标签、专家合作、词条内容建设者（网友）以及词条参考资料的角度，对百度百科的科学词条中的信息交流活动进行探讨。在百度百科的科学词条建设中，专家和网友参与其中，虽然没有进行直接的信息交流，但通过词条历史版本的编辑和更迭开展了信息交流活动。另外，发现词条内容建设者、使用标签、引证活动都存在不均衡的现象。

二 知乎

从问题编辑者、回答者、评论与回复者的角度研究信息交流参与主体，并通过话题、关键词和引文的角度研究信息交流的内容，信息交流参与者的参与频次存在不均衡现象，而信息交流的内容丰富多彩，引证的来源多来自企业网站、百度百科，甚至报纸杂志。总的来说，知乎上的信息交流内容学术性不是很强，其"信息管理与信息系统"讨论多偏重于该专业的软件使用、考研、就业等问题，对于编程语言、办公自动化等讨论很热烈。其信息交流内容更加贴近实际运用方面的问题探讨，例如对相关数据库、团队协作软件进行比较、介绍等。

三 小木虫

通过提问者与回答者的关系、送"红花"的关系来探讨信息交流活动的主体，同时通过查询用户自行标注的"研究方向"来挖掘用户背后学科专业之间的信息交流活动，并对问题标题及其回答内容的关键词进行分析，发现用户的参与频次分布不均衡，不同学科之间存在信息交流活动，信息交流的内容侧重于太阳能、核能、风能等相关能源的利用、研发问题的讨论很热烈，同时包含对相关的前沿问题探讨。小木虫上特有的赠送"红花"的形式，可以激发用户的参与热情，同时，在这种开放式的论坛空间中，用户的评论与回复扩大了信息交流的范围。

四 经管之家

通过对帖子参与者之间的交流关系、帖子标签、标题与内容的分析，发现极少数用户非常积极地参与论坛讨论活动，而大多数用户只是偶尔参与其中，用户参与的频次分布是不均衡的。帖子标签为系统生成或发帖人自行设置，因此，其标签存在一些错误或者不准确的情况，但其标签用词的频率是不均衡的。对帖子标题和内容的分析发现，经管之家上的"数据分析与数据挖掘"侧重于理论探讨与实际应用

五 科学网博客

从科学网"情报学"博主之间的好友关系、评论关系和推荐关系发现博主之间的信息交流路径，博主的参与度呈现不均衡状态。博文内容与"情报学"领域的研究主题密切相关，不仅探讨其中的理论问题，而且注重实践运用。由于科学网博主实行实名制，其博文大多数围绕专业领域展开，其中有期刊论文、专著、研究报告，同时也有各种课程、学术会议、讲座信息、应用案例等。科学网博客学术氛围浓厚，信息交流内容丰富。

六 新浪微博

从博主的点赞、关注、评论、转发等关系入手，对博主之间的交流互动进行分析，发现博主的参与程度是不均衡分布的。从微博内容的关键词、微博涉及话题、微博中艾特（@）内容的分析，发现其翻译学博主的博文侧重于翻译技巧的实际运用，对于翻译理论的探讨却不太多。新浪微博上翻译学博主的博文的学术性不太强，更加侧重对热点事件、诗歌小说的翻译技巧探讨。

综上所述，通过对国内百度百科、知乎、小木虫、经管之家、科学网博客、新浪微博等六种社交媒体上的学术信息交流从信息交流参与者和信息交流内容的角度展开信息计量研究，发现信息交流参与者的参与频次普遍存在不均衡分布的现象，同时在信息交流内容上也各有侧重。百度百科的科学词条、经管之家、科学网博客上信息交流活动的学术性比较强，小

木虫和知乎的信息交流活动学术性中等,新浪微博上的信息量非常庞大但其学术性不如前几种社交媒体。

但是,单纯运用信息计量学方法来探索学术信息交流活动存在局限性,我们只是发现信息交流参与者、信息交流主题分布的不均衡性。信息交流主题分布情况是由众多信息交流参与者共同参与的结果,而信息交流参与者的参与意向如何?什么影响了他们的参与意向?如何激励他们参与信息交流活动?对于这些问题的思考和探索,需要对相关信息交流参与者进行调查研究,才有可能发掘出其交流意向的影响因素,进而促进学术信息交流活动。

第六章

基于社交媒体的学术信息交流的实证研究
——信息交流意向调查

第一节 问卷总体设计

调查问卷总体上包含四个部分，第一部分为曾经使用过的社交媒体平台开展学术信息交流的情况调查。第二部分主要针对在社交媒体上发布或提供学术信息知识的看法和态度。第三部分旨在调查用户对于在社交媒体上获取或利用学术信息知识的看法和态度。第二部分和第三部分主要采用经典五级量表方式测度用户的态度。第四部分为基本的人口统计学问题，包括被调查对象的性别、年龄段、从事职业、所属行业以及受教育程度。

调查问卷的设计根据对国内外相关研究分析的基础上，按照第四章中所设计的社会媒体学术信息交流模型及其构成要素（如图 6-1 所示）进行维度的确定。基本测度要素包括：态度（A）、感知规范（PN）、个人动力（PA）三个方面。其中，态度包括经验态度（EA）和工具态度（IA），感知规范包括指令性规范（IN）和示范性规范（DN），个人动力包括感知控制（PC）和自我效用（SE），总体上利用这些维度来测度用户的交流意向（CI）。

从细分上来看，对各种构成要素的说明如表 6-1 所示。经验态度（EA）主要是指对基于社交媒体的学术信息交流行为的主观看法，比如该行为是否愉悦等。工具态度（IA）是指用户对基于社交媒体的学术信息交流行为的价值的看法，比如该行为是否会有益处。指令性规范（IN）是指与用户相关的其他人对于个体实施基于社交媒体的学术信息交流行为的预期，即他们觉得个体是否应该实施这种交流行为。示范性规范（DN）是指

第六章 基于社交媒体的学术信息交流的实证研究

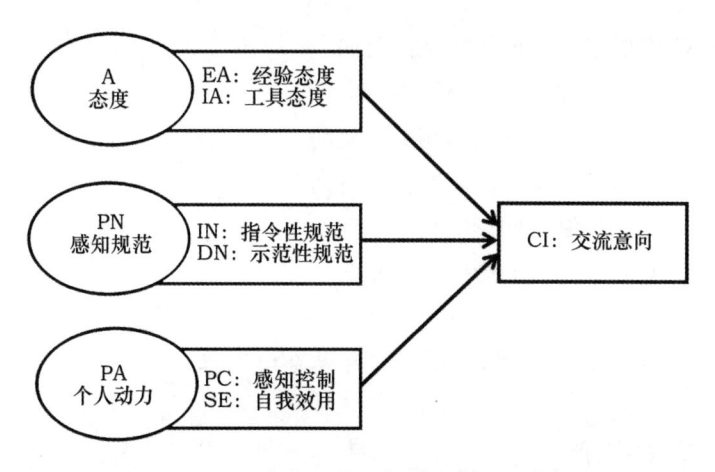

图 6-1　基于社交媒体的学术信息交流初步模型

与用户相关的其他人关于基于社交媒体的学术信息交流行为的做法，即他们是否实施这种交流行为。感知控制（PC）是指用户对于基于社交媒体的学术信息交流行为的难易程度的看法。自我效用（SE）是指用户对实施基于社交媒体的学术信息交流行为所需时间、资源等看法。

表 6-1　基于社交媒体的学术信息交流模型构成要素

构成要素		简要说明
意向（I）		基于社交媒体的学术信息交流行为的感知可能性，是行为的直接前因
态度（A）	经验态度（EA）	对基于社交媒体的学术信息交流行为的主观看法，比如该行为是否愉悦等
	工具态度（IA）	对基于社交媒体的学术信息交流行为的价值的看法，比如该行为是否会有益处
感知规范（PN）	指令性规范（IN）	其他人对于个体实施基于社交媒体的学术信息交流行为的预期，即他们觉得个体是否应该实施这种交流行为
	示范性规范（DN）	其他人关于基于社交媒体的学术信息交流行为的做法，即他们是否实施这种交流行为
个人动力（PA）	感知控制（PC）	对于基于社交媒体的学术信息交流行为的难易程度的看法
	自我效能（SE）	对实施基于社交媒体的学术信息交流行为所需时间、资源等看法

在上述模型内容的基础上，通过调查问卷，本研究需要验证的理论假设如下：

H1-1 经验态度正向影响交流意向

H1-2 工具态度正向影响交流意向

H2-1 指令性规范正向影响交流意向

H2-2 示范性规范正向影响交流意向

H3-1 感知控制正向影响交流意向

H3-2 自我效能正向影响交流意向

第二节 问卷的内容

一 问卷指标

参考已有的相关成果，以及第四章所确定的分析模型，项目组成员组成相关研究团队对问卷的每一题进行了逐项讨论，进一步聘请专家对问卷进行审读，删除了语义指向可能存在模糊、用户理解可能存在歧义的题目，最终形成《基于社交媒体的学术知识信息发布和利用调查问卷》（见附录）。

针对每一个要素，问卷均设置了相应的题设。问卷主要包括发布或提供信息的意向与获取或使用信息的意向两个部分，发布或提供信息的意向相关题号与内容的对应关系如表6-2所示。

表6-2　　发布或提供信息的意向题号与内容的对应关系

题号	内容
2	EA 经验态度
3	IA 工具态度
4；5；6	IN 指令性规范
7；8；9	DN 示范性规范
10；11	PC 感知控制
12；13；14	SE 自我效能
15；16；17	CI 意向

发布或提供信息的意向部分的具体设计如下。

针对经验态度（EA），设置的问题见附录第2题。

针对工具态度（IA），设置的问题见附录第3题。

指令性规范（IN）主要测度其他人对于个体实施基于社交媒体的学术信息交流行为的预期，即他们觉得个体是否应该实施这种交流行为，主要针对同行、同事和领导三种角色，设置的问题见附录第4—6题。

示范性规范（DN）是指与用户相关的其他人关于基于社交媒体的学术信息交流行为的做法，即他们是否实施这种交流行为。主要针对同行、同事和领导三种角色，设置的问题见附录第7—9题。

感知控制（PC）是指用户对于基于社交媒体的学术信息交流行为的难易程度的看法，设置的问题见附录第10—11题。

自我效用（SE）是指用户对实施基于社交媒体的学术信息交流行为所需时间、资源等看法，设置的问题见附录第12—14题。

意向（CI）是指基于社交媒体的学术信息交流行为的感知可能性，设置的问题见附录第15—17题。

获取或使用信息的意向相关题号与内容的对应关系如表6-3所示，具体设计如下。

表6-3　　　获取或使用信息的意向题号与内容的对应关系

题号	内容
18	EA 经验态度
19	IA 工具态度
20；21；22	IN 指令性规范
23；24；25	DN 示范性规范
26；27	PC 感知控制
28；29；30	SE 自我效能
31；32；33	CI 意向

针对经验态度（EA），设置的问题见附录第18题。

针对工具态度（IA），设置的问题见附录第19题。

针对指令性规范（IN），面向同行、同事和领导三种角色，设置的问题见附录第20—22题。

针对示范性规范（DN），面向同行、同事和领导三种角色，设置的问题见附录第23—25题。

针对感知控制（PC），设置的问题见附录第26—27题。

针对自我效用（SE），设置的问题见附录第28—30题。

最后，针对获取或使用信息的意向（CI），设置的问题见附录第31—33题。

二 问卷得分标准

问卷中第1题为询问用户发布或使用学术知识信息的主要在线社交媒体，包括新浪微博、微信、知乎、百度百科、小木虫、人大经济论坛、科学网博客。34—38题为个人基本信息包括性别、年龄段、从事的职业、行业以及受教育程度等，其余均为有序变量条目。

问题2、18分别从乏味—兴奋、痛苦—惬意、不快—愉快、烦恼—满足、无聊—有趣、有害—有建设性等几个方面来测量；问题3、19分别从很坏—很好、一点也不重要—很重要、无用—有用、有害—有益、毫无价值—很有价值、非常徒劳—很有成效等几个方面来测量。采用李克特5分测度，回答从负面到正面分别赋值为1分、2分、3分、4分、5分。例如，问题2、18的第一个测度，越偏向乏味得分越低，越偏向兴奋得分越高。其余所有问题均按照从完全不同意到完全同意赋分，完全不同意为1分，完全同意为5分。

从总体上来看，30道有序变量问题共涉及52次测度，认同最高分为260分。每个条目得分在1—2分表示不是很认同或持负面态度，大于2分但小于4分表示一般认同或持有中立态度，得分为4分与5分表示十分认同或持积极态度。总体上来看，总分在52分到104分之间表示不认同或持负面态度，在104分到156分之间为中立态度，156分到260分表示认同度很高。

第三节 问卷的信度与效度分析

一 问卷的效度分析

在初始调查问卷设计完成后，需要对问卷的效度进行分析。为了保证问卷的效度，本问卷在进行测试时，主要的问题均参考已有的经典量表进行设置，保证相应的测度都有据可依。量表设计主要参考了计划行为理论构建者、马萨诸塞大学教授 Icek Ajzen 和宾夕法尼亚大学教授 Martin

Fishbein 的经典著作 *Predicting and Changing Behavior: The Reasoned Action Approach*[①]，每一个指标的量表依据如表 6-4 所示。

表 6-4　　　　　　　　问卷指标对应的量表参考依据

指标	所依据的量表在书中的具体位置 (*Predicting and Changing Behavior: The Reasoned Action Approach*)
EA（Experiential Attitude）	P82—85 量表
IA（Instrumental Attitude）	P82—85 量表
IN（Injunctive Norms）	P133—136 量表
DN（Descriptive Norms）	P144—145 量表
PC（Perceived Control）	P154—156 量表
SE（Self-Efficacy）	P155—159 量表
CI（Communication Intention）	P39—45 量表

问卷的内容效度是指题目对于相关测量的适用性情况，也就是问卷题目设计的合理性，内容效度可以通过专家判断的方式进行。问卷设计完成后，通过主观选择的方式选取了 4 名专家（1 名为荷兰乌特勒支大学语言学系教授；2 名信息科学领域的专家，来自武汉大学，均为博士学历、副教授；1 名社会行为领域专家，来自南京大学，博士，副教授）对调查问卷的初稿进行内容效度的测验。

通过上述 4 位专家对问卷所涉及的内容进行判断，评价所设置问题与测度目标之间的相关程度，通过计算问卷的内容效度指数（高度相关的问题占比）和问题一致性（专家两两之间均认为高度相关问题加上都认为不相关问题的占比）进行测定。通过计算发现，问卷的内容效度指数平均值为 0.878，问题一致性的平均值为 0.912。两个值都高于 0.85。因此可以认为所设计的问卷题目与研究目标内容上有较高的一致性。

在结构效度的测试方面，项目组提前通过网络发放小样本量问卷（30 份）的方式，收集了相关问卷数据，开展结构效度分析。结构效度的分析针对每一个细分变量进行，通过探索性因子分析的方式开展。以发布或提供信息的意向部分的经验态度问题为例，该题目中一共涉

[①] Fishbein M, Ajzen I., *Predicting and Changing Behavior: The Reasoned Action Approach*, Psychology Press, NY. 2010.

及 6 次测试，分别为 2.1—2.6，探索性因子分析的检验结果如表 6-5 所示。

表 6-5　　　　　　　　KMO 和 Bartlett 球形检验结果

KMO 取样适切性量数		0.880
Bartlett 球形检验	近似卡方	263.913
	自由度	15
	显著性	0.000

表 6-5 需要关注两个指标，KMO 值和 Bartlett 球形检验对应的 P 值。KMO 的取值常见标准为大于 0.6，本次检验得到的值为 0.880；Bartlett 球形检验对应的 P 值，如果判断标准选择 0.05，表明通过了球形检验。分析过程中对每个变量均进行了相关检验，结合因子分析的结果表明问卷具有良好的结构效度。

二　细分变量的信度分析

问卷的信度是指研究的样本数据是否真实可靠，即研究样本是否真实地回答了问题，因此针对各个具体的细分变量进行了信度分析。经典量表一般具有较高的权威性，虽然本问卷是在参考经典量表的基础上进行构建，但为了保障问卷调查的有效性，同时避免出现信度不可接受的情况出现，对调查问卷进行了预测试。项目组提前通过网络发放小样本量问卷（30 份）的方式，收集了相关问卷数据，对问卷进行信度分析。

在本问卷中，因变量主要包括两个部分：发布或提供信息的意向和获取或使用信息的意向。所涉及的主要指标包括经验态度（EA）和工具态度（IA），指令性规范（IN）和示范性规范（DN），感知控制（PC）和自我效用（SE），分别针对因变量和指标进行信度分析，采用信度分析中常用的克隆巴赫 Alpha 系数进行测定，此外还结合修正后的项与总计相关性 CITC 值和删除项后的克隆巴赫 Alpha 系数来分析是否需要修正和删除题目。

表 6-6 为发布或提供信息的意向部分各变量的克隆巴赫 Alpha 系数汇总表。由于克隆巴赫 Alpha 系数和题目数量之间存在关系，因此表中将相关题目的数量列出。需要指出的是，在发布或提供信息的意向部分的测

试中，虽然经验态度（EA）和工具态度（IA）在问卷中仅有 2 个问题，但是实际上每个问题均需要进行 6 次判断，相当于是 6 个题目。

一般来说克隆巴赫 Alpha 系数需要大于 0.7，在 0.6 到 0.7 之间则属于可接受范围。从表 6-6 我们发现，所有变量的克隆巴赫 Alpha 系数均超过 0.8，表明问卷具有较好的信度。

表 6-6　　　　发布或提供信息的意向部分信度分析

变量名	题目个数	克隆巴赫 Alpha	基于标准化项的克隆巴赫 Alpha
EA	6	0.974	0.975
IA	6	0.973	0.974
DN	3	0.884	0.884
IN	3	0.913	0.921
PC	2	0.916	0.917
SE	2	0.901	0.901

表 6-7 是获取或使用信息的意向部分细分变量信度分析的结果。同样，在获取或使用信息的意向部分的测试中，虽然经验态度（EA）和工具态度（IA）在问卷中仅有 2 个问题，但是实际上每个问题均需要进行 6 次判断，相当于是 6 个题目。

表 6-7　　　　获取或使用信息的意向部分信度分析

变量名	题目个数	克隆巴赫 Alpha	基于标准化项的克隆巴赫 Alpha
EA	6	0.945	0.947
IA	6	0.927	0.935
DN	3	0.939	0.941
IN	3	0.954	0.954
PC	2	0.924	0.924
SE	2	0.903	0.904

从表 6-7 我们发现，所有变量的克隆巴赫 Alpha 系数均超过 0.9，表明问卷具有较好的信度。

此外，项目组还进行了更为深度的信度分析，来了解具体的每一道问题的信度。以发布或提供信息的意向部分 EA 相关问题为例，该题目中一共涉及 6 次测试，分别为 2.1—2.6，修正后的项与总计相关性 CITC 值和删除项后的克隆巴赫 Alpha 系数汇总结果如表 6-8 所示。

修正后的项与总计相关性 CITC 值表示问题之间的相关性，CITC 值越高，克隆巴赫 Alpha 系数的值一般也越高，一般情况下根据拇指法则，该值大于 0.4 即可。删除项后的克隆巴赫 Alpha 系数表示这道题删除后对应变量的克隆巴赫 Alpha 系数值。以表 6-8 中的问题 2.1 为例，如果该问题被删除，经验态度 EA 的问题就变成了 5 个，并且其克隆巴赫 Alpha 系数值为 0.972，低于删除前整体的克隆巴赫 Alpha 系数值 0.975，因此可以保留该题。从总体的分析结果来看，问卷总体以及各个部分的信度均较高，不需要对问卷进行更多的调整。

表 6-8　发布或提供信息的意向部分的经验态度问题信度分析

经验态度 EA	修正后的项与总计相关性 CITC	删除项后的克隆巴赫 Alpha	整体的克隆巴赫 Alpha
2.1	0.892	0.972	0.975
2.2	0.908	0.97	
2.3	0.892	0.972	
2.4	0.934	0.967	
2.5	0.954	0.965	
2.6	0.917	0.969	

第四节　调查实施

本项目采用网络问卷调查的方式开展调查，主要采用问卷星平台。在问卷投放过程中，由于调查的是互联网上的知识信息共享与获取使用情况，因此问卷调查的主要对象为科研人员与在校学生。在问卷发放过程中，主要通过微信朋友圈、微信群、QQ 群、邮件等方式进行推广扩散，并在相关社交媒体上对第五章计量研究中找到的部分用户进行问卷发放，调查时间从 2019 年 7 月至 2019 年 12 月，共回收有效问卷 410 份，样本背景信息描述性统计情况如表 6-9 所示。

表 6-9　　　　　　　　样本背景信息频数分析结果

问题	选项	频数（个）	百分比（%）
性别	男	149	36.3
	女	261	63.7
年龄	18 岁以下	30	7.3
	18—30 岁	336	82.0
	31—40 岁	26	6.3
	41—50 岁	15	3.7
	51 岁以上	3	0.7
职业	学生	337	82.2
	上班族	12	2.9
	专业技术人员	32	7.8
	教师	29	7.1
学历	大专或以下	43	10.5
	本科	278	67.8
	硕士	46	11.2
	博士	43	10.5

由于样本数据已经经过筛选，因此所有 410 份问卷均为有效问卷。受访人群中，男性人群比例比女性低，男性为 149 人，占比 36.3%，女性为 261 人，占比 63.7%。从年龄段来看，由于受访群体主要为学生、教师等人群，因此在年龄分布上 18—30 岁的青年人群数量最多，有 336 人，占比 82%，这也与一般的在社交媒体平台上获取和分享知识信息的主要是年轻群体的社会认识相符。从职业的角度来看，学生群体数量最多，有 337 人，占调查对象总人数的 82.2%，基本与年龄上的占比相符；此外较多的是专业技术人员和教师，分别为 32 人和 29 人，占比分别为 7.8% 和 7.1%。从学历来看，本科学历人数最多，为 278 人，占到总人数的 67.8%，硕士和博士学历分别为 46 人和 43 人，占总人数的比例分别为 11.2% 和 10.5%；总体上来看，接受调查的人群学历水平较高，这也符合利用社交媒体开展学术信息交流的现状。

第五节 结果分析

一 社交媒体平台分布

本研究针对目前使用最为广泛的一些社交媒体平台,调查了用户的使用情况,表6-10显示了目前在线知识信息交流的主要社交媒体平台,包括新浪微博、微信、知乎、百度百科、小木虫、人大经济论坛、科学网博客等。从调查情况来看,百度百科和知乎是使用最为频繁的社交媒体平台,有315人使用过百度百科,占全部调查样本的76.8%;其次是知乎,有290人使用知乎分享或获取学术知识信息,占总人数的70.7%。使用较为频繁的是微信和新浪微博,有205人使用微信获取或共享学术知识信息,占总调查样本的50.0%,新浪微博有175人,占总调查样本的42.7%。其余平台的使用量均不足20%,使用人数最少的是小木虫,有39人,占总调查样本的9.5%。总体上来看,随着专业性程度的增减,平台使用人数呈现出递减的趋势。

表6-10　　　　　　　　　　使用平台的频率分析

		响应值		观察值百分比(%)
		N	百分比(%)	
使用平台[a]	新浪微博	175	14.7	42.7
	微信	205	17.3	50.0
	知乎	290	24.4	70.7
	百度百科	315	26.5	76.8
	小木虫	39	3.3	9.5
	人大经济论坛	68	5.7	16.6
	科学网博客	51	4.3	12.4
	其他	44	3.7	10.7
	总计	1187	100.0	289.5

表6-11和图6-2分别用图表的方式展示了同时使用多个平台的人群的分布。仅使用一个平台的用户有50人,占比12.2%;使用两个平台的用户有130人,占比31.7%;使用三个和四个平台的用户数量相当,分别为96人和95人,占比分别为23.4%和23.2%;使用五个平台的数量为28人,

占比 6.8%；使用六个或以上的一共 11 人。可以看出，大多数被调查的对象（90.5%）在分享或获取学术知识信息时，使用在线社交媒体平台的数量不超过 4 个。这个比例也较为符合我们的一般认知。用户使用在线社交媒体平台是具有一定黏性的，用户一般情况下同时使用的平台数量不会太多，且少数平台是用户分享或获取学术知识信息的主要途径。

表 6-11　　　　　　　　使用平台数量的频率分布

	使用平台数	人数	百分比（%）	有效的百分比（%）	累计百分比（%）
有效	1	50	12.2	12.2	12.2
	2	130	31.7	31.7	43.9
	3	96	23.4	23.4	67.3
	4	95	23.2	23.2	90.5
	5	28	6.8	6.8	97.3
	6	8	2.0	2.0	99.3
	7	3	0.7	0.7	100.0
	总计	410	100.0	100.0	

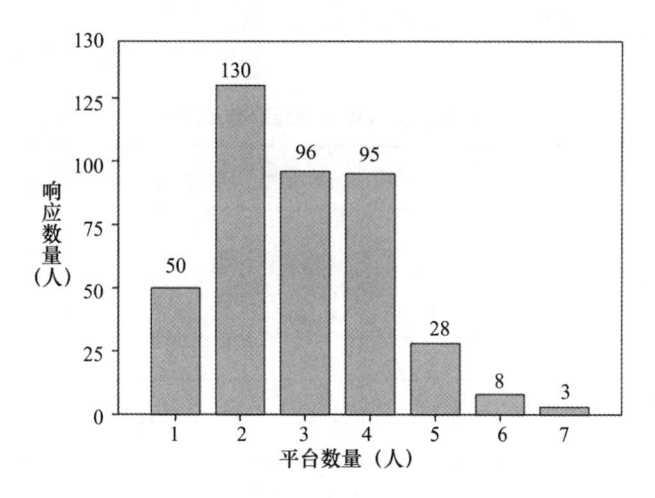

图 6-2　使用平台数量的频率分布

二　发布或提供信息的意向分析

问卷的第二部分为发布提供学术知识信息对交流意向的影响分析。针对表 6-2 所描述模型中涉及的 6 个变量的得分情况进行分析，其得分情况如表 6-12 所示。从表 6-12 可以发现，工具态度的平均得分情况最高（4.0557），即绝大多数受访用户均认为，在社交媒体上发布或提供学术信息或知识是一件有益的事情。得分最低的为自我效能（3.2967），即受访人员认为自己相对比较缺乏在社交媒体上提供或发布学术知识信息的能力、专业技能、相关资源、事件和机会。从总体上来看，用户对于在社交媒体上发布或提供学术知识信息具有较为正面的意向（3.6407）。

表 6-12　　　　　发布或提供信息的意向部分各因素得分情况

		EA	IA	IN	DN	PC	SE	CI
N	有效	410	410	410	410	410	410	410
	遗漏	0	0	0	0	0	0	0
平均值		3.6244	4.0557	3.7935	3.5813	3.4780	3.2967	3.6407
最小值		1.00	1.00	1.00	1.00	1.00	1.00	1.00
最大值		5.00	5.00	5.00	5.00	5.00	5.00	5.00

进一步对各因素进行细分分析。

(一) 经验态度

表 6-13　　　　　发布或提供信息部分经验态度得分

		兴奋程度	惬意程度	愉快程度	满足程度	有趣程度	建设性程度
N	有效	410	410	410	410	410	410
	遗漏	0	0	0	0	0	0
平均数		3.57	3.53	3.59	3.58	3.59	3.89
众数		3	3	3	3	3	4
最小值		1	1	1	1	1	1
最大值		5	5	5	5	5	5

从表 6-13 可以看到，各项得分的平均值基本上较为接近，但对于该行为的建设性程度的判定略高，说明绝大多数用户从基本感觉上来看，对于在社交媒体平台发布或提供学术信息持有较为中庸的态度，但认可这种行为可能产生的建设性作用。

(二) 工具态度

表 6-14　　　　　发布或提供信息部分工具态度得分

		是一件好事	是重要的事	是有用的事	是有益的事	是有价值的事	是有成效的事
N	有效	410	410	410	410	410	410
	遗漏	0	0	0	0	0	0
平均数		4.20	4.04	4.09	4.07	4.09	3.84
众数		5	4	4	5	4	4
最小值		1	1	1	1	1	1
最大值		5	5	5	5	5	5

从表 6-14 可以发现,工具态度的得分平均值基本上都是比较积极的,除是否具有成效外,得分平均值均超过了 4 分,但对于受访者而言,他们对于自己在社交媒体上所提供的学术信息是否有成效的态度相对于其他判定来说较弱一些。

(三) 指令性规范

表 6-15　　　　　发布或提供信息部分指令性规范得分

		Q4	Q5	Q6
N	有效	410	410	410
	遗漏	0	0	0
平均数		3.84	3.76	3.78
众数		4	4	4
最小值		1	1	1
最大值		5	5	5

指令性规范主要询问了同行 (Q4)、同事 (Q5)、领导 (Q6) 三类相关人群是否认为在社交媒体上发布或提供学术知识信息是不是一个好主意。从表 6-15 得分情况来看,大多数受访者均认为同行对于在社交媒体上发布或提供学术知识信息具有更强的正面判定。

（四）示范性规范

表 6-16　　　　　发布或提供信息部分示范性规范得分

		Q7	Q8	Q9
N	有效	410	410	410
	遗漏	0	0	0
平均数		3.61	3.47	3.66
众数		4	3	4
最小值		1	1	1
最大值		5	5	5

示范性规范主要询问了同行（Q7）、同事（Q8）、领导（Q9）三类相关人群是否在社交媒体上发布或提供学术知识信息。从表6-16得分情况来看，受访者认为同行和领导对于在社交媒体上发布或提供学术知识信息具有更强的正面判定，对于同事的同意程度得分较低。

（五）感知控制

表 6-17　　　　　发布或提供信息部分感知控制得分

		Q10	Q11
N	有效	410	410
	遗漏	0	0
平均数		3.29	3.67
众数		3	4
最小值		1	1
最大值		5	5

从表6-17的得分可以发现，受访者认为在社交媒体上发布或提供学术知识信息并不是一件十分容易的事情，Q10的得分平均值仅3.29分，相对而言，大多数人认为在社交媒体上发布或提供学术知识信息主要还是受自身意向支配。

(六) 自我效能

表 6-18　　　　　发布或提供信息部分自我效能得分

		Q12	Q13	Q14
N	有效	410	410	410
	遗漏	0	0	0
平均数		3.40	3.24	3.26
众数		4	3	4
最小值		1	1	1
最大值		5	5	5

表 6-18 是自我效能部分的得分，Q12 询问受访者是否相信自己有能力在社交媒体上发布或提供学术信息知识，Q13 询问受访者是否具备相关的专业技能，Q14 询问是否具备相关资源、事件和机会在社交媒体上发布或提供学术信息知识。从相关得分上来看，专业技能可能是最为欠缺的方面。

(七) 发布意向

表 6-19　　　　　发布或提供信息部分发布意向得分

		Q15	Q16	Q17
N	有效	410	410	410
	遗漏	0	0	0
平均数		3.70	3.59	3.63
众数		4	4	4
最小值		1	1	1
最大值		5	5	5

表 6-19 为发布意向的得分情况。Q15 询问用户未来是否愿意在社交媒体上发布或提供学术信息知识，Q16 询问未来是否有在社交媒体上发布或提供学术信息知识的打算，Q17 询问是否同意自身未来将努力在社交媒体上发布或提供学术信息知识。从得分情况来看，受访群体在未来是否有在社交媒体上发布或提供学术信息知识的打算上得分较弱。

(八) 各因素与发布或提供信息意向的关系

在本研究所需验证的假设中，需要分析经验态度、工具态度、指令性规范、示范性规范、感知控制、自我效能对学术交流意向的影响,这包括对发布信息的影响和获取信息的影响两个部分。首先对发布或提供信息的意向与其他因素之间的相关性进行分析。本研究主要采用 Pearson 相关系数来分析相关性,结果如表 6-20 所示。

就本研究而言,经验态度、工具态度、指令性规范、示范性规范、感知控制、自我效能分别与发布或提供信息的意向之间呈现出 0.01 水平上的显著性,且相关系数均大于 0.3,因此可以认为这 6 个因素均与发布或提供信息的意向有显著的正相关关系。

表 6-20　发布或提供信息意向部分各因素之间的相关关系分析

		EA	IA	IN	DN	PC	SE	CI
EA	皮尔森(Pearson)相关	1	0.627**	0.438**	0.262**	0.189**	0.209**	0.337**
	显著性(双尾)		0.000	0.000	0.000	0.000	0.000	0.000
	N	410	410	410	410	410	410	410
IA	皮尔森(Pearson)相关	0.627**	1	0.513**	0.353**	0.216**	0.172**	0.384**
	显著性(双尾)	0.000		0.000	0.000	0.000	0.000	0.000
	N	410	410	410	410	410	410	410
IN	皮尔森(Pearson)相关	0.438**	0.513**	1	0.589**	0.303**	0.350**	0.476**
	显著性(双尾)	0.000	0.000		0.000	0.000	0.000	0.000
	N	410	410	410	410	410	410	410
DN	皮尔森(Pearson)相关	0.262**	0.353**	0.589**	1	0.409**	0.436**	0.467**
	显著性(双尾)	0.000	0.000	0.000		0.000	0.000	0.000
	N	410	410	410	410	410	410	410
PC	皮尔森(Pearson)相关	0.189**	0.216**	0.303**	0.409**	1	0.660**	0.432**
	显著性(双尾)	0.000	0.000	0.000	0.000		0.000	0.000
	N	410	410	410	410	410	410	410
SE	皮尔森(Pearson)相关	0.209**	0.172**	0.350**	0.436**	0.660**	1	0.528**
	显著性(双尾)	0.000	0.000	0.000	0.000	0.000		0.000
	N	410	410	410	410	410	410	410
CI	皮尔森(Pearson)相关	0.337**	0.384**	0.476**	0.467**	0.432**	0.528**	1
	显著性(双尾)	0.000	0.000	0.000	0.000	0.000	0.000	
	N	410	410	410	410	410	410	410

**.相关性在 0.01 层上显著(双尾)。

进一步，需要分析经验态度、工具态度、指令性规范、示范性规范、感知控制、自我效能到底怎样影响了发布或提供信息的意向。本研究采用多元线性回归来分析这些因素对意向的影响。表6-21、表6-22、表6-23显示了多元线性回归分析的结果。模型汇总的结果如表6-21所示。根据表6-21，本调查调整后的R平方为0.41，说明经验态度、工具态度、指令性规范、示范性规范、感知控制、自我效能解释了41%的发布或提供信息的意向变化原因，即受访群体发布或提供信息的意向有41%是上述6个因素，模型的拟合情况良好。另外，Durbin-Watson值为2.109，说明没有自相关性。

表6-21　　　　　　　　　回归分析模型汇总

模型	R	R平方	调整后R平方	标准偏斜度错误	杜宾瓦特森检验
1	0.647[a]	0.419	0.410	0.68922	2.109

a. 预测值：（常数），SE, IA, DN, EA, PC, IN；
b. 应变数：CI。

根据表6-22，模型的P值为0.000，小于0.01，表明模型通过了F检验，可以进行回归分析，且经验态度、工具态度、指令性规范、示范性规范、感知控制、自我效能等因素中至少有1个会对发布或提供信息的意向产生影响。

表6-22　　　　　　　　　　变异数分析

模型		平方和	自由度	平均值平方	F	显著性
1	回归	138.064	6	23.011	48.441	0.000[b]
	残差	191.436	403	0.475		
	总计	329.500	409			

a. 应变数：CIP；
b. 预测值：（常数），SEP, IAP, DNP, EAP, PCP, INP。

表6-23　　　　　　　　　　回归系数

模型		非标准化系数		标准化系数	T	显著性	共线性统计数据	
		B	标准误	Beta			允差	方差膨胀系数
1	(常数)	0.148	0.229		0.647	0.518		
	EA	0.067	0.058	0.058	1.159	0.002	0.582	1.718
	IA	0.173	0.062	0.147	2.810	0.005	0.526	1.901
	IN	0.202	0.066	0.160	3.059	0.002	0.524	1.909
	DN	0.140	0.053	0.133	2.648	0.008	0.575	1.740
	PC	0.068	0.052	0.068	1.309	0.001	0.541	1.847
	SE	0.316	0.050	0.332	6.302	0.000	0.519	1.928

a. 应变数：CIP。

表6-23为回归分析的系数。根据表6-23，经验态度、工具态度、指令性规范、示范性规范、感知控制、自我效能等6个因素的P值均小于0.05，说明这6个因素均会对发布或提供信息的意向产生影响关系，且回归系数均为正数，说明这6个因素均会产生正向的影响关系。

三　获取或使用信息的意向分析

问卷的第三部分为获取或使用学术知识信息对交流意向的影响分析。针对表6-3所描述的模型中涉及6个变量的得分情况进行分析，其得分情况如表6-24所示。从表6-24可以发现，工具态度的平均得分情况最高（4.0350），即绝大多数受访用户认为，在社交媒体上获取或使用学术信息或知识是一件有益的事情。得分最低的为自我效能（3.7024），即受访人员认为自己相对比较缺乏在社交媒体上获取或使用学术知识信息的能力、专业技能、相关资源、事件和机会。从总体上来看，用户对于在社交媒体上获取或使用学术知识信息具有较为正面的意向（3.9122），且与发布或提供相比较，得分的平均值更高。

表6-24　　　　获取或使用信息的意向部分各因素得分情况

		EA	IA	IN	DN	PC	SE	CI
N	有效	410	410	410	410	410	410	410
	遗漏	0	0	0	0	0	0	0

续表

	EA	IA	IN	DN	PC	SE	CI
平均数	3.8943	4.0350	3.7675	3.7163	3.7817	3.7024	3.9122
众数	4.00	4.00	4.00	3.00	4.00	4.00	4.00
最小值	1.00	1.00	1.00	1.00	1.00	1.00	1.00
最大值	5.00	5.00	5.00	5.00	5.00	5.00	5.00

进一步对各因素进行细分分析。

(一) 经验态度

表 6-25　　　　获取或使用信息部分经验态度得分

		兴奋程度	惬意程度	愉快程度	满足程度	有趣程度	建设性程度
N	有效	410	410	410	410	410	410
	遗漏	0	0	0	0	0	0
平均数		3.92	3.87	3.89	3.88	3.86	3.94
众数		4	4	4	4	4	4
最小值		1	1	1	1	1	1
最大值		5	5	5	5	5	5

从表 6-25 可以看到，各项得分的平均值基本上较为接近，但对于该行为的建设性程度和兴奋程度的判定略高，说明绝大多数用户从基本感觉上来看，对于在社交媒体平台获取或使用学术信息持有较为中庸的态度，但认为这种行为是让人兴奋的，且可能产生建设性作用。

(二) 工具态度

表 6-26　　　　获取或使用信息部分工具态度得分

		是一件好事	是重要的事	是有用的事	是有益的事	是有价值的事	是有成效的事
N	有效	410	410	410	410	410	410
	遗漏	0	0	0	0	0	0
平均数		4.12	4.02	4.05	4.05	4.04	3.93
众数		4	4	4	4	4	4
最小值		1	1	1	1	1	1
最大值		5	5	5	5	5	5

从表 6-26 可以发现，工具态度的得分平均值基本上都是比较积极的，除是否具有成效外，得分平均值均超过了 4 分，即对于受访者而言，他们对于自己在社交媒体上所获取或使用学术信息是否有成效的态度相对于其他判定来说较弱一些。

（三）指令性规范

表 6-27　　　　　　获取或使用信息部分指令性规范得分

		Q20	Q21	Q22
N	有效	410	410	410
	遗漏	0	0	0
平均数		3.81	3.76	3.73
众数		4	4	4
最小值		1	1	1
最大值		5	5	5

指令性规范主要询问了同行（Q20）、同事（Q21）、领导（Q22）三类相关人群是否认为在社交媒体上获取或使用学术知识信息是不是一个好主意。从表 6-27 得分情况来看，大多数受访者均认为同行对于在社交媒体上获取或使用学术知识信息具有更强的正面判定，同事次之，领导最弱。

（四）示范性规范

表 6-28　　　　　　获取或使用信息部分示范性规范得分

		Q23	Q24	Q25
N	有效	410	410	410
	遗漏	0	0	0
平均数		3.75	3.71	3.69
众数		4	4	3
最小值		1	1	1
最大值		5	5	5

示范性规范主要询问了同行（Q23）、同事（Q24）、领导（Q25）三类相关人群是否在社交媒体上获取或使用学术知识信息。从表 6-28 得分

情况来看，受访者认为同行和同事对于在社交媒体上获取或使用学术知识信息具有更强的正面判定，对于领导的同意程度得分较低。

（五）感知控制

表 6-29　　　　　　获取或使用信息部分感知控制得分

		Q26	Q27
N	有效	410	410
	遗漏	0	0
平均数		3.74	3.82
众数		4	4
最小值		1	1
最大值		5	5

从表 6-29 的得分可以发现，受访者认为在社交媒体上获取或使用学术知识信息是一件相对容易的事情，Q26 的得分平均值仅 3.74 分，很明显高于之前发布或提供的信息部分（Q10）。此外，相对而言，大多数人认为在社交媒体上获取或使用学术知识信息主要还是受自身意向支配。

（六）自我效能

表 6-30　　　　　　获取或使用信息部分自我效能得分

		Q28	Q29	Q30
N	有效	410	410	410
	遗漏	0	0	0
平均数		3.74	3.66	3.70
众数		4	4	4
最小值		1	1	1
最大值		5	5	5

表 6-30 是自我效能部分的得分，Q28 询问受访者是否相信自己有能力在社交媒体上获取或使用学术信息知识，Q29 询问受访者是否具备相关的专业技能，Q30 询问是否具备相关资源、事件和机会在社交媒体

上获取或使用学术信息知识。从相关得分上来看，专业技能可能是最为欠缺的方面。

（七）发布意向

表6-31　　　　　　获取或使用信息部分发布意向得分

N		Q31	Q32	Q33
N	有效	410	410	410
	遗漏	0	0	0
平均数		3.97	3.89	3.88
众数		4	4	4
最小值		1	1	1
最大值		5	5	5

表6-31为发布意向的得分情况。Q31询问用户未来是否愿意在社交媒体上获取或使用学术信息知识，Q32询问未来是否有在社交媒体上获取或使用学术信息知识的打算，Q33询问是否同意自身未来将努力在社交媒体上获取或使用学术信息知识。从得分情况来看，受访群体在未来是否有在社交媒体上获取或使用学术信息知识的意向均较强。

（八）各因素与获取或使用信息意向的关系

在本研究所需验证的假设中，需要分析经验态度、工具态度、指令性规范、示范性规范、感知控制、自我效能对学术交流意向的影响，这包括对发布信息的影响和获取信息的影响两个部分。之前已经对发布或提供信息的意向部分进行了分析，这里进一步对获取或使用信息的意向与其他因素之间的相关性进行分析。本研究主要采用Pearson相关系数来分析相关性，结果如表6-32所示。

就本研究而言，经验态度、工具态度、指令性规范、示范性规范、感知控制、自我效能分别与获取或使用信息的意向之间呈现出0.01水平上的显著性，且相关系数均大于0.4，因此可以认为这6个因素均与获取或使用信息的意向有显著的正相关关系，相较于发布或提供信息的意向部分，相关性的程度更高。

表6-32 获取或使用信息意向部分各因素之间的相关关系分析

		EA	IA	IN	DN	PC	SE	CI
EA	皮尔森（Pearson）相关	1	0.797**	0.508**	0.516**	0.465**	0.459**	0.584**
	显著性（双尾）		0.000	0.000	0.000	0.000	0.000	0.000
	N	410	410	410	410	410	410	410
IA	皮尔森（Pearson）相关	0.797**	1	0.597**	0.566**	0.488**	0.415**	0.694**
	显著性（双尾）	0.000		0.000	0.000	0.000	0.000	0.000
	N	410	410	410	410	410	410	410
IN	皮尔森（Pearson）相关	0.508**	0.597**	1	0.829**	0.503**	0.470**	0.582**
	显著性（双尾）	0.000	0.000		0.000	0.000	0.000	0.000
	N	410	410	410	410	410	410	410
DN	皮尔森（Pearson）相关	0.516**	0.566**	0.829**	1	0.545**	0.541**	0.610**
	显著性（双尾）	0.000	0.000	0.000		0.000	0.000	0.000
	N	410	410	410	410	410	410	410
PC	皮尔森（Pearson）相关	0.465**	0.488**	0.503**	0.545**	1	0.726**	0.613**
	显著性（双尾）	0.000	0.000	0.000	0.000		0.000	0.000
	N	410	410	410	410	410	410	410
SE	皮尔森（Pearson）相关	0.459**	0.415**	0.470**	0.541**	0.726**	1	0.611**
	显著性（双尾）	0.000	0.000	0.000	0.000	0.000		0.000
	N	410	410	410	410	410	410	410
CI	皮尔森（Pearson）相关	0.584**	0.694**	0.582**	0.610**	0.613**	0.611**	1
	显著性（双尾）	0.000	0.000	0.000	0.000	0.000	0.000	
	N	410	410	410	410	410	410	410

**．相关性在0.01层上显著（双尾）。

同样，利用多元线性回归分析来探索经验态度、工具态度、指令性规范、示范性规范、感知控制、自我效能到底怎样影响了获取或使用信息的意向。表6-33、表6-34、表6-35显示了多元线性回归分析的结果。模型汇总的结果如表6-33所示。根据表6-33，本调查调整后的R平方为 0.628，说明经验态度、工具态度、指令性规范、示范性规范、感知控制、自我效能解释了 62.8% 的发布或提供信息的意向变化原因，即受访群体发布或提供信息的意向有 62.8% 是上述 6 个因素，模型的拟合情况良好，且优于发布或提供信息部分。另外，Durbin-Watson 值为 2.027，说明没有自相关性。

表 6-33　　　　　　　　　回归分析模型汇总

模型	R	R 平方	调整后 R 平方	标准偏斜度错误	杜宾瓦特森检验
1	0.796[a]	0.634	0.628	0.47764	2.027

a. 预测值：（常数），SE, IA, IN, PC, EA, DN；
b. 应变数：CI。

根据表 6-34 所示，模型的 P 值为 0.000，小于 0.01，表明模型通过了 F 检验，可以进行回归分析，且经验态度、工具态度、指令性规范、示范性规范、感知控制、自我效能等因素中至少有 1 个会对获取或使用信息的意向产生影响。

表 6-34　　　　　　　　　变异数分析

模型		平方和	自由度	平均值平方	F	显著性
1	回归	159.120	6	26.520	116.244	0.000[b]
	残差	91.941	403	0.228		
	总计	251.061	409			

a. 应变数：CI；
b. 预测值：（常数），SE, IA, IN, PC, EA, DN。

表 6-35 为回归分析的系数。根据表 6-35，经验态度、工具态度、指令性规范、示范性规范、感知控制、自我效能等 6 个因素的 P 值均小于 0.05，说明这 6 个因素均会对发布或提供信息的意向产生影响关系，且回归系数均为正数，说明这 6 个因素均会产生正向的影响关系。

表 6-35　　　　　　　　　　　回归系数

模型		非标准化系数		标准化系数	T	显著性	共线性统计数据	
		B	标准误	Beta			允差	方差膨胀系数
1	（常数）	0.297	0.145		2.049	0.041		
	EA	-0.063	0.053	-0.061	-1.183	0.027	0.343	2.915
	IA	0.479	0.054	0.478	8.791	0.000	0.307	3.253
	IN	0.027	0.057	0.027	0.473	0.037	0.288	3.474
	DN	0.138	0.057	0.137	2.398	0.017	0.278	3.598
	PC	0.124	0.044	0.132	2.840	0.005	0.420	2.384
	SE	0.230	0.041	0.258	5.607	0.000	0.430	2.327

a. 应变数：CI。

第六节　调查研究总结

本章从信息交流意向的角度进行了基于社交媒体的学术信息交流的实证研究。从调查问卷分析的结果来看，本研究所构建的影响交流意向的经验态度、工具态度、指令性规范、示范性规范、感知控制、自我效能等6个因素均与交流意向之间密切相关。

本研究将交流意向分为发布或提供信息的意向，以及获取或使用信息的意向。在实证分析中，本研究分成了发布或提供信息、获取或使用信息两个部分对这些因素与意向之间的关系进行了分析，利用多元回归分析可以发现，经验态度、工具态度、指令性规范、示范性规范、感知控制、自我效能等6个因素既正向影响了发布或提供信息的意向，又正向影响了获取或使用信息的意向，可以认为这些假设均是成立的。

因此，我们在第四章构建的模型基本符合问卷调查的结果。最终的基于社交媒体的学术信息交流模型如图6-3所示。

不论是发布或提供信息的意向还是获取或使用信息的意向，都受到经验态度、工具态度、指令性规范、示范性规范、感知控制和自我效用的正向影响。总而言之，态度、感知规范和个人动力都对基于社交媒体的学术信息交流意向有正向影响。

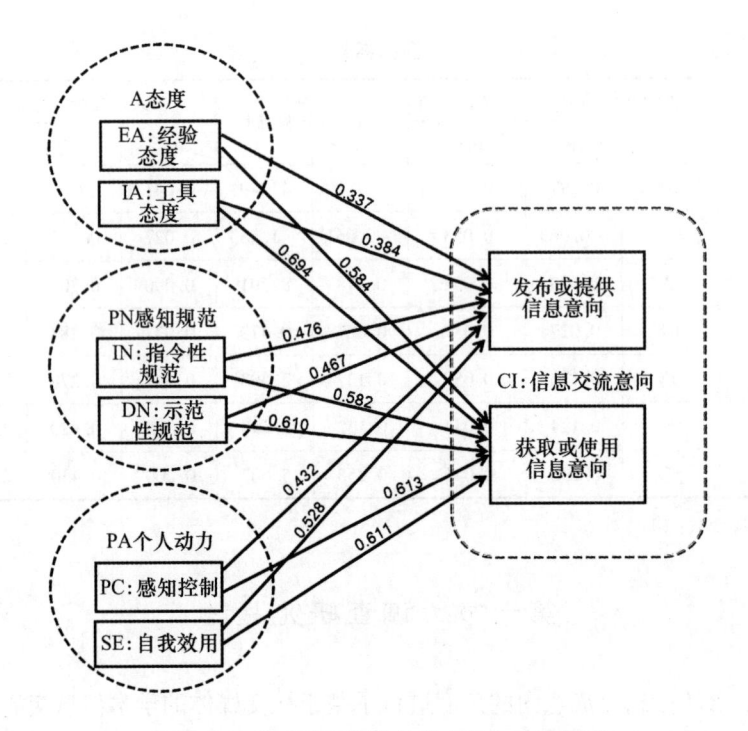

图 6-3 基于社交媒体的学术信息交流模型

第七章

基于社交媒体的学术信息交流促进策略研究

如何促进基于社交媒体的学术信息交流活动是一个值得深思的问题，可以从以下几个方面进行思考。

第一节 完善学术评价机制

2018年11月，教育部办公厅发布了开展清理"唯论文、唯帽子、唯职称、唯学历、唯奖项"专项行动的通知，要求"健全立德树人落实机制，扭转不科学的教育评价导向，推行代表作评价制度，注重标志性成果的质量、贡献、影响"[1]。2019年4月，清华大学发布《关于完善学术评价制度的若干意见》，其明确"实施分类评价，尊重学科差异，根据各学科的特点制定相应的学术评价标准；同时强化学术共同体意识，加强学术共同体建设，提升学术共同体在学术评价活动中的地位和作用"[2]。教育部门的这些文件无疑释放了一个强烈的信号——必须完善学术评价机制。如果不改变、完善现有的学术评价机制，专家学者们将无暇开展社交媒体上的学术信息交流。

在社交媒体上进行学术信息交流显然需要投入一些时间和精力，如何让积极参与基于社交媒体的学术信息交流活动的努力与付出得到承认和认

---

[1] 《教育部办公厅关于开展清理"唯论文、唯帽子、唯职称、唯学历、唯奖项"专项行动的通知》（http://www.moe.gov.cn/srcsite/A16/s7062/201811/t20181113_354444.html），2019年11月1日。

[2] 清华大学：《关于完善学术评价制度的若干意见》（https://news.tsinghua.edu.cn/info/1003/18987.htm），2019年12月5日。

同，是能否持续参与其中的关键。人们的行为意向受到感知规范的影响。这意味着，个体会受到社会或群体的无形影响，在实施行为时会考虑是否会受到奖励或惩罚。学术评价这根"指挥棒"在学术界是一种规范，影响着其中每个人对开展学术活动的形式或方式的认知和态度。只有将多种学术交流形式的评价纳入学术评价体系中，学者们才会考虑并选择适合的学术交流方式，而不是仅仅在期刊上发表论文这种单一的形式。利用社交媒体等非正式渠道开展学术信息交流活动应该被重视和认可。

学者们发布成果是为了确认其研究成果的优先权，从而获得同行认同，扩大学术影响力。因此，在很长一段时间里，期刊的影响因子成为非常重要的计量指标，从被引证的次数、发表论文数的角度来测度学术影响力。Bornmann（2016）指出，大学及研究机构通过考虑其研究成果如何解决现实问题而需要关注成果的更广泛的影响力，从引文评价到社会评价的科学计量革命呼之欲出。学术界期待研究成果走出"象牙塔"，与公众、产业和诸多社会部门相契合，因此，对研究成果的影响力的衡量需要突破传统以影响因子、引用次数为标准的学术评价体系。随着 Web 2.0 的不断渗透，社交媒体已经成为提升学术影响力的重要阵地。Hines 和 Warring（2019）、Weinstein（2019）在《自然》杂志官网呼吁重视社交媒体在科学传播与交流方面的作用。

Bornmann（2014）认为替代计量（Altmetrics）利用社交媒体平台数据来描述出版物及其他学术材料的影响力，同时也具有成为衡量社会影响力的潜力。Mohammadi 和 Thelwall（2014）利用 Mendeley 的阅读替代计量指标展开科研评价的同时揭示了学科之间的知识流动。Kunze 等（2020）认为期刊影响因子和引用次数已经无法评估社交媒体上的学术影响力，发现替代关注得分（AAS, Altmetric Attention Score）与论文的引用次数显著正相关，大量引用与社交媒体平台上获得的关注度有关联。Nuzzolese 等（2019）发现替代计量用于科研评价是有效的。Tahamtan 和 Bornmann（2020）指出，替代计量指标在确保社交媒体数据来源的基础上可以用来进行学术影响力评价。因此，国内学术评价体系可以考虑引进替代计量指标（Altmetrics）。

国外有一些替代计量的主流工具如 Altmetric.com、ImpactStory、Plum Analytics、PLoS ALMs 等，他们从 Twitter、Topsy、firehose、API 收集社交媒体数据，从而衡量学术成果在社交媒体的影响力和关注度。但是，国内社交媒体上的学术成果数据却不在上述主流工具的数据源中，这意味着学者发布在我国社交媒体上的学术成果难以被替代计量工具识别并采集，在某种程度上是对国内社交媒体上学术成果发布传播影响力的忽视。这种情况对于激励我国学者在国内社交媒体发布、传播研究成果是极为不利的。因此，研发融合了国内和国外社交媒体数据源的替代计量工具迫在眉睫。

对于社交媒体上的学术信息交流活动的形式不仅仅限于利用社交媒体发布论文、著作。有的人利用社交媒体开展学术讲座直播，有的介绍某些技术、方法、工具的使用技巧，还有的在社交媒体上与他人探讨学术问题甚至进行学术争鸣……这些学术信息发布行为应该如何评估呢？也许可以借助阅读量、转发量、点赞数量、评论数量等多个方面的指标综合考虑其学术信息发布行为的影响力与引发的关注度。

另外，作为学术信息交流的接收方，可能会浏览、点赞、转发、评论，积极参与学术问题的讨论。他们的学术信息接收与再度发送行为又该如何评估呢？更重要的是，借助社交媒体发送、接收学术信息，从而产生了信息的流动与知识创新活动。也许可以从浏览数量、点赞数量、转发数量、评论数量以及其他人对其信息的反馈来考虑其接收信息的参与度。同时，借助大数据技术来全面收集其浏览的信息、每个工具或页面的停留时间、鼠标点击频率与位置等，形成对学术信息接收方参与度的综合评价指标。

总的来说，完善学术评价体系，向单纯考察项目中标和论文发表期刊的影响因子的学术评价活动中加入替代计量学相关指标，使人们感受到积极参与基于社交媒体的学术信息交流活动是一种学术趋势，改善其对社交媒体上信息资源的包容度，同时激发个人动力从而积极参与其中。完善学术评价体系是促进基于社交媒体的学术信息交流的有力保障，同时有利于激励利用社交媒体发布与接收学术信息活动，让参与者感受到这种学术信息交流活动有收获，而且形成一种主流趋势，将有利于增强他们的交流意向。

第二节 营造良好的外部环境

Kamau（2019）、Weinstein（2019）、Hines 和 Warring（2019）、Lee（2019）分别在 *Nature* 官网发文指出，利用社交媒体可以扩大学术影响

力，在线虚拟社区、Twitter 等社交媒体对学术职业生涯有支持作用。Safford 和 Brown（2019）认为社交媒体有助于将学科研究成果应用于政府决策活动。这表明：社交媒体不仅可以提升学术影响力，而且拓展了科学成果的应用范围。

针对基于社交媒体的学术信息交流活动，应该营造良好的外部环境。除了以传统的发表论文、申请专利的形式来进行学术信息交流之外，开放存取、社交媒体上的信息发布的作用不可忽视。只有打通传统出版、传播媒介与社交媒体的界限，形成整合式的学术信息交流系统才能实现跨平台的学术信息交流。丛挺等（2019）探讨了学术期刊微信传播的价值，认为社交媒体可以提升学术成果的社会影响力。

良好的外部环境的营造来自两个方面的努力。

一　加强硬件环境建设

从技术层面打通传统出版、发行与现有社交媒体的壁垒，使学术成果的发布、传播、流通和评价与 Web 2.0 技术融合。借助互联网技术，推进在线投稿、在线出版、在线引证等活动的进程。特别是，对于学术成果的引证不能仅仅依靠引用者去自觉规范地标注参考资料的来源，而是通过大数据采集技术来实现自动引证标注。对于社交媒体上庞杂信息中蕴藏的学术信息，需要通过数据挖掘技术进行学术信息的自动采集、推送。通过区块链技术与大数据技术融合，利用社交媒体用户的判断识别来自动抽取真实可靠的学术信息资源并进行整理加工，同时利用机器学习技术对社交媒体上的谣言信息进行识别规避，从而避免充斥于网络空间的伪科学甚至杜撰的莫须有的虚假信息。

二　加强相关软件研发

针对国内社交媒体的替代计量指标的软件亟须开发，并与国外社交媒体上的替代计量数据源进行融合归并处理，进一步强化对我国学者在国内外社交媒体上发布的学术成果的影响力与关注度的研究。同时，加强社交媒体的学术信息资源挖掘系统的研发，帮助学者或者对某些科学问题有兴趣的公众实时追踪学术信息动态，显示其可靠来源，并对其进行存储、统计分析与挖掘。另外，针对社交媒体上的学术信息发布行为、接收行为以及反馈行为，需要研发相关软件，在兼顾隐私保护的前提下，对这些行为数据进行适度采集和存储，以便对学术信息交流活动的效率、效果、影响力进行评价。针对各专业领域的学术信息资源，建议构建基于社交媒体的学术信息资源多媒体数据库，一方面，收录社交媒体上的学术信息资源，如术语、专业名词、讲座视频等；另一方面，自动记录其播放、转发、下载情况并附加其来源水印以确保信息的可靠性，同时有助于考察信息发送与接收者的行为过程与影响力。

第三节 实施方案的一些设想

如何促进基于社交媒体的学术信息交流呢？可以从以下几个方面来着手。

一 设立奖励制度

对利用社交媒体进行学术信息的发布者进行奖励，根据马斯洛的需求层次理论，社交、尊重和自我实现的需求，与金钱等物质相比，人们更希望得到的是认同感。因此，可以设置各种精神奖励，例如，利用大数据技术进行自动采集挖掘，计算替代指标得分，赋予一些等级说明，并生成贡献者"徽章"图标显示在其社交媒体平台上，其享有优先推送信息的权利。同样，对于在社交媒体上积极回应其他人发布的学术信息的人也给予精神奖励，如乐于学习与分享的称号、"徽章"图标等。

二 提倡社交媒体上的学术信息资源贡献署名制

对于学术信息发布者，需要实名并且在其资源说明文字中赋予"作者"标签，甚至对于其原创文章、视频等赋予"水印"，一方面，有助于保护其知识产权；另一方面，颇有"文责自负"的含义，让每个人对自己发布信息的内容负责。对于实名制的学术信息接收者，在转发时系统自动赋予其姓名，作为"转发者"标签或是"传播者"标签；对于未实名的学术信息接收者，提供其识别信息如IP地址、用户名等作为转发文件的附加信息。

三 对社交媒体上学术信息的引用参考更加包容

长久以来，我国学术界在引用参考文献时多侧重于图书、期刊、会议论文集、科技报告等多种形式，而对社交媒体上学术信息的引用则不多见。而国外学者已开始考虑在论文中引证社交媒体上学术信息的问题，如 Priem 和 Costello（2010）、Tonia 等（2016）。Pears 和 Shields（2019）研究了以 APA（American Psychological Association）格式规范引证社交媒体上信息内容的方式。我国学术界也许可以考虑把社交媒体上的学术信息纳入正式出版物引证的范围之内。这样将有利于激励学者们通过多种社交媒体进行学术交流，同时在社交媒体上也可以确认其科学研究发现的优先权。

四 加强对社交媒体的管理

如何在人们自由发表意见进行分享的同时确保社交媒体上学术信息资源的可靠性是一个严峻的课题。一般提倡发布有可靠的、可信赖的信息源的学术信息资源，同时，社交媒体平台对信息发布者、贡献者及其信息内容进行评定、审核，判断其信息来源的真实性和可靠性。对于发布已有的出版图书、期刊论文、在线出版平台的信息内容，经过核查源头后可以优先发布，并进行推介。需要形成社交媒体学术信息资源发布与传播的规范条例，以引导人们更好地利用社交媒体发布、获取学术信息。构建社交媒体上学术声誉评价体系，依靠社交媒体大数据对信息发布者、传播者进行评价，并展示其在社交媒体上进行学术信息交流的"绩效""贡献力"和"影响力"。

五 重视知识产权、隐私与信息过载问题

由于网络传播的便捷性和跨时空性，社交媒体给学术信息交流带来了新的活力，但同时也对知识产权保护提出了挑战。不论是社交媒体上的开放存取平台，还是论坛中的讨论交流，抑或是提问与回答问题的过程中，必须重视知识产权的保护，特别是著作权、署名权，既要保护原创者的著作权，也要鼓励经过原创者授权许可后对原创作品进行加工和重新编辑活动。由于虚拟空间的开放性，对利用社交媒体进行学术信息交流的用户的隐私需要进行保护。另外，由于社交媒体上可能会出现同样的学术信息经由不同渠道被重复传播，可以借助云计算技术将学术信息资源存放到安全的云端，当有人再次发布与云端内容相同的信息资料时，可以智能提醒并给予分享路径，这样在一定程度上有助于缓解信息过载问题。

第八章

总结与展望

第一节 研究结论

本书按照"基本概念—理论分析—影响因素与机理研究—模型构建—实证研究—综合策略"的研究思路，深入探讨基于社交媒体的学术信息交流机理及促进策略。

第一，国内外信息交流与社交媒体的研究现状分析。从经典模型到最近的研究成果，对国外和国内学者的研究内容进行了详细研读和分析。

第二，基于社交媒体的学术信息交流机理研究。从信息交流活动的要素入手，思考信息交流主体——参与者、交流媒介、客体——交流内容，从而考虑在社交媒体上的学术信息交流活动，并分别分析了"百度百科""小木虫""经管之家""科学网博客""知乎"和"新浪微博"的信息交流活动，明确 Wiki 类、网络论坛与问答社区类、博客与微博类的信息交流的过程，详细分析各平台上的信息交流形式与渠道。

第三，基于社交媒体的学术信息交流模型构建。通过模型理论基础——计划行为理论的分析，从信息交流的意向、态度（包括经验态度和工具态度）、感知规范（包括指令性规范和示范性规范）、个人动力（包括感知控制和自我效能）分别展开研究，提出了相关理论假设，初步构建基于社交媒体的学术信息交流理论模型。

第四，基于社交媒体的学术信息交流的实证研究。一方面，针对"百度百科""小木虫""经管之家""科学网博客""知乎"和"新浪微博"等社交媒体，分别选取专业领域展开数据采集与挖掘，从信息交流者和信息交流内容进行了计量分析，如关键词分析、引文分析等；另一方面，在社交媒体上发放并收集调查问卷，利用问卷调查结果对基于社交媒体的学术信息交流理论假设进行验证并修正基于社交媒体的学术信息交流模型。

第五，基于社交媒体的学术信息交流促进策略研究。在基于社交媒体的学术信息交流模型基础上，有针对性地提出了促进社交媒体上学术信息交流的建议。

通过对"百度百科""小木虫""经管之家""科学网博客""知乎"和"新浪微博"等社交媒体上的学术信息交流活动数据进行采集与挖掘分析，得出以下结论。

一 信息交流者的参与程度呈现不均衡现象

使用同一社交媒体平台进行学术信息交流的人们，每个人的参与程度存在差异，通过统计分析发现：一方面，热衷于持续进行学术信息交流而且发送信息频繁的用户比较少，而这些用户的发布信息的量却非常庞大。另一方面，同时存在大量偶尔参与学术信息交流活动的用户，他们进行评论、回复的次数屈指可数。例如，在"百度百科"上，用户名为"佛道双休"的网友参与编辑词条次数最多，高达441次，共有1357名网友参与词条编辑的次数均不足5次，1188名网友仅仅参与了1次词条的编辑工作。经过统计研究发现，这一现象并非百度百科平台上所特有，而是在"小木虫""经管之家""科学网博客""知乎"和"新浪微博"等社交媒体上均呈现出这种现象，从发布信息的角度看，有的人会频繁发布大量信息，而有的人却是偶尔发布；从评论的角度看，有的人会积极评论，而有的人只是浏览或点赞而鲜有评论。为什么在各社交媒体平台上都呈现出这种信息交流参与者的参与程度不均衡分布现象？这背后的机理是非常值得研究的。

二 基于社交媒体的学术信息交流呈现出流行性趋势

通过对"百度百科""小木虫""经管之家""科学网博客""知乎"和"新浪微博"等社交媒体上的学术信息交流数据进行内容分析发现，在生物医学工程、新能源、数据挖掘与数据分析、情报学、信息管理与信息系统、翻译学等多个专业领域中，均有学术信息交流活动发生。这意味着，利用社交媒体进行学术信息交流并非是某个社交媒体上的特例，而是一种普遍流行的大趋势。随着 Web 2.0 技术的发展，社交媒体渗透到了学术研究领域，不论是学者还是求学者都热衷于通过社交媒体获得更加快捷、形式丰富多样的学术信息，有的是词条形式，有的是提问与回答的形式，有的是博客或微博形式，其中蕴含了多种媒体的融合，彻底摆脱了传统的只能依靠出版书籍或是发表论文而开展的学术信息交流的刻板印象。社交媒体为当今的学术信息交流活动注入了新的活力，使人们可以跨越时空限制、交互性地开展即时学术信息交流活动。

三 信息交流内容的丰富性与相对聚集性并存

一方面，社交媒体上的学术信息交流的内容涉及多个领域，不论是人文社会科学的"翻译学""情报学"，还是自然科学与工程领域的"生物医学工程"，抑或是交叉性学科"信息管理与信息系统"都在社交媒体上存在大量的学术信息交流活动。这说明，基于社交媒体的学术信息交流内容非常丰富，各相关学科均利用社交媒体进行了学术信息交流。同时，社交媒体上的学术信息交流在不同专业领域中，也存在各自的讨论"热点"。也就是说，不同专业在社交媒体进行学术信息交流的内容都有一定的侧重点。例如，在新浪微博上有关"翻译"专业的博主们的微博内容往往会谈到"语境""搭配""译法"等内容。而在翻译学中，在进行翻译实践时强调信达雅，无一不涉及语境、译法和搭配的理解问题。在"经管之家"的"数据挖掘与数据分析"版块中，讨论的内容多涉及"数据""统计""SAS""SPSS""Python"等，这些正式数据是挖掘领域中一直研究的问题或经常使用的工具方法。虽然社交媒体上的学术信息看似分散在各处，但实际上其颇有"形散而神不散"的意味。也就是说，学术信息分布在海量的虚拟空间里面，但相关专业领域讨论的议题始终围绕着其理论、方法、工具及进展等方面来展开。

在对国内典型社交媒体平台上的学术信息活动数据进行计量分析的基础上，结合问卷调查对计划行为理论构建的模型进行验证，发现：经验态度、工具态度、指令性规范、示范性规范、感知控制和自我效能均对社交媒体上的学术信息交流意向呈现正向影响。基于社交媒体的学术信息交流是否有益处、预期、难易程度、所需资源与时间等多个方面都与交流意向密切相关。

为了促进基于社交媒体的学术信息交流活动，需要从几个方面考虑。其一，完善学术评价体制，摆脱只看发表论文的数量和期刊影响因子的倾向，将在社交媒体上发布、接收学术信息的行为也纳入学术评价体系，从而形成一种导向：在社交媒体上发布或接收学术信息是一种有益的学术活动，有利于扩大其学术影响力。当学术界形成这种共识时，人们参与学术信息交流活动的积极性将被进一步激发。其二，需要营造良好的外部环境，包括硬件和软件方面的研发，增强人们利用社交媒体进行学术信息交流的便利性，同时运用大数据、云计算、区块链等技术对学术信息交流的来源、过程进行保障。其三，提出实施方案的一些设想，如奖励制度、社交媒体上的学术信息资源贡献署名制、知识产权保护等。

综上所述，本书从社交媒体与学术信息交流的理论出发，对基于社交媒体的学术信息交流机理展开研究，构建基于社交媒体的学术信息交流模型。选择国内典型的社交媒体，对其学术信息交流活动的参与者和信息交流内容进行信息计量研究，进而利用社交媒体对相关学术信息交流参与者发放调查问卷，验证基于社交媒体的学术信息交流假设。在此基础上，提出基于社交媒体的学术信息交流促进策略。

第二节 研究展望

一 研究的不足

国内互联网技术发展迅速，社交媒体如雨后春笋般涌现，不断出现新的社交媒体平台和工具，本书难以对国内所有社交媒体上的学术信息交流活动数据进行采集和挖掘。本研究存在的不足包括以下几个方面：

第一，由于成果选取了几个社交媒体平台，并从其中选取了某一时间段内某个专业领域的信息交流数据进行挖掘和分析，针对网上的海量数据而言，样本量不算大。而且仅仅采取问卷调查具有局限性，难以覆盖参与社交媒体平台上学术信息交流活动的所有用户。

第二，由于有些社交媒体平台出于隐私保护的考虑，难以获取平台上用户的私发消息、站内信件等形式的交流活动数据，因此，对社交媒体平台上的学术信息交流活动的研究仅仅限于公开的活动形式，例如，评论、转发、点赞等。项目组对于学术信息交流活动参与者通过其他私密形式的信息交流活动无从获知。

第三，本研究对基于社交媒体的学术信息交流意向及其影响因素进行了调查研究，但实际上，有时意向与行为之间存在差距，有可能即使有强烈的意向也没有付诸行动。这意味着，对从意向转化为行为的过程中机理的探讨是十分必要的。

二　未来努力方向

在未来的研究中，将从以下几个方面来开展：

（一）扩展研究的社交媒体范围

对国内现有的社交媒体展开调查，尝试分析其平台上的学术信息交流活动。《第45次中国互联网络发展状况统计报告》显示，截至2020年3月，微信使用频率达到85.1%。[①] 由于在微信平台上，个人用户发布的朋友圈只有其好友才有可能看到、点赞或评论，而微信公众号上文章的阅读和评论情况只有公众号运营者才能看到，暂时难以看到公开的交互数据。在未来的研究中，尝试寻找研究微信平台上学术信息交流的突破点，同时探索其他社交媒体平台。通过不同社交媒体平台上的学术信息交流活动的对比研究，了解人们对基于社交媒体的学术信息交流的媒介偏好，试图追寻跨社交媒体平台的学术信息交流形式及其特征与规律。

（二）拓展研究的学科领域范围

除了已经研究的学科领域之外，其他学科领域中的学术信息交流情况是值得关注的问题。特别是，在广泛采集并挖掘不同社交媒体平台上的学术交流活动的基础上，研究学术信息的流动方向，探究学术信息如何利用社交媒体跨越学科范围与平台界限。这对于研究现代大科学的融合与创新模式和趋势将是有益的。

（三）国内外对比研究

对国外社交媒体上的学术信息交流活动展开研究，如ResearchGate、Academia.edu等，对其学术信息交流活动的规律进行探索，并与国内社交媒体上的学术信息交流活动进行对比研究。

（四）扩大调查样本

扩大问卷调查的范围和样本，进一步考察理论假设是否成立并修正基于社交媒体的学术信息交流理论模型。同时，针对数据挖掘与统计分析后发现的重点用户进行访谈。这里的重点用户指的是利用社交媒体进行频繁

[①] 中国互联网络信息中心：《第45次中国互联网络发展状况统计报告》（https://cnnic.cn/hlwfzyj/hlwxzbg/hlwtjbg/202004/P020200428399188064169.pdf），2020年5月1日。

学术信息交流的用户，期望通过对不同专业领域的重点用户进行深入访谈探索其使用社交媒体的预期、偏好与感受，从而进一步深入探索社交媒体的学术信息交流的影响因素。另外，对于意向向行为转化过程可能受到的影响因素展开分析，从而进一步探究其机理，尝试探索基于社交媒体的学术信息交流行为的影响因素、形成机制和促进策略。

参考文献

一 中文文献

艾明江：《两岸青年在社交媒体中的交流与融合——以"天涯社区"网站为例》，《东南传播》2019年第4期。

巴志超、李纲、谢新洲：《网络环境下非正式社会信息交流过程的理论思考》，《图书情报知识》2018年第2期。

毕强、赵夷平、贯君：《基于社会网络分析视角的微博学术信息交流实证分析》，《图书馆学研究》2015年第9期。

曹瑞琴、刘艳玲、邰杨芳：《MOOC背景下的信息交流模式》，《农业图书情报学刊》2018年第30卷第10期。

崔宇红：《从文献计量学到Altmetrics：基于社会网络的学术影响力评价研究》，《情报理论与实践》2013年第36卷第12期。

丁敬达、鲁莹：《学术交流领域发展的历史和现状探究》，《图书馆杂志》2019年第38卷第6期。

丁敬达、许鑫：《学术博客交流特征及启示——基于交流主体、交流客体和交流方式的综合考察与实证分析》，《中国图书馆学报》2015年第3期。

杜晓曦：《微博知识交流机理研究》，博士学位论文，华中师范大学，2013年。

方卿：《论网络环境下科学信息交流载体的整合》，《情报学报》2001年第3期。

方卿：《论网络载体的发展对科学信息交流的影响》，《图书情报知识》2002年第1期。

郭凤娇、孙劲敏：《中国SSCI论文的Altmetrics指标特征分析》，《数字图书馆论坛》2019年第8期。

郝晶晶：《微博平台的信息交流模型分析》，硕士学位论文，河北大学，2012年。

何巧云、金洁琴：《网络环境下信息交流的理论与模式》，江西科学技术出版社2008年版。

侯璐：《科研类微信公众号学术信息交流机制研究》，硕士学位论文，东北师范大学，2018年。

胡德华、韩欢：《学术交流模型研究》，《图书情报工作》2010年第54卷第2期。

胡媛、秦怡然：《基于微信的用户学术信息交流模型构建》，《情报科学》2019年第1期。

黄传慧：《Web 2.0环境下图书馆学术信息服务研究》，湖北人民出版社2010年版。

黄令贺、朱庆华：《百科词条特征及用户贡献行为研究——以百度百科为例》，《中国图书馆学报》2013年第1期。

黄晓斌、余双双：《网络用语对信息交流的影响》，《情报理论与实践》2008年第1期。

贾新露：《微信学术信息共享意图影响因素研究》，硕士学位论文，南京理工大学，2017年。

江涛：《基于微博社区的图书馆知识协同服务模式研究》，《图书馆工作与研究》2013年第5期。

姜小函：《学术虚拟社区用户知识交流网络及情感研究》，硕士学位论文，郑州大学，2019年。

蒋合领、杨安、杨帆：《国外Altmetrics研究综述》，《情报科学》2016年第34卷第7期。

靖继鹏、李勇先：《试构造以用户为核心的情报学理论体系》，《情报业务研究》1991年第4期。

Kantar Media CIC：《2018年中国社会化媒体生态概览白皮书》（https：//cn.kantar.com/媒体动态/社交/2018/2018年中国社会化媒体生态概览白皮书/），2019年12月20日。

李白杨、杨瑞仙：《基于Web 2.0环境的知识交流模式研究》，《图书馆学研究》2015 年第 17 期。

李春秋、李晨英、韩明杰等：《科学网博文中的学术信息资源交流现状分析》，《图书馆论坛》2012 年第 32 卷第 2 期。

李贵成：《基于 Web 2.0 的非正式信息交流行为研究》，《情报探索》2014 年第 6 期。

李晶、章彰、张帅：《跨学科团队信息交流规律研究：以威斯康辛麦迪逊分校为例》，《图书情报工作》2019 年第 63 卷第 3 期。

李晓静：《"微内容"对图书情报界学术信息交流的影响分析》，《山东图书馆学刊》2011 年第 1 期。

刘国亮、王东、曲久龙等：《网络环境下学术交流的知识共享实现模式研究》，《情报科学》2009 年第 27 卷第 12 期。

刘慧云、伍诗瑜：《微信用户学术信息交流行为影响因素研究》，《图书馆学研究》2018 年第 15 期。

刘佳：《基于网络的学术信息交流方法与模式研究》，硕士学位论文，吉林大学，2007 年。

刘烜贞、陈静：《基于新浪微博的学术论文社会影响分析》，《农业图书情报学刊》2017 年第 29 卷第 9 期。

罗木华：《国内 Altmetrics 研究进展述评与思考》，《情报资料工作》2016 年第 2 期。

秦奋、高健：《基于 Scopus 数据库的 Altmetrics 指标与引文计量对比分析》，《情报学报》2019 年第 38 卷第 4 期。

秦鸿霞：《信息交流模式述评》，《情报杂志》2007 年第 11 期。

秦铁辉、程妮：《论知识转化模型 SECI 中的情报交流》，《图书情报工作》2006 年第 7 期。

邱均平、熊尊妍：《基于学术 BBS 的信息交流研究——以北大中文论坛的汉语言文学版为例》，《图书馆工作与研究》2008 年第 8 期。

邱均平、余厚强：《替代计量学的提出过程与研究进展》，《图书情报工作》2013 年第 57 卷第 19 期。

任红娟、张志强、张翼：《学术交流研究领域的交流模式研究》，《情报科学》2010 年第 28 卷第 6 期。

盛宇：《基于微博的学术信息交流机制研究——以新浪微博为例》，《图书情报工作》2012 年第 56 卷第 14 期。

田文灿、胡志刚、王贤文：《科学计量学视角下的 Altmetrics 发展历程分析》，《图书情报知识》2019 年第 2 期。

王翠萍：《基于社交媒体的学术信息交流研究综述》，《晋图学刊》2015 年第 5 期。

王翠萍、戚阿阳：《微博用户学术信息交流行为调查》，《图书馆论坛》2018 年第 38 卷第 8 期。

王菲菲、刘家妤、贾晨冉：《基于替代计量学的高校科研人员学术影响力综合评价研究》，《科研管理》2019 年第 4 期。

王琳：《网络环境下科学信息交流模式的栈理论研究》，《图书情报知识》2004 年第 1 期。

王若璇：《基于社交媒体的学术信息交流模式探究》，《丝绸之路》2017 年第 12 期。

王晓光、滕思琦：《微博社区中非正式交流的实证研究——以"Myspace 9911 微博"为例》，《图书情报工作》2011 年第 55 卷第 4 期。

王莹莉：《基于微博的网络社区用户学术信息交互行为研究》，硕士学位论文，西南大学，2013 年。

王曰芬、贾新露、李冬琼：《微信学术信息共享意图影响因素研究》，《图书与情报》2017 年第 3 期。

王知津、宋正凯：《Web 2.0 的特色及其对网络信息交流的影响》，《新世纪图书馆》2006 年第 3 期。

韦成军：《信息交流模式分析》，《湖北高校图书馆》1986。

韦尔伯·施拉姆、陈亮译：《传播学概论》，新华出版社 1984 年版。

吴朋民、陈挺、王小梅：《Altmetrics 与引文指标相关性研究》，《数据分析与知识发现》2018 年第 2 卷第 6 期。

吴胜男、张昕瑞、梁雯琪、邰杨芳、贺培凤、于琦：《Altmetrics 的追溯及演化研究》，《数字图书馆论坛》2019 年第 8 期。

习近平：《文明交流互鉴是推动人类文明进步和世界和平发展的重要动力》，《思想政治工作研究》2019 年第 6 期。

谢华玲、卡米尔·汤姆森：《国内外 Altmetrics 研究综述》，《科学观察》2019 年第 4 期。

徐佳宁：《加维—格里菲思科学交流模型及其数字化演进》，《情报杂志》2010 年第 29（10）期。

严怡民等：《现代情报学理论》，武汉大学出版社 1996 年版。

杨瑞仙：《Web 2.0 环境下知识交流的要素及影响因素分析》，《情报探索》2014 年第 1 期。

由庆斌、汤珊红：《补充计量学及应用前景》，《情报理论与实践》2013 年第 36 卷第 12 期。

余厚强、邱均平：《替代计量学视角下的在线科学交流新模式》，《图书情报工作》2014 年第 58 卷第 15 期。

余溢文、虞蓓蓓、赵惠祥：《基于微信平台的学术期刊交流平台构建研究》，《中国科技期刊研究》2014 年第 25 卷第 5 期。

曾润喜、孙艳、尚悦：《学术期刊微博应用的困境与进路——基于〈浙江大学学报（人文社会科学版）〉新浪微博的案例研究》，《中国科技期刊研究》2014 年第 25 卷第 7 期。

张立伟：《SNS 平台学术文献交流特征及影响因素分析》，博士学位论文，大连理工大学，2019 年。

张立伟、陈悦、刘则渊、严方笠：《社交网络平台非正式科学交流的探讨——基于 Evolutionary Biology 学科 Altmetrics 数据计量》，《科学学研究》2018 年第 36 卷第 6 期。

赵蓉英、张扬、陈婧：《Altmetrics 在论文影响力评价中的应用研究》，《情报科学》2018 年第 36 卷第 6 期。

赵文青、宗明刚：《学术论文微信阅读量与知网下载量的关系研究》，《中国科技期刊研究》2019 年第 30 卷第 9 期。

赵玉冬：《图书馆引进网络学术论坛的价值分析》，《图书馆杂志》2010 年第 11 期。

周春雷、郭云：《学术新媒体："林墨"科学网博客研究》，《情报杂志》2019 年第 38 卷第 6 期。

朱晓霞：《Web 2.0 环境下本科生的信息交流行为模式研究》，《图书情报论坛》2015 年第 1 期。

朱臻、方卿：《论网络出版对科技信息交流的影响》，《图书情报知识》2001 年第 1 期。

邹志仁：《情报交流模式新探》，《情报科学》1994 年第 4 期。

［美］E. W. 兰开斯特：《电子时代的图书馆和图书馆员》，科学技术文献出版社 1985 年版。

[日] 细野公男：《电子图书馆对学术交流及大学图书馆服务的影响》，《情报理论与实践》1999 年第 22 卷第 1 期。

[苏联] A. И. 米哈依洛夫：《科学交流与情报学》，科学技术文献出版社 1980 年版。

二　外文文献

Abraham Z. Bass, "Refining the 'Gatekeeper' Concept: A UN Radio Case Study", *Journalism & Mass Communication Quarterly*, Vol. 46, No. 1, 1969.

Ahmed Shehata, David Ellis and Allen Edward Foster, "Changing Styles of Informal Academic Communication in the Age of the Web: Orthodox, Moderate and Heterodox Responses", *Journal of Documentation*, Vol. 73, No. 5, 2017.

Ahmed Shehata, David Ellis and Allen Foster, "Scholarly Communication Trends in The Digital Age", *The Electronic Library*, Vol. 33, No. 6, 2015.

Ali S. Al-Aufi and Crystal Fulton, "Use of Social Networking Tools for Informal Scholarly Communication in Humanities and Social Sciences Disciplines", *Procedia-Social and Behavioral Sciences*, No. 147, 2014.

Aliyah Weinstein, "How an Online Community Can Support Your Career and Change Things for The Better", *Nature*, 05 AUGUST, 2019.

Anatoliy Gruzd, and Kathleen Staves, "Trends in Scholarly Use of Online Social Media", Workshop on Changing Dynamics of Scientific Collaboration, *the 44th Annual Hawaii International Conference on System Sciences (HICSS)*, 2011.

Anatoliy Gruzd, Kathleen Staves, and Amanda Wilk, "Connected Scholars: Examining the Role of Social Media in Research Practices of Faculty Using the UTAUT Model", *Computers in Human Behavior*, Vol. 28, No. 6, 2012.

Andrea Giovanni Nuzzolese et al., "Do Altmetrics Work for Assessing Research Quality?", *Scientometrics*, Vol. 118, No. 2, 2019.

Andreas M. Kaplan, and Michael Haenlein, "Users of the World, Unite! The Challenges and Opportunities of Social Media", *Business Horizons*, Vol. 53, No. 1. 2010.

Andrew Kirby, "Scientific Communication, Open Access, and the Publishing Industry", *Political Geography*, Vol. 31, No. 5, 2012.

Andrew Lih, "Wikipedia as Participatory Journalism: Reliable Sources? Metrics for Evaluating Collaborative Media as a News Resource", *Nature*, Vol. 3, No. 1, 2004.

Anthony J. Meadows and Paul Buckle, "Changing Communication Activities in the British Scientific Community", *Journal of Documentation*, Vol. 48, No. 3, 1992.

Axel Bruns and Stefan Stieglitz, "Towards More Systematic Twitter Analysis: Metrics for Tweeting Activities", *International Journal of Social Research Methodology*, Vol. 16, No. 2, 2013.

A. Jones, et al., "Effective Communication Tools to Engage Torres Strait Islanders in Scientific Research", *Continental Shelf Research*, Vol. 28, No. 16, 2008.

Bo-Christer Björk, "A Model of Scientific Communication as A Global Distributed Information System", *Information Research*, Vol. 12, No. 2, 2007.

Brian C. Vickery, *Scientific Communication in History*, Scarecrow Press, 2000.

Caroline Kamau, "Five Ways Media Training Helped Me to Boost the Impact of My Research", *Nature*, Vol. 567, No. 7748, 2019.

Christine L. Borgman and Jonathan Furner, "Scholarly Communication and Bibliometrics", *Annual Review of Information Science and Technology*, Vol. 36, No. 1, 2005.

Claude Shannon and Warren Weaver, eds., *The Mathematical Theory of Communication*, The University of Illinois Press, 1964.

Craig Cormick, "Top Tips for Getting Your Science out There", *Nature*, 2020.

Craig Finlay, Andrew Tsou, and Cassidy Sugimoto, "Scholarly Communication as a Core Competency: Prevalence, Activities, and Concepts of Scholarly Communication Librarianship as Shown Through Job Advertisements", *Journal of Librarianship and Scholarly Communication*, Vol. 3, No. 1, 2015.

Dario Taraborelli, Daniel Mietchen, Panagiota Alevizou, and Alastair Gill, "Expert Participation on Wikipedia: Barriers and Opportunities", *Wikimania*

2011, Haifa, Israel, 2011.

David Banks and Emilia Di Martino, "Introduction: Linguistic and Discourse Issues in Contemporary Scientific Communication, Aspects of Communicating Science to a Variety of Audiences", *Journal of Pragmatics*, Vol. 139, 2019.

Deborah J. Terry and Joanne E. O'Leary, "The Theory of Planned Behaviour: The Effects of Perceived Behavioural Control and Self-Efficacy", *British Journal of Social Psychology*, Vol. 34, No. 2, 1995.

Diego Ponte and Judith Simon, "Scholarly Communication 2.0: Exploring Researchers' Opinions on Web 2.0 for Scientific Knowledge Creation, Evaluation and Dissemination", *Serials Review*, Vol. 37, No. 3, 2011.

Donald J. Levis, "The Traumatic Memory Debate: A Failure in Scientific Communication and Cooperation", *Applied and Preventive Psychology*, Vol. 8, No. 1, 1999.

D. Charles Whitney and Lee B. Becker, "'Keeping the Gates' for Gatekeepers: The Effects of Wire News", *Journalism Quarterly*, Vol. 59, No. 1, 1982.

Ehsan Mohammadi and Mike Thelwall, "Mendeley Readership Altmetrics for the Social Sciences and Humanities: Research Evaluation and Knowledge Flows", *Journal of the Association for Information Science and Technology*, Vol. 65, No. 8, 2014.

Elina Late, et al., "Changes in Scholarly Reading in Finland over a Decade: Influences of e-Journals and Social Media", *LIBRI: International Journal of Libraries and Information Studies*, Vol. 69, No. 3, 2019.

Ellen Collins, "Social Media and Scholarly Communications: The More They Change, the More They Stay the Same", Shorley, Deborah & Jubb, Michael, *The Future of Scholarly Communication*, 2013.

Everett M. Rogers and D. Lawrence Kincaid, *Communication Networks: Toward a New Paradigm for Research*, Free Press, 1981.

Everett M. Rogersed, *Communication Technology*, New York: Free Press, 1986.

Fei Shu and Stefanie Haustein, "On the Citation Advantage of Tweeted Papers at the Journal Level", *Proceedings of the Association for Information Science and Technology*, Vol. 54, No. 1, 2017.

Feng Gu, and Gunilla Widén-Wulff, "Scholarly Communication and Possible Changes in The Context of Social Media", *The Electronic Library*, Vol. 29, No. 6, 2011.

Frank E. X. Dance, "A Helical Model of Communication", *Human Communication Theory*, New York: Holt, Rinehart and Winston, 1967.

Franz Barjak, "The Role of the Internet in Informal Scholarly Communication", *Journal of the Association for Information Science and Technology*, Vol. 57, No. 10, 2006.

F. Craig Johnson and George R. Klare, "General Models of Communication Research: A Survey of The Developments of a Decade", *Journal of Communication*, Vol. 11, No. 1, 1961.

F. Wilfrid Lancaster, and Linda C. Smith, "Science, Scholarship and The Communication of Knowledge", *Library Trends*, Vol. 27, No. 3, 1979.

Gaspar Sánchez Merino, "The Social Web: A New Communication Medium and Scientific Evaluation Tool", *Physica Medica*, No. 32, 2016.

George Gerbner, "Mass Media and Human Communication Theory", *Human Communication Theory*, New York: Holt, Rinehart and Winston, 1967.

George Veletsianos, "Open Practices and Identity: Evidence from Researchers and Educators' Social Media Participation", *British Journal of Educational Technology*, Vol. 44, No. 4, 2013.

Gerhard Maletzke, *Psychologie der Massenkommunikation: Theorie und Systematik*, Verlag H. Bredow-Institute, 1963.

Gerret Von Nordheim, Karin Boczek and Lars Koppers, "Sourcing The Sources: An Analysis of the Use of Twitter and Facebook as a Journalistic Source over 10 Years in the New York Times, the Guardian, and Süddeutsche Zeitung", *Digital Journalism*, Vol. 6, No. 7, 2018.

Gill Kirkup, "Academic Blogging: Academic Practice and Academic Identity", *London Review of Education*, Vol. 8, Vol. 1, 2010.

Greg McInerny, "Embedding Visual Communication into Scientific Practice", *Trends in Ecology & Evolution*, Vol. 28, No. 1, 2013.

Gunilla Widén, *New Modes of Scholarly Communication: Implications of Web 2.0 in the Context of Research Dissemination*, Transforming Research Libraries for the Global Knowledge Society, 2010.

Gyorgy Baffy, Michele M. Burns, Beatrice Hoffmann, et al., "Scientific Authors in a Changing World of Scholarly Communication: What Does the Future Hold?", *The American Journal of Medicine*, Vol. 133, No. 1, 2020.

Hamed Alhoori, Mohammed Samaka, Richard Furuta, and Edward A. Fox, "Anatomy of Scholarly Information Behavior Patterns in The Wake of Academic Social Media Platforms", *International Journal on Digital Libraries*, Vol. 20, No. 4, 2019.

Han Zheng, et al., "Social Media Presence of Scholarly Journals", *Journal of the Association for Information Science and Technology*, Vol. 70, No. 3, 2019.

Harold D. Lasswell, "The Structure and Function of Communication in Society", *The Communication of Ideas*, Vol. 37, No. 1, 1948.

Henk Eijkman, "Academics and Wikipedia: Reframing Web 2.0 + as a Disruptor of Traditional Academic Power-Knowledge Arrangements", *Campus-wide Information Systems*, Vol. 27, No. 3, 2010.

Herbert Menzel, "Planned and Unplanned Scientific Communication", *Proceedings of the International Conference on Scientific Information*, 1959.

Herbert Menzel, "Scientific Communication: Five Themes from Social Science Research", *American Psychologist*, Vol. 21, No. 11, 1966.

Hichang Cho, MeiHui Chen, and Siyoung Chung, "Testing an Integrative Theoretical Model of Knowledge-Sharing Behavior in the Context of Wikipedia", *Journal of the Association for Information Science and Technology*, Vol. 61, No. 6, 2010.

Hines Hunter, and Warring Sally. "How We Use Instagram to Communicate Microbiology to The Public", *Nature*, 04 February, 2019.

Houqiang Yu, Shenmeng Xu and Tingting Xiao, "Is there Lingua Franca in Informal Scientific Communication? Evidence from Language Distribution of Scientific Tweets", *Journal of Informetrics*, Vol. 12, No. 3, 2018.

IanRowlands, et al., "Social Media Use in The Research Workflow", *Learned Publishing*, Vol. 24, No. 3, 2011.

Icek Ajzen and Martin Fishbein, *Understanding Attitudes and Predicting Social Behavior*, Englewood Cliffs, NJ: Prentice-Hall, 1980.

Icek Ajzen and Martin Fishbein, "Attitude-behavior Relations: A Theoretical Analysis and Review of Empirical Research", *Psychological Bulletin*, Vol. 84, No. 5, 1977.

Icek Ajzen, *Constructing a TPB Questionnaire: Conceptual and Methodological Considerations*, Amherst: University of Massachusetts, 2002.

Icek Ajzen, "From Intentions to Actions: A Theory of Planned Behavior", *Action Control: From Cognition to Behavior*, Berlin: Springer-Verlag, 1985.

Icek Ajzen, "Constructing a Theory of Planned Behavior Questionnaire" (2006), http://people.umass.edu/~aizen/pdf/tpb.measurement.pdf (2018-11-11).

Igor M. Sauer, et al., " 'Blogs' and 'Wikis' are Valuable Software Tools for Communication within Research Groups", *Artificial Organs*, Vol. 29, No. 1, 2005.

James Stewart, et al., "The Role of Academic Publishers in Shaping The Development of Web 2.0 Services for Scholarly Communication", *New Media & Society*, Vol. 15, No. 3, 2013.

Jason Priem and Bradely H., Hemminger, "Scientometrics 2.0: New Metrics of Scholarly Impact on the Social Web", *First Monday*, Vol. 15, No. 7, 2010.

Jason Priem and Kaitlin Light Costello, "How and Why Scholars Cite on Twitter", *Proceedings of the American Society for Information Science and Technology*, Vol. 47, No. 1, 2010.

Jason Priem, Heather A. Piwowar and Bradley M. Hemminger, "Altmetrics in the Wild: Using Social Media to Explore Scholarly Impact", *ArXiv Preprint ArXiv*: 1203, 4745, 2012.

Jason Priem, "Beyond the Paper", *Nature*, Vol. 495, No. 7442, 2013.

Jeanne Braha, "Science Communication at Scientific Societies", *Seminars in Cell & Developmental Biology*, Vol. 70, 2017.

Jennifer Boettcher, "Framing the Scholarly Communication Cycle", *Online*, Vol. 30, No. 3, 2006.

Jennifer Hobson, and Stephanie Cook, "Social Media for Researchers: Opportunities and Challenges", *Mai Review*, Vol. 3, No. 1, 2011.

Jingfeng Xia, ed., *Scholarly Communication at the Crossroads in China*,

Chandos Publishing, 2017.

John P. Walsh, et al., "Connecting Minds: Computer-Mediated Communication and Scientific Work", *Journal of the American Society for Information Science*, Vol. 51, No. 14, 2000.

Joon Koh, et al., "Encouraging Participation in Virtual Communities", *Communications of the ACM*, Vol. 50, No. 2, 2007.

Jorge Huguet, et al., "The Style of Scientific Communication", *Actas Urológicas Españolas (English Edition)*, Vol. 42, No. 9, 2018.

Judit Bar-Ilan, Stefanie Haustein, Isabella Peters, et al., "Beyond Citations: Scholars' Visibility on the Social Web", *ArXiv Preprint ArXiv*: 1205, 5611, 2012.

Julie Letierce, et al., "*Understanding how Twitter is used to spread scientific messages*", https://pdfs.semanticscholar.org/c9d5/d81311973b22f6b18a7f050ee976fef74dfb.pdf (2018-11-12).

Julie M. Hurd, "The Transformation of Scientific Communication: A Model for 2020", *Journal of the American Society for Information Science*, Vol. 51, No. 14, 2000.

J. Aldwinckle and R. Payne, "The Effectiveness of Communication Between Authors of Scientific Research: A Web-Based Survey", *International Journal of Surgery*, Vol. 1, No. 36, 2016.

J. S. M. Lee, "How to Use Twitter to Further Your Research Career", *Nature*, No. 10, 2019.

Kayvan Kousha, and Mike Thelwall, "Are Wikipedia Citations Important Evidence of The Impact of Scholarly Articles and Books?", *Journal of the Association for Information Science and Technology*, Vol. 68, No. 3, 2017.

Keiko Kurata, et al., "Electronic Journals and Their Unbundled Functions in Scholarly Communication: Views and Utilization by Scientific, Technological and Medical Researchers in Japan", *Information Processing & Management*, Vol. 43, No. 5, 2007.

Kimberley Collins, David Shiffman, and Jenny Rock, "How Are Scientists Using Social Media in the Workplace", *PloS one*, Vol. 11, No. 10, 2016.

Kuldeep Singh Shekhawat and Arunima Chauhan, "Altmetrics: A New

Paradigm for Scholarly Communication", *Indian Journal of Dental Research*, Vol. 30, No. 1, 2019.

Kurt Lewin ed., *Field Theory in Social Science: Selected Theoretical Papers*, Greenwood, Westport, Connecticut, USA, 1951.

Kyle N. Kunze, et al., "What is the Predictive Ability and Academic Impact of the Altmetrics Score and Social Media Attention?", *The American Journal of Sports Medicine*, Vol. 48, No. 5, 2020.

Laura Dantonio, Stephann Makri, Ann Blandford, "Coming across Academic Social Media Content Serendipitously", *Proceedings of the American Society for Information Science and Technology*, Vol. 49, No. 1, 2012.

Lutz Bornmann, "Scientific Revolution in Scientometrics: The Broadening of Impact from Citation to Societal", *Theories of Informetrics and Scholarly Communication*, 2016.

Lyman Brysoned, *Communication of Ideas*, New York: Institute for Religious and Social Studies, 1948.

Mark Conner and Christopher J. Armitage, "Extending the Theory of Planned Behavior: A Review and Avenues for Further Research", *Journal of Applied Social Psychology*, Vol. 28, No. 15, 1998.

Martin Fishbein, and Icek Ajzen ed., *Belief, Attitude, Intention, and Behavior: An Introduction to Theory and Research*, MA: Addison-Wesley, 1975.

Martin Fishbein, and Icek Ajzen ed., *Predicting and Changing Behavior: The Reasoned Action Approach*, Taylor & Francis, 2011.

Menghui Li, et al., "Weighted Networks of Scientific Communication: The Measurement and Topological Role of Weight", *Physica A: Statistical Mechanics and its Applications*, Vol. 350, No. 2-4, 2005.

Michael Jensen, "The New Metrics of Scholarly Authority", *Chronicle of Higher Education*, Vol. 53, No. 41, 2007.

Michael J. Connor, "Peer Relations and Peer Pressure", *Educational Psychology in Practice*, Vol. 9, No. 4, 1994.

Michael Nentwich and René König, *Academia Goes Facebook? The Potential of Social Network Sites in The Scholarly Realm*, Opening Science, Springer, Cham, 2014.

Milton J. Rosenberg, "Cognitive Structure and Attitudinal Affect", *The Journal of Abnormal and Social Psychology*, Vol. 53, No. 3, 1956.

Min-Chun Yu, et al., "Researchgate: An Effective Altmetric Indicator for Active Researchers?", *Computers in Human Behavior*, No. 55, 2016.

Montague Finniston, "Information Communication and Management", *Aslib Proceedings*, Vol. 27, No. 8, 1975.

Montero-Fleta Begoña and Pérez-Sabater Carmen, "Knowledge Construction and Knowledge Sharing: A Wiki-Based Approach", *Procedia-Social and Behavioral Sciences*, Vol. 28, No. 1, 2011.

Nancy L. Maron and K. Kirby Smith, *Current Models of Digital Scholarly Communication: Results of An Investigation Conducted by Ithaka for the Association of Research Libraries*, Association of Research Libraries, 2008.

Ni Cheng and Ke Dong, "Knowledge Communication on Social Media: A Case Study of Biomedical Science on Baidu Baike", *Scientometrics*, Vol. 116, No. 3, 2018.

Nicola Botting, Lucy Dipper, Katerina Hilari, "The Effect of Social Media Promotion on Academic Article Uptake", *Journal of the Association for Information Science and Technology Archive*, Vol. 68, No. 3, 2017.

Peter M. Bentler and George Speckart, "Models of Attitude-behavior Relations", *Psychological Review*, Vol. 86, No. 5, 1979.

Qing Ke, Yong-Yeol Ahn, and Cassidy R. Sugimoto, "A Systematic Identification and Analysis of Scientists on Twitter", *PLoS one*, Vol. 12, No. 4, 2017.

Rachel Povey, et al., "Application of the Theory of Planned Behaviour to Two Dietary Behaviours: Roles of Perceived Control and Self-Efficacy", *British Journal of Health Psychology*, Vol. 5, No. 2, 2000.

Richard Braddock, "An Extension of the 'Lasswell Formula'", *Journal of Communication*, Vol. 8, No. 2, 1958.

Richard M. Brown, "The Gatekeeper Reassessed: A Return to Lewin", *Journalism & Mass Communication Quarterly*, Vol. 56, No. 3, 1979.

Richard Pears and Graham J. Shields, *Cite Them Right: The Essential Referencing Guide*, Macmillan International Higher Education, 2019.

Rishabh Shrivastava and Preeti Mahajan, "An Altmetric Analysis of Researchgate Profiles of Physics Researchers", *Performance Measurement and Metrics*, Vol. 18, No. 1, 2017.

Rob Kling, and Geoffrey McKim, "Not Just a Matter of Time: Field Differences and the Shaping of Electronic Media in Supporting Scientific Communication", *Journal of The American Society for Information Science*, Vol. 51, No. 14, 2000.

Rob Kling, Geoffrey McKim, and Adam King, "A Bit More to It: Scholarly Communication Forums as Socio-Technical Interaction Networks", *Journal of the American Society for Information Science and Technology*, Vol. 54, No. 1, 2003.

Rob Procter, et al., "Adoption and Use of Web 2.0 in Scholarly Communications", *Philosophical Transactions of the Royal Society A: Mathematical, Physical and Engineering Sciences*, Vol. 368, No. 1926, 2010.

Rowena Cullen and BrendaChawner, "Institutional Repositories, Open Access, and Scholarly Communication: A Study of Conflicting Paradigms", *The Journal of Academic Librarianship*, Vol. 37, No. 6, 2011.

Rupak Rauniar, et al., "Technology Acceptance Model (TAM) and Social Media Usage: An Empirical Study on Facebook", *Management*, Vol. 27, No. 1, 2014.

Sai Leung Ng, "Knowledge-Intention-Behavior Associations and Spillovers of Domestic and Workplace Recycling", *The Social Science Journal*, 2020.

Scramm Wilbur, *How Communication Works: The Process and Effects of Mass Communication*, Urbana: University of Illionis Press, 1961.

See Yin Lim, Jane, et al., "The Engagementof Social Media Technologies by Undergraduate Informatics Students for Academic Purpose In Malaysia", *Journal of Information, Communication and Ethics in Society*, Vol. 12, No. 3, 2014.

Shelley A Batts, Nicholas J Anthis, Tara C Smith, "Advancing Science through Conversations: Bridging the Gap between Blogs and the Academy", *PLOS Biology*, Vol. 6, No. 9, 2008.

Stan L. Albrecht and Kerry E. Carpenter, "Attitudes as Predictors of Behavior

Versus Behavior Intentions: A Convergence of Research Traditions", *Sociometry*, Vol. 39, No. 1, 1976.

Stefanie Haustein, Rodrigo Costas, and Vincent Larivière, "Characterizing Social Media Metrics of Scholarly Papers: The Effect of Document Properties and Collaboration Patterns", *PloS one*, Vol. 10, No. 3, 2015.

Stefanie Haustein, "Scholarly Twitter Metrics", *Springer Handbook of Science and Technology Indicators*, Springer, Cham, 2019.

Sumeer Gul, Tariq Ahmad Shah, and Nahida Tun Nisa, "Emerging Web 2.0 Applications in Open Access Scholarly Journals in The Field of Agriculture and Food Sciences", *Library Review*, Vol. 63, No. 8/9, 2014.

Suzanne E. Thorin, "Global Changes in Scholarly Communication", *eLearning and Digital Publishing*, Springer, Dordrecht, 2006.

Svetla, Baykoucheva, *Scientific Communication in the Digital Age*, Managing Scientific Information and Research Data, 2015.

Taemin Kim Park, "The Visibility of Wikipedia in Scholarly Publications", *First Monday*, Vol. 16, No. 8, 2011.

Takuya Kamimura, et al., "Information Communication in Brain Based on Memory Loop Neural Circuit", *The 2nd International Conference on Software Engineering and Data Mining*, IEEE, 2010.

Thomas W. Graham, "Scholarly Communication", *Serials*, Vol. 13, No. 1, 2000.

Thomy Tonia, et al., "If I Tweet Will You Cite? The Effect of Social Media Exposure of Articles on Downloads and Citations", *International Journal of Public Health*, Vol. 61, No. 4, 2016.

Timothy R. Carr, Rex C. Buchanan, Dana Adkins-Heljeson, et al., "The Future of Scientific Communication in the Earth Sciences: The Impact of the Internet", *Computers & Geosciences*, Vol. 23, No. 5, 1997.

Tove Faber Frandsen, "The Integration of Open Access Journals in the Scholarly Communication System: Three Science Fields", *Information Processing & Management*, Vol. 45, No. 1, 2009.

UNESCO, "Educational, Scientific and Cultural Organization: Paris, France, 2015", http://unesdoc.unesco.org/images/0023/002319/231938e.pdf

(2019 – 05 – 03).

VOS Viewer, https://www.vosviewer.com/ (2020 – 01 – 22).

Wendy Hall, David DeRoure, and Nigel Shadbolt, "The Evolution of The Web and Implications for Eresearch", *Philosophical Transactions of the Royal Society A: Mathematical, Physical and Engineering Sciences*, Vol. 367, No. 1890, 2009.

Wendy Macaskill, and Dylan Owen, "Web 2.0 to Go", *Proceedings of LIANZA Conference*, 2006.

Wendy M. Rodgers, Mark Conner and Terra C. Murray, "Distinguishing among Perceived Control, Perceived Difficulty, and Self-Efficacy as Determinants of Intentions and Behaviours", *British Journal of Social Psychology*, Vol. 47, No. 4, 2008.

William Arms and Ronald Larsen, "The Future of Scholarly Communication: Building the Infrastructure for Cyberscholarship", *Workshop Report*, National Science Foundation and Joint Information Systems Committee, 2007.

William B. Lacy, and Lawrence Busch, "Informal Scientific Communication in the Agricultural Sciences", *Information Processing & Management*, Vol. 19, No. 4, 1983.

William D. Garvey, and Belver C. Griffith, "Scientific Communication: Its Role in the Conduct of Research and Creation of Knowledge", *American Psychologist*, Vol. 26, No. 4, 1971.

William D. Garvey, "The Role of Scientific Communication in the Conduct of Research and the Creation of Scientific Knowledge", *Communication, the Essence of Science: Facilitating Information Exchange among Scientists, Engineers, and Students*, Pergamon Press, 1979.

William D. Garvey, "Toward a General Model of Communication", *Audio Visual Communication Review*, Vol. 4, No. 3, 1956.

Won Ryu, et al., "Design and Performance Evaluation of a Communication Protocol for an Information Communication Processing System", *Proceedings of ICCS'94*, Vol. 3, IEEE, 1994.

W. M. Shaw, "Information Theory and Scientific Communication", *Scientometrics*, Vol. 3, No. 3, 1981.

Yan Weiwei and Yin Zhang, "Research Universities on the Researchgate Social Networking Site: An Examination of Institutional Differences, Research Activity Level, and Social Networks Formed", *Journal of Informetrics*, Vol. 12, No. 1, 2018.

Yimei Zhu and Rob Procter, "Use of Blogs, Twitter and Facebook by UK PhD Students for Scholarly Communication", *Observatorio (obs*)*, Vol. 9, No. 2, 2015.

Yin Zhang, "Scholarly Use of Internet-Based Electronic Resources", *Journal of the American Society for Information Science and Technology*, Vol. 52, No. 8, 2001.

Youmei Liu, "Social Media Tools as a Learning Resource", *Journal of Educational Technology Development and Exchange*, Vol. 3, No. 1, 2010.

Y. Srinivasa Rao, "Scholarly Communication Cycle: SWOT Analysis", *SCOPE-2018*, 2018.

Zehra Taşkın and Umut Al, "A Content-Based Citation Analysis Study Based on Text Categorization", *Scientometrics*, Vol. 114, No. 1, 2018.

附　录

基于社交媒体的学术知识信息
发布和利用调查问卷

　　本问卷中提及的学术信息或知识是广义的，包括理论、方法、工具、案例的具有学术利用价值的各种文本、图像、视频等，例如，百度百科上的词条，专业学会网站上的会议通知，知乎上的提问与回答，各类 BBS 上的关于专业知识的讨论活动，网络上的视频教程等等。包括以上提及的各种学术信息与知识的形式但不限于它们。

　　本问卷分为两个部分：第一部分旨在调查您对于在社交媒体上发布或提供学术信息或知识的看法；第二部分旨在调查您对于在社交媒体上获取或利用学术信息或知识的看法。回答没有对错之分，该问卷采用匿名答题，不会对您的个人信息造成任何影响！大概需要花费您 10 分钟的时间，问卷调查结果仅供研究使用！

　　1. 您曾使用哪些社交媒体来发布或获取学术信息或知识［多选题］*
　　□ 新浪微博
　　□ 微信
　　□ 知乎
　　□ 百度百科
　　□ 小木虫
　　□ 人大经济论坛
　　□ 科学网博客
　　□ 其他_____

第一部分：对于在社交媒体上发布或提供学术信息或知识的看法
此处提及的"发布或提供学术信息或知识"指的是在社交媒体上阐

述相关学术观点、回答他人的专业问题、解释学术概念或术语、发布教学或专业实验视频、发布学科会议通知等。

在第 2 题和第 3 题中，数字 1 至 5 代表了左侧与右侧态度的倾向性，选择 1 表示非常同意左侧的态度，选择 2 代表同意左侧的态度，选择 3 代表中立态度，选择 4 代表同意右侧的态度，选择 5 代表非常同意右侧的态度。

2. 我觉得在社交媒体上发布或提供学术信息或知识 [矩阵量表题] *

	1	2	3	4	5	
非常乏味	○	○	○	○	○	非常兴奋
很痛苦	○	○	○	○	○	很惬意
令人很不快	○	○	○	○	○	令人很愉快
令人烦恼	○	○	○	○	○	令人满足
非常无聊	○	○	○	○	○	非常有趣
十分有害	○	○	○	○	○	很有建设性

3. 我觉得在社交媒体上发布或提供学术信息或知识是一件_____的事情。[矩阵量表题] *

	1	2	3	4	5	
很坏	○	○	○	○	○	很好
一点也不重要	○	○	○	○	○	很重要
很无用	○	○	○	○	○	很有用
很有害	○	○	○	○	○	很有益
毫无价值	○	○	○	○	○	很有价值
非常徒劳	○	○	○	○	○	很有成效

在第 4 至 17 题中，选项数字代表的意义如下：

1——完全不同意；2——基本上不同意；3——不能确定；4——基本上同意；5——完全同意。

4. 我的同行认为在社交媒体上发布或提供学术信息或知识是个好主意。[单选题] *

完全不同意　　○1　　　○2　　　○3　　　○4　　　○5　　完全同意

5. 我的同事认为在社交媒体上发布或提供学术信息或知识是个好主意。[单选题]*

完全不同意　　○1　　　○2　　　○3　　　○4　　　○5　　完全同意

6. 我的领导认为在社交媒体上发布或提供学术信息或知识是个好主意。[单选题]*

完全不同意　　○1　　　○2　　　○3　　　○4　　　○5　　完全同意

7. 我的同行在社交媒体上发布或提供学术信息或知识。[单选题]*

完全不同意　　○1　　　○2　　　○3　　　○4　　　○5　　完全同意

8. 我的同事在社交媒体上发布或提供学术信息或知识。[单选题]*

完全不同意　　○1　　　○2　　　○3　　　○4　　　○5　　完全同意

9. 我的领导在社交媒体上发布或提供学术信息或知识。[单选题]*

完全不同意　　○1　　　○2　　　○3　　　○4　　　○5　　完全同意

10. 对我而言，在社交媒体上发布或提供学术信息或知识很容易。[单选题]*

完全不同意　　○1　　　○2　　　○3　　　○4　　　○5　　完全同意

11. 我是否在社交媒体上发布或提供学术信息或知识完全取决于我。[单选题]*

完全不同意　　○1　　　○2　　　○3　　　○4　　　○5　　完全同意

12. 我相信我有能力在社交媒体上发布或提供学术信息或知识。[单选题]*

完全不同意　　○1　　　○2　　　○3　　　○4　　　○5　　完全同意

13. 我具备在社交媒体上发布或提供学术信息或知识所需的专业知识技能。[单选题]*

完全不同意　　○1　　　○2　　　○3　　　○4　　　○5　　完全同意

14. 我有相关资源、时间和机会在社交媒体上发布或提供学术信息或知识。[单选题]*

完全不同意　　○1　　　○2　　　○3　　　○4　　　○5　　　完全同意

15. 我愿意在社交媒体上发布或提供学术信息或知识。[单选题]*

完全不同意　　○1　　　○2　　　○3　　　○4　　　○5　　　完全同意

16. 我打算将来在社交媒体上发布或提供学术信息或知识。[单选题]*

完全不同意　　○1　　　○2　　　○3　　　○4　　　○5　　　完全同意

17. 我将努力在社交媒体上发布或提供学术信息或知识。[单选题]*

完全不同意　　○1　　　○2　　　○3　　　○4　　　○5　　　完全同意

第二部分：对于在社交媒体上获取或使用学术信息或知识的看法

此处提及的"获取或使用学术信息或知识"指的是从社交媒体上学习、获得相关学术信息或知识，查阅、关注、浏览社交媒体上的学术信息或知识等，例如查看专业术语的解释、阅读他人对某些专业问题的回答、查询公式、观看教学视频等。

在第18题和第19题中，数字1至5代表了左侧与右侧态度的倾向性，选择1表示非常同意左侧的态度，选择2代表同意左侧的态度，选择3代表中立态度，选择4代表同意右侧的态度，选择5代表非常同意右侧的态度。

18. 我觉得在社交媒体上获取或使用学术信息或知识[矩阵量表题]*

	1	2	3	4	5	
非常乏味	○	○	○	○	○	非常兴奋
很痛苦	○	○	○	○	○	很惬意
令人很不快	○	○	○	○	○	令人很愉快
令人烦恼	○	○	○	○	○	令人满足
非常无聊	○	○	○	○	○	非常有趣
十分有害	○	○	○	○	○	很有建设性

19. 我觉得在社交媒体上获取或使用学术信息或知识是一件＿＿＿＿的事情。[矩阵量表题]*

	1	2	3	4	5	
很坏	○	○	○	○	○	很好
一点也不重要	○	○	○	○	○	很重要
很无用	○	○	○	○	○	很有用
很有害	○	○	○	○	○	很有益
毫无价值	○	○	○	○	○	很有价值
非常徒劳	○	○	○	○	○	很有成效

在第20至33题中，选项数字代表的意义如下：

1——完全不同意；2——基本上不同意；3——不能确定；4——基本上同意；5——完全同意。

20. 我的同行认为在社交媒体上获取或使用学术信息或知识是个好主意。[单选题]*

完全不同意　○1　　○2　　○3　　○4　　○5　　完全同意

21. 我的同事认为在社交媒体上获取或使用学术信息或知识是个好主意。[单选题]*

完全不同意　○1　　○2　　○3　　○4　　○5　　完全同意

22. 我的领导认为在社交媒体上获取或使用学术信息或知识是个好主意。[单选题]*

完全不同意　○1　　○2　　○3　　○4　　○5　　完全同意

23. 我的同行在社交媒体上获取或使用学术信息或知识。[单选题]*

完全不同意　○1　　○2　　○3　　○4　　○5　　完全同意

24. 我的同事在社交媒体上获取或使用学术信息或知识。[单选题]*

完全不同意　○1　　○2　　○3　　○4　　○5　　完全同意

25. 我的领导在社交媒体上获取或使用学术信息或知识。[单选题]*

完全不同意　○1　　○2　　○3　　○4　　○5　　完全同意

26. 对我而言，在社交媒体上获取或使用学术信息或知识很容易。[单选题]*

完全不同意　　○1　　○2　　○3　　○4　　○5　　完全同意

27. 我是否在社交媒体上获取或利用学术信息或知识完全取决于我。[单选题]*

完全不同意　　○1　　○2　　○3　　○4　　○5　　完全同意

28. 我相信我有能力在社交媒体上获取或使用学术信息或知识。[单选题]*

完全不同意　　○1　　○2　　○3　　○4　　○5　　完全同意

29. 我具备在社交媒体上获取或使用学术信息或知识所需的专业知识技能。[单选题]*

完全不同意　　○1　　○2　　○3　　○4　　○5　　完全同意

30. 我有相关资源、时间和机会在社交媒体上获取或利用学术信息或知识。[单选题]*

完全不同意　　○1　　○2　　○3　　○4　　○5　　完全同意

31. 我愿意在社交媒体上获取或利用学术信息或知识。[单选题]*

完全不同意　　○1　　○2　　○3　　○4　　○5　　完全同意

32. 我打算将来在社交媒体上获取或使用学术信息或知识。[单选题]*

完全不同意　　○1　　○2　　○3　　○4　　○5　　完全同意

33. 我将努力在社交媒体上获取或利用学术信息或知识。[单选题]*

完全不同意　　○1　　○2　　○3　　○4　　○5　　完全同意

个人基本信息

(此部分仅作统计分析使用,绝不会泄露或用作任何商业用途!)

34. 您的性别:[单选题]*

○男　　　　○女

35. 您的年龄段:[单选题]*

○18岁以下　　○18~25岁　　○26~30岁　　○31~40岁　　○41~50岁　　○51~60岁　　○60岁以上

36. 您目前从事的职业:[单选题]*

○全日制学生　　　　○生产人员
○销售人员　　　　　○市场/公关人员
○客服人员　　　　　○行政/后勤人员
○人力资源　　　　　○财务/审计人员
○文职/办事人员　　　○技术/研发人员
○管理人员　　　　　○教师
○顾问/咨询
○专业人士（如会计师、律师、建筑师、医护人员、记者等）
○其他

37. 您目前从事的行业：[单选题]*
○IT/软硬件服务/电子商务/因特网运营
○快速消费品（食品/饮料/化妆品）
○批发/零售
○服装/纺织/皮革
○家具/工艺品/玩具
○教育/培训/科研/院校
○家电
○通信/电信运营/网络设备/增值服务
○制造业
○汽车及零配件
○餐饮/娱乐/旅游/酒店/生活服务
○办公用品及设备
○会计/审计
○法律
○银行/保险/证券/投资银行/风险基金
○电子技术/半导体/集成电路
○仪器仪表/工业自动化
○贸易/进出口
○机械/设备/重工
○制药/生物工程/医疗设备/器械
○医疗/护理/保健/卫生
○广告/公关/媒体/艺术

○出版/印刷/包装
○房地产开发/建筑工程/装潢/设计
○物业管理/商业中心
○中介/咨询/猎头/认证
○交通/运输/物流
○航天/航空/能源/化工
○农业/渔业/林业
○其他行业

38. 您的受教育程度 [单选题] *
○高中/中专/技校及以下
○大专
○本科
○硕士
○博士

问卷调查到此结束，非常感谢您的积极参与和大力支持！

后　　记

本书是国家社会科学基金项目"基于社交媒体的学术信息交流模型及实证研究"（15CTQ024）结项后的进一步研究成果，在研究与写作过程中得到了许多单位和个人的关心与支持。在此，我谨代表课题组向他们致以诚挚的谢意。

由衷感谢我的博士生导师邱均平教授！他严谨的治学态度、丰富渊博的知识、敏锐的学术思维、精益求精的工作态度以及诲人不倦的师者风范是我终生学习的楷模。虽然已博士毕业十余载，但邱教授给我的影响是非常深远的，尤其是思维训练和问题意识的培养让我受益匪浅。师恩如海，我将在今后的工作中更加努力，回报恩师的教导和期许！

感谢华中农业大学公共管理学院领导给予宽松的工作环境和学术研究的大力支持。感谢华中农业大学老师们对问卷调查的支持与配合，特别是我的同事柯新利、胡银根、马才学、蒋勇、张军、李优柱、杨帆、李学婷、周迪、李鹏云、文大为等。

感谢国家留学基金委的资助，使我有机会赴荷兰乌特勒支大学（Utrecht University）访学一年（2017—2018），充分保证了项目的推进和本书的酝酿写作。感谢荷兰乌特勒支大学的同事和朋友给予我的关心与鼓励，特别是 Hans Hoeken 教授、博士生 Joanna Wall、Emma Everaert、Haorui Peng 等。

同时感谢课题组成员邓卫华、董克、赵微、刘航、徐雯、黄慧、张良翼、张智超、刘超、刘尚芊以及我的学生。参与本书数据采集工作的学生如下：程万龙、雷芷妍、王梅珠、赵香港、彭延昭、张婷婷、韦春婷等。

特别感谢中国社会科学出版社多名编辑对本书样稿提出的宝贵修改意

见和对本专著出版给予的大力支持。本书中的疏漏与错误恳请广大读者批评指正。

最后，特别感谢我的家人给予我无私的爱、永远的理解与支持！

程　妮

2021 年 4 月 28 日于武汉狮子山